国家自然科学基金面上项目（71971006）/青年项目（72204014）
北京市教育委员会科技重点项目（KZ202210005013）
北京市自然科学基金面上项目（9232002）
北京市社会科学基金一般项目（23ZGB005）
青年骨干教师出国研修项目（202306540140）

［美］菲利波·门采尔（Filippo Menczer）
［美］桑托·福尔图纳托（Santo Fortunato）　著
［美］克莱顿·A. 戴维斯（Clayton A. Davis）

邢李志　姜楚可　梁国强　董圆圆　刘悦　译

吕欣　审译

A First Course in
NETWORK
SCIENCE

网络科学基础教程

U0351238

首都经济贸易大学出版社
Capital University of Economics and Business Press

·北京·

图书在版编目（CIP）数据

网络科学基础教程 /（美）菲利波·门采尔
（Filippo Menczer），（美）桑托·福尔图纳托
（Santo Fortunato），（美）克莱顿·A. 戴维斯（Clayton A. Davis）著；
邢李志等译. -- 北京：首都经济贸易大学出版社，2024.3
　　ISBN 978-7-5638-3672-7

　　Ⅰ.①网… Ⅱ.①菲… ②桑… ③克… ④邢… Ⅲ.①计算机
网络—教材 Ⅳ.①TP393

中国国家版本馆CIP数据核字（2024）第064698号

网络科学基础教程
WANGLUO KEXUE JICHU JIAOCHENG
［美］菲利波·门采尔（Filippo Menczer）
［美］桑托·福尔图纳托（Santo Fortunato）　著
［美］克莱顿·A. 戴维斯（Clayton A. Davis）
邢李志　姜楚可　梁国强　董圆圆　刘悦　译
吕欣　审译

责任编辑　浩南
封面设计　 砚祥志远·激光照排
　　　　　　TEL: 010-65976003

出版发行　首都经济贸易大学出版社
地　　址　北京市朝阳区红庙（邮编100026）
电　　话　（010）65976483　65065761　65071505（传真）
网　　址　http://www.sjmcb.com
E - mail　publish@cueb.edu.cn
经　　销　全国新华书店
照　　排　北京砚祥志远激光照排技术有限公司
印　　刷　唐山玺诚印务有限公司
成品尺寸　170毫米×240毫米　1/16
字　　数　299千字
印　　张　20.75
版　　次　2024年3月第1版　2024年3月第1次印刷
书　　号　ISBN 978-7-5638-3672-7
定　　价　85.00元

图书印装若有质量问题，本社负责调换
版权所有　　侵权必究

序 言

1736 年，莱昂哈德·欧拉（Leonhard Euler）在研究哥尼斯堡七桥问题时，发表了论文《哥尼斯堡七桥》（*Seven Bridges of Königsberg*），成为图论的起源。自此以后，采用顶点和边对现实世界进行数学描述和分析的技术不断开拓发展，并逐步形成了网络科学的完整理论和方法体系。

日常生活中，现实系统是由形形色色的要素和相互作用关系组成的具有特定功能的有机整体。网络科学刚好可以由顶点和边分别对这些要素和关系进行建模和表示，从而成为跨越各个不同领域研究发展的一门交叉性科学。在物理系统中，网络科学被用于描述水电管网、道路航线、计算机连接等复杂系统，以分析枢纽节点和提升系统韧性；在信息系统中，网络科学被用于表达万维网、移动通信、指挥控制等信息连接，以研究效率提升、运营优化；在社会系统中，网络科学被用于对社交活动、物流运输、经济贸易等活动形成的结构进行建模，并被用于挖掘其中的统计规律和行为模式；此外，网络科学在生物、医药、技术、军事等领域广泛应用并取得了显著进步。

21 世纪以来，随着物联网、大数据、人工智能等信息技术的不断发展，人们能够以前所未有的粒度和精度来观测和描述各类现实系统的成分及其相互作用，极大地促进了网络科学在不同领域的应用和发展，幂律、传播阈值消失、度相关性、同质性、同伴效应等现象不断被揭示或验证。与此同时，网络科学形成了关键节点辨识、社团检测、传播控制、博弈演化、链路预测、图表示学习等一批新的研究方向，展现出强大的生命力。

毋庸置疑，网络科学已然成为大数据和人工智能时代下不可或缺的一门交叉学科，掌握网络建模技术和分析方法，对于深入研究物理、信息、社会系统，准确把握系统结构和动力学特性，揭示系统演化规律，提高系统调控能力具有重要的理论和应用价值。

  本书译自菲利波·门采尔（Filippo Menczer）、桑托·福尔图纳托（Santo Fortunato）和克莱顿·A.戴维斯（Clayton A. Davis）的英文著作 *A First Course in NETWORK SCIENCE*，三位作者均长期从事网络科学和数据科学研究，在社交媒体分析、网络社区挖掘、科学学等领域取得了卓越成果。本书的内容涵盖了网络指标、网络模型、网络社团和动力学等网络科学最重要的研究内容。与已有教材和专著不同的是，本书摒弃了"全而多"的内容模式，着重强调对网络基础理论的理解和实战应用，作者将生动的网络可视化结果及相关公式、概述放到一起，结合 Python、Netlogo 等工具展示了大量的实践案例，尤其适用于信息、管理、数据和社会等学科专业的读者作为一本网络科学入门教材或读物。

国防科技大学 吕欣

前　言

当人们通过 Twitter 和 Facebook 进行交流、在亚马逊网站上购物、在 Google 上搜索或购买机票乘机探亲时都在不知不觉中使用网络。从技术到营销，从管理到设计，从生物学到艺术和人文学科，各行各业都需要对网络有一定程度的了解。本书探讨了网络的相关研究，以及如何应用网络来理解人们当今生活中的复杂关系模式。

本书也如同一个网络，章节之间的关系如下图所示：链接既代表了本书的层次结构（如目录所示），也代表了章、节、图表、公式和小贴士之间的交叉引用；节点颜色表示章，节点大小与其邻居节点数量成比例。

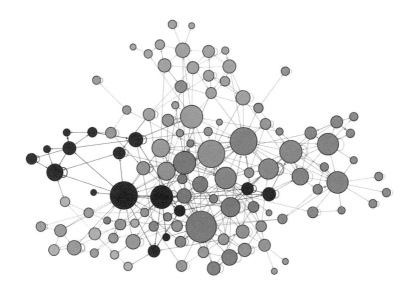

为什么取名"基础教程"

尽管市面上已有数本网络科学教材，但本书仍有其独特价值。基于在印第安纳大学教授网络科学课程的经验，我们认识到学生对于实践操作的渴望，他们希望通过编程实践来深入理解和运用网络科学。许多学生仅具备初级编程基础，还缺乏数学和计算背景。本书通过理论与计算机实践的结合，在每个章节都提供了一套教程和习题，成为学生学习网络科学的素材。

本书旨在为那些刚接触网络科学，愿意在学习过程中不断实践的读者提供指导。因此，我们将其定位为网络科学的"基础教程"，旨在为读者打下坚实的基础，引领他们探索这一领域。

概　　要

在调查了众多领域的网络后，我们选择学生最熟悉的社交网络作为主要实证分析的对象，进而向他们介绍了"小世界"特性（短路径）和"聚类"（三角形和传递性）等概念。我们通过有趣的学习活动（例如凯文·培根的"六度游戏"）揭示了相关主题所蕴含的网络科学知识。然后，我们利用友谊悖论深入研究了中枢节点的作用，以及网络的鲁棒性。接下来，我们分别介绍了有向网络和加权网络，基于万维网、维基百科、引文网络、交通运输网络和 Twitter 等示例，阐释了方向和权重的作用。最后三章涵盖了更高级的主题，即网络涌现的模型、社区检测方法和网络上发生的动态过程。每一章都聚焦于一些基本概念，它们对于理解网络的一些基本方面至关重要，这也是为了避免学习上的舍本逐末和形式主义。涉及对学生有帮助的数学推导时，我们会把它放在小贴士中。在保证对主题基本理解的前提下，可以跳过这些技术性更强一些的内容。但是，那些能够领会这些小贴士的学生，会对教程素材有更深刻的理解。每一章都包括编程教程和练习，让读者自己动手构建网络并进行分析，借此应用和测试所学知识。这些教程以真实世界网络为例，阐释了贯穿全书的相关概念。教程代码和网络数据参见本书的 GitHub 存储库[1]。

目标读者

随着在线社交媒体的普及和商业成功，许多学生对网络背后的运作机制非常感兴趣。本书主要面向的读者是信息科学、计算机科学、数据科学、商业以及自然和社会科学方向的本科生，同时也适宜作为非技术背景研究生的入门课程教材。无论是数据科学、信息科学、商业、计算机科学、工程学、生物学、物理学、统计学还是社会科学等领域的学生，都能从中受益。

教学方法

本书适用于所有级别的入门课程，包括网络素养课程和编程素养课程，读者无须拥有数学或编程技术背景（可跳过数学推导过程较多的小贴士）。在印第安纳大学，教师在协作计算实验室中讲解编程教程，并让学生进行代码编写练习，目的是让他们获得足够的技术技能，执行涉及网络的数据分析任务。我们分两门课程教授书中的素材：第一门课是入门课，针对正在学习 Python 课程的大二或大三学生；第二门课的对象是大三或大四学生。第一门课大致涵盖了引言至第 4 章中

1　github.com/CambridgeUniversityPress/FirstCourseNetworkScience.

的内容。第二门课对先前的素材进行扩展并加入了更高级的教程，重点介绍第 5 章至第 7 章的内容。

本书丰富的编程教程和练习，使得教师能够轻松地领导和分配实践活动，促进学生加强和测试他们对网络概念的理解。这些活动包括针对 NetworkX（一个被广泛采用的网络分析库）的教程，以及书中从基本练习到高级技巧的所有主题。例如，其中一个教程指导学生完成从万维网中提取社交网络数据的步骤。通过使用 Twitter 应用程序编程接口（API），学生将能够分析热门话题，识别有影响力的用户，并重建信息扩散网络以显示话题标签如何在线传播。执行编程教程和练习的学生将精通任何类型网络的构建、导入 / 导出、分析、操作和可视化。

教程使用的 Python 是当前最流行的编程语言。附录 A 提供了复习 Python 编程基本概念的入门教程，并且所有教程都作为 Jupyter Notebook 可在线获取。随着时间的推移，NetworkX（甚至 Python）可能会不断进化，我们将在本书的 GitHub 存储库中及时更新相关代码。

当然，还有其他用于编程网络的库，例如 igraph、SNAP 和 graph-tool。我们选择 NetworkX 是因为它是用纯 Python 编写的，这使得熟悉 Python 的学生很容易进行调试。许多替代方案都有 Python 接口，但都是用 C 语言编写的，这使得它们更加高效，却也更难调试。

最后，一些章节利用互动模型来展示网络现象，例如巨分支、小世界、PageRank、择优连接和传染病等模型。这些模型在流行的模拟平台 NetLogo 中运行。附录 B 提供了一个关于 NetLogo 和一些最相关模型的教程。

关于封面

封面上的网络由 Onur Varol 制作（Ferrara et al.，2016），它描述了 #SB277 话题标签在 Twitter 上的扩散，即 2015 年美国加利福尼亚州关于疫苗接种要求和豁免的法案。该网络反映了该法案支持者和反对者在网上进行的讨论，其中，节点代表 Twitter 用户，链接显示的是用户之间通过转发实现信息传播。节点大小代表用户影响力（用户被转发的次数），节点颜色代表机器人评分——红色节点可能是机器人账户，蓝色节点可能是真人账户。

致 谢

编写这本书的想法源于我们与前同事 Alex Vespignani 的交流。编写过程中，我们的同事 Sandro Flammini、YY Ahn 和 Filippo Radicchi 为此提供了宝贵的建议，几名学生也协助了印第安纳大学网络科学课程的教学工作。其中，十分感谢 Mike Conover，他首先构思了书中的一些练习题。感谢对本书初稿提供反馈的同事们，特别是 Claudio Castellano、Chato Castillo 和几位匿名审稿人。

感谢为本书做出贡献的合作者、学生、博士后和访问学者们。他们是：Ana Maguitman、Ben Markines、Bruno Gonçalves、Chengcheng Shao、Diep Thi Hoang、Dimitar Nikolov、Emilio Ferrara、Giovanni Luca Ciampaglia、Jacob Ratkiewicz、Jasleen Kaur、Jose Ramasco、Kai-Cheng Yang、Karissa McKelvey、Kazu Sasahara、Le-Shin Wu、Lilian Weng、Luca Maria Alello、Mark Meiss、Markus Jakobsson、Mihai Avram、Nicola Perra、Onur Varol、Pik-Mai Hui、Prashant Shiralkar、Przemek Grabowicz、Ruj Akavipat、Xiaodan Lou、Xiaoling Sun 和 Zoher Kachwala。当然，还有很多人未能一一提及。他们是一群非常聪明、有趣的人，均为书中的观点、数据收集和配图做出了贡献。

如果没有复杂网络与系统研究中心（CNetS），信息、计算与工程学院（Luddy School）以及网络科学研究所（IUNI）许多专职工作人员的支持，我们的工作是不可能完成的。在此，我们由衷地感谢 Tara Holbrook、Michele Dompke、Rob Henderson、Dave Cooley、Patty Mabry、Ann McCranie、Val Pentchev、Matthew Hutchinson、Chathuri Peli Kankanamalage 和 Ben Serrette。同时，也感谢剑桥大学出版社 Nick Gibbons 的支持和反馈。

　　我们向 NetworkX 的作者们致敬，他们是 Aric Hagberg、Pieter Swart 和 Dan Schult。向 Uri Wilenski 和他所领导的西北大学联结学习（CCL）与基于计算机的建模研究中心表示感谢，是他们在开发和维护 Netlogo。

　　最后，向深爱着、支持着我们的家人表示由衷的感谢！

目　录

引 言

网络（network）：相互连通或相互关联的链、群组或系统。

设想一下，如果在某个世界中，人人都是一座孤岛，道路从不交汇，计算机也没有互联，那将会多么悲伤和无聊。人与人老死不相往来，即使弄出一点动静，别人也很难知道。这样的世界是不堪设想的，因为当今人类的生活已经和网络密不可分：关系、互动、通信以及万维网。控制细胞基因相互作用的生物网络决定了我们的发育，大脑的神经网络让我们能够思考，信息网络引导我们了解知识和文化，交通网络便于我们畅行无阻，社会网络为我们的生活提供支持。

网络无处不在，强大无比，便于我们了解和研究由简单到复杂的交互作用。本书探讨了如何借助网络来了解与我们生活息息相关的关联和模式。从本质上讲，网络是对一组相互连接的个体及其关联的最简单描述，前者称为*节点（node）*，后者称为*链接（link）*。网络表示法不但具有普适性，而且功能强大，因为它剔除了特定系统的冗余细节，专注要素之间的相互作用。因此，网络可用于研究多种多样的系统。节点可以代表各种个体：人、城市、计算机、网站、概念、细胞、基因、物种等。链接代表这些个体之间的关系或相互作用：人与人之间的友谊，机场之间的航班，互联网上计算机之间交换的数据包，万维网网页之间的链接，神经元之间的突触，等等。

分析小型系统（例如，基于调研或访谈构建的社会网络），应侧重于审视单个节点和关联关系；分析大型网络，则应侧重于研究宏观属性、节点与链接类别、典型行为以及异常。本书重点关注大型网络，但是在介绍网络的各种基本概念、定义和命名规则之前，我们先探讨一些关于社会、基础设施、信息和生物网络的案例。

0.1　社会网络

社会网络是一群人根据某种关系连接在一起而构成的系统。这里的关系可以多种多样，如友谊、合作、爱情或仅仅是相识，从而构成了各种社会关系二人组。在谈论社会网络时，我们通常会想到一种特定类型的关系。社会网络中的一个节点代表一个人，而链接则代表两个人之间的关系。因此，网络是关系的表示法。借助网络，我们可以对关系进行讨论和描述，甚至可以超越两个人的层面，对关系进行分析。

社会网络多种多样，有着重要的研究意义。医疗工作者分析性关系网络，以寻找抗击性病传播的方法。经济学家研究职业介绍网络，以解决劳动力市场中的不平等和职业隔离问题。科学家检查学术出版物中的合著者网络，以识别有影响力的思想家和观点。

如今，我们使用在线社交网站来管理社交关系。Facebook 和Twitter 等平台让每一个用户能够和很多人保持联系——合作伙伴、朋友、同事和熟人，有时甚至是数百人，无论咫尺天涯，交流畅通无阻。图 0.1 展示了美国西北大学 Facebook 用户的可视化网络，它是Facebook 社交图的一部分。在这个网络中，节点是在美国西北大学拥有 Facebook 账户的师生，而链接代表各种类型的关系（挚友、初识等）。通过网络可视化视图，就可以了解潜在的社会结构。若用户交友广泛，则可把相应的节点变大、变暗来进行表征——他们可能是颇受欢迎的学生、教师或行政人员。此外，我们还可以观察到这个网络大致可以分为两个部分。由于数据是匿名的，所以我们无法妄下定论，但有一种可能的解释是：较大的子网主要包括本科生，而较小的子网主要包括研究生。两组节点之间有连接，但每组节点的内部连接更多。换句话说，与研究生相比，本科生更容易相互成为朋友。后文中我们将为这些观察发现冠以正式名称，它们体现了大多数社会网络的典型特征。

通过社会网络得到的数据结论令科学家兴奋不已。我们能够以前所未有的规模和解析度来研究人类互动：谁与谁交朋友，谁关注什么，谁喜欢什么，谁推荐了哪些内容，以及信息是如何通过网络传播的。

美国西北大学 Facebook 网络用户可视化。节点表示用户，链接代表朋友关系。 图 0.1

这些数据为我们提供了史无前例的机会来发现、跟踪、挖掘人们的行为并进行建模。恰如望远镜让我们第一次看到遥远的行星和恒星，显微镜让我们得以窥探活体组织和微生物，社交媒体使我们能够研究社会系统和人类活动。然而，尽管这些发现令研究人员兴奋，但也存在滥用风险：在线互动会暴露我们的个人隐私，例如雇主看到雇员的尴尬照片等传闻，或黑客和政治组织收集数百万用户数据等丑闻，这些危险是难以察觉的。只需了解很多人的一点点信息，就可以得到超乎预期的研究收获。麻省理工学院有两名学生利用Facebook的数据发现，只需查看某个人的网友群体的性别和性取向，便可预测该人是不是同性恋。在线社交网络也令身份假冒行为变得轻而易举，而且很难察觉。所谓社交网络钓鱼，是指冒充受害者朋友（从在线社交网络推断），诱使受害者披露敏感信息。来自印第安纳大学的两名学生研究证实，通过这种方式能够取得 72% 的受害者的密码。

社会网络的数据可以从许多来源中提取。如果想绘制人类流动模式以改善城市交通网络，我们可以采集手机通话数据；如果想绘制科学家之间的合著者关系，我们可以从科学出版物数据库中提取姓名，同一篇论文的两位合著者将相互关联（存在多位科学家重名的可能性）；如果想绘制电影演员之间的合作关系，我们可以从互联网电影数据库中提取电影点赞数据。图 0.2 展示了两个此类网络。在电影出演网络中，实际有两种节点——电影和演员，我们可以在演员和其出演的电影之间添加链接；在电影合演网络中，我们可以在合演过电影的演员之间添加链接。尽管绘制的网络仅基于电影数据库的一小部分样本，但我们对一些模式有了全新的清晰认识。节点较大且有更多的链接，代表该演员曾经出演多部电影明星。我们还看到，网络中出现了几个稠密的群组，分别与年代、语言或电影类型相关：好莱坞（蓝色）、西部片（青色）、墨西哥（紫色）、中国（黄色）、

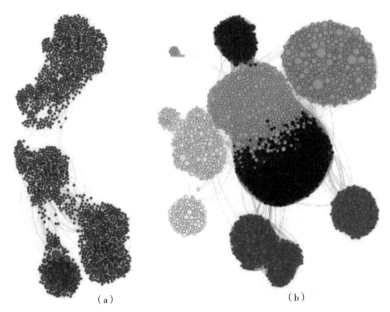

(a)   (b)

图 0.2   电影出演网络和合演网络。（a）电影出演网络：该网络基于互联网电影数据库中电影以及演员的少量样本，节点代表电影（蓝色）或演员（红色）；如果某位演员出演过某部电影，则添加一条链接将该演员和电影联系起来。（b）电影合演网络：该网络基于互联网电影数据库中演员的少量样本；如果两名演员合演至少一部电影，则添加一条链接，将两人联系起来；颜色代表电影类型 / 语言 / 国家。

菲律宾（橙色）、土耳其与东欧（绿色）、印度（红色）、希腊（白色）以及成人（粉红色）。在第6章，我们将学习如何发现这些群组，并探寻其背后的含义。

0.2 通信网络

在 Facebook 和电影网络中，链接是双向的：未经对方同意，无法加其为好友；如果电影的演职员表中没有某演员的名字，他也不可能出演这部电影。然而，并非所有的社交网络都采用双向链接。例如，在 Twitter 的社交网络中，链接不一定是双向的，张三可以关注李四，而李四不必回关张三。因此，Twitter 转推网络体现的关系不是友谊。用户关注某人，以便查看他发的帖子，用户转推后，其粉丝也会看得到，这是一个广泛分享信息的好方法，所以 Twitter 是一个侧重于传播信息的社交网络——通信网络。图 0.3 中的转推网络描绘了美国大选期间政治消息的传播。较大的节点具有更多的传出链接，转推次数可用于衡量发推者的影响力。此外还可以发现：保守派用户（红色节点）主要转推其他保守派用户的消息；而激进派用户（蓝色节点）主要转推其他激进派用户的消息。事实上，这种有偏好性的社会关系模式使我们能够非常准确地猜测一个人的政治倾向。这种性质称为*趋同性*（*homophily*），我们将在第2章进一步讨论。另外，在第6章，我们将介绍利用网络结构推断政治倾向的算法。

Twitter 等网络便于我们追踪话题标签和新闻的扩散，以及观察观点和文化概念是如何在人与人之间传播的。但社交媒体也被用来传播误导信息，用户往往不明就里，以讹传讹。近年来，全球此类社交媒体操纵活动日益猖獗。恶意实体利用假新网站和自动账号（俗称"社交机器人"）发起并助长虚假消息的宣传攻势，不但行之有效而且成本低廉。如果可以控制人们在网上看到的信息，便可以操纵网民的意见。研究人员和工程师正努力制定对策，其中重要的一环是需要了解引发信息传播的网络结构和动力学。

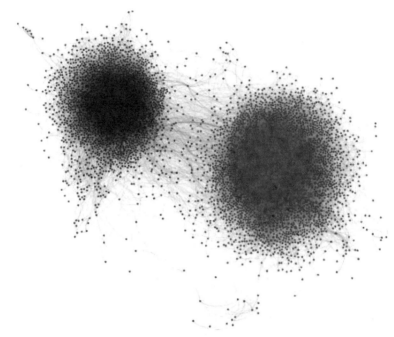

图 0.3 **Twitter 转推网络**。链接代表在 **2010** 年美国中期选举前后分别使用 **#tcot** 和 **#p2** 等话题标签（*hashtag*）的转推，分别与保守（红色）和激进（蓝色）消息相关联。如果李四转推了张三的推文，我们就绘制一个从张三到李四的定向链接，表示一条消息已从张三传播到李四。图中未显示链接方向。

社交网络 Twitter 通过用户建立各种社交关系，当用户发推时，推文传播至该用户的粉丝群。电子邮件与其类似，同样以用户为节点，区别在于：电子邮件属于通信网络，其发出的每封邮件属于一对一或一对多；链接基于交换信息形成，且不依赖于特定平台，其协议是开放且分布式的，因此不存在唯一控制流量的组织，这也是电子邮件被广泛使用的原因。图 0.4 展示了一个电子邮件网络的案例。其中，箭头表示链接方向，由发件人指向收件人，节点的大小和颜色分别表示传入（*incoming*）链接和传出（*outgoing*）链接的数量。节点越大，表示收到的邮件越多；节点颜色越深，则表示该发件人发送的邮件越多。往往越大的节点颜色越深，反之亦然。我们可以从中得出结论：邮件的发送与接收存在相关性。

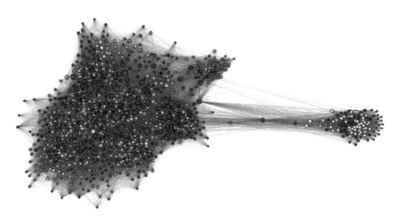

安然能源公司员工电子邮件网络。**2001** 年安然公司倒闭后，美国联邦能源监管委员会在调查期间获得此数据。调查结束后，这些电子邮件被解密公开，用于历史和学术研究。图中仅显示网络中部核心区域的一小部分，箭头表示链接方向。

图 0.4

0.3 万维网与维基百科

　　万维网（World Wide Web，WWW）是最大的信息网络。虽然万维网现在功能万千，但其最初只是一个文档（网页）网络，内部通过各种"超链接"进行连接。在 20 世纪 90 年代初期，蒂姆·伯纳斯－李（Tim Bemers–Lee）希望帮助科学家们更便捷地获得欧洲核子研究组织（CERN）高能物理实验信息，他提出了三个关键思路：①网页命名系统，即统一资源定位地址符（*Uniform Resource Locator*，*URL*）；②用于编写文档的简单语言，称为*超文本标记语言*（*HyperText Markup Language*，*HTML*），包括从一个网页跳转到另一个网页的超链接；③一种被称为*超文本传输协议*（*HyperText Transfer Protocol*，*HTTP*）的简单协议，用于客户端（浏览器）与服务器通信。有了这三大组件，万维网就诞生了。伯纳斯－李开发了第一个网页服务器和浏览器软件，只需点击链接，就能从服务器下载网页和媒体文件。有两个网络发挥了关键作用：其一是静态"链接图"，由特定时间的网页和链接快照构成；其二是人们在浏览网页时出现的动态流量网络。

套用一个经典的哲学谜题，如果两个网页之间有一条链接但无人点击，那么这个链接真的是万维网的一部分吗？当然，答案取决于我们在谈论万维网时，究竟说的是两个网络中的哪一个。

　　网络之大，浩如烟海，即使仅将其中一小部分进行可视化处理也绝非易事。以维基百科（Wikipedia，一个单网站多网页的网络）为例，这个百科全书由全球数千名志愿者进行协调编辑，它是万维网上最受欢迎的网站之一。如今，维基百科英文站早已是一个庞然大物，文章总数多达数百万篇，并且还在不断增加。以其中部分关于数学的文章为例，如图 0.5 所示，图中节点大小代表*网页排序*（*PageRank*），用于衡量中心性。PageRank 算法的基本思想是：网页的重要性取决于指向它的网页的数量和权重。例如，中间的白色大节点代表关于数学的一般文章。维基百科网络的另一个特点是存在一个大的"核心"（灰色）和几个较小的群组。这些群组是关于*数学*（*Mathematics*）的特定主题或分支的文章簇，相互连通密切的文章涉及诸如古希腊（蓝色）、

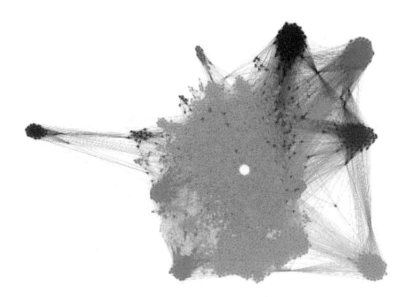

图 0.5　维基百科信息网络局部。其中，节点是关于数字的文章，大小与文章重要性成正比，颜色对应文中讨论的各种社团。该网络只考虑维基百科文章之间的链接，不考虑指向外部网页的链接。

古阿拉伯（绿色）和古印度（棕色）数学家、当代印度数学家（棕褐色）、数学与艺术（橙色）、统计学（青色）、博弈论（黄色）、数学软件（紫色）以及教育学理论（红色）。此外，我们还可以观察到连接多个簇的几个"桥"节点。许多真实世界网络也有这些特点。

0.4　互联网

　　我们往往认为互联网（Internet）是由各种计算机和连通设备构成的网络，但实际上，互联网是由各种网络构成的一个大网络。"互联网"一词起源于"互联"（*internet-working*），它通过名为"*路由器*"（*routers*）的特殊节点将各种计算机网络连通在一起。因此，我们可以从多个层面观察互联网：狭义上，着眼于单个局域网或广域网，网络内部通过多个硬件设备（路由器）将各台计算机连通起来；广义上，它是由*互联网服务提供商*（*Internet Service Provider*，*ISP*）管理的诸多网络群组。ISP 自主决定内部网络拓扑（连接多少台路由器），因此也被称为"*自治域*"（*Autonomous System*，*AS*）。多台专用的"*边界*"（*border*）路由器连通各个自治系统，构成了所谓的 AS 网络。

　　尽管互联网在没有中央控制或协调的情况下发展至今，ISP 遵循着局部规则来连接它们的路由器，并尽力用最低的成本来提供最好的服务，因而使得互联网形成了特定的连接规律。例如，承载流量最多的互联网部分通常被称为"*骨干*"（*backbone*）。负责运营互联网骨干网的大型电信公司以防止断网作为工作重点，因此他们设计的网络具有大量冗余。于是，映入眼帘的是一个稠密的"*核心*"（*core*），它由大型路由器组成，相互连通紧密。而互联网的"*边缘*"（*periphery*），即由家用路由器组成的部分，相互连通却较为稀疏。这种分层的*核心 - 边缘结构*（*core-periphery structure*）常见于各种网络类型，我们将在第 2 章进行讨论。在图 0.6 所示的路由器网络中，左侧的绿色聚类与网络的其余部分明显分离，这可能是用于绘制这些网络的探针法存在偏差造成的。图中大多数测量数据来自美国，且该聚类中的路由器也位于美国；与此相关的一个特点是绿色聚类存在较大节点，这代表路由器有很多连接。事实上，由于硬件限制，每台路由器的连接数量是有限的。如果采用存在缺陷的方法来采集网络相关数据，其分析可能会导致错误的结论。

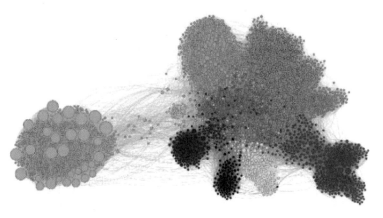

图 0.6　　互联网路由器网络。该图是"应用互联网数据分析中心"（ CAIDA.org ）生成的快照，该机构使用工具在互联网主机之间发送小数据包（探针）。颜色是根据社团检测算法分配的，该算法可识别反映路由器地理分布的稠密簇。

0.5　交通运输网络

另一类重要的网络与各种交通运输息息相关，这类网络以位置为节点，包括城市、道路交叉口、机场、港口、火车站或地铁站。然而，这些网络各不相同。比如，道路网络发展以局部为重点，以便最大限度地减少与附近城市之间的行驶距离，因而出现了网格结构，其中大多数节点的连接颇多，比如四路交叉。再比如，图 0.7 为一个不含网格结构的航空运输网络，航空公司在不增加低流量机场之间成本高昂的直飞航班的情况下，尽量减少出发地和目的地之间的中转次数。简单的解决办法是增加连接机场和现有中枢的航班，因此航空网络呈现出"*轴辐式结构*"（*hub and spoke structure*），即少数中枢拥有大量链接，而多数节点的链接寥寥无几。

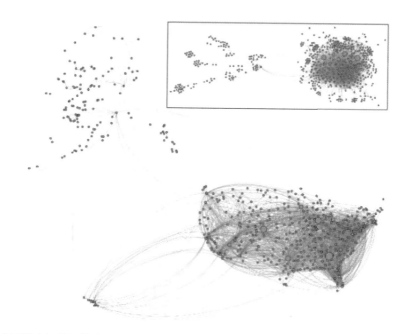

图 0.7

美国航空运输网络（航班数据来自 **OpenFlights.org**）。节点位置是根据相应机场的地理坐标布置的，因此可以分辨出美国大陆、阿拉斯加和夏威夷的轮廓。另外，由于阿拉斯加的纬度较高，地图映射使其看起来比实际面积更大。

在研究某些与交通和通信相关类型的网络时，我们可以着眼于此类网络的静态结构和动态过程。例如，在研究航空运输网络时，可以将图 0.7 视为机场之间存在的一组路线，与机场间的实际飞行无关；或者视为在机场之间移动的人群产生的流量网络。后者的链接是多样化的，因为它们承载的流量不同，而且链接本身也随时间而变化。

0.6　生物网络

在人体细胞中，蛋白质以多种方式相互作用。例如，当一种蛋白质折叠时，其结构变化可以调节另一种蛋白质的功能或酶的活性。酶

催化生化反应，对新陈代谢至关重要。新陈代谢收集能量，用于生成
并增强构成我们组织和器官的蛋白质，从而维持生命。蛋白质还可以
调节细胞信号传导和免疫反应。所有这些相互作用都可视为网络，即
蛋白质交互网络、新陈代谢网络、基因控制网络。这些生物网络存在
于细胞内。从更高一层上看，人体神经细胞（突触）之间的连接产生
了神经网络，进而构成了大脑；从再高一层看，所有物种相互作用，
某个物种将另一个物种视为食物，从而在物种之间形成生态网络或食
物网。生态平衡取决于相互维系的物种的可用性，如果食物网失去一
个节点（例如，某个物种灭绝），就会影响生态系统网络中其他物种
的生存。（译者注：参考塞伦盖蒂法则。）图 0.8 展示了三种类型的
生物网络，分别是蛋白质交互网络、神经网络和食物网，它们都是地
球生命的基本要素。

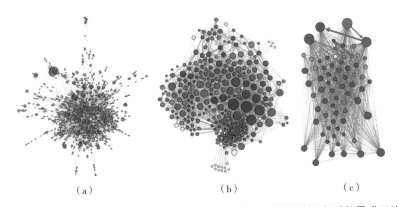

(a) 　　　　　　　　　　(b) 　　　　　　　　　　(c)

图 0.8 　生物网络。（a）酵母蛋白质交互网络。节点大小与交互作用的蛋白质数量成正比。
（b）秀丽隐杆线虫神经网络。大节点和红色节点分别代表具有更多输出突触和
输入突触的神经元。（c）佛罗里达大沼泽地物种食物网。猎物物种向捕食者物
种发出有向链接。链接的权重表示两个物种之间的能量通量。节点大小和颜色分
别表示传入和传出链接，因此蓝色大节点代表食物链顶部物种，而红色小节点代
表食物链底部物种。

0.7　本章小节

网络是对许多交互元素的复杂系统进行建模和研究的通用方法。本章展示了几个网络示例，节点表示各种类型的对象，从人到网页，从蛋白质到物种，从互联网路由器到机场。除此之外，节点还具有与其关联的特征：地理位置、财富、活动、链接数量等。链接则代表许多不同类型的关系，从物理关系到虚拟关系，从化学关系到社会关系，从交流关系到信息关系。它们可以是单向的（比如万维网超链接和电子邮件）或双向的（比如婚姻），也可以具有一致性或差异性等特征，如相似性、距离、流量、体积、重量等。

0.8　扩展阅读

Moreno 和 Jennings（1934）在社会学领域引入了"网络"的概念，将人际社会关系用社会网络的形式表示，并将这些社会网络称为*社交图*（*sociograms*）。

一些研究表明，在线社交网络可以暴露一个人的性取向（Jemigan and Mistree，2009），也能够让网络钓鱼攻击更为高效（Jagatic et al.，2007）。Conover 等人（2011b）的研究表明，Twitter 上的政治信息扩散网络不仅极度两极分化且彼此绝缘。因此，设定一些节点标签并通过网络邻居节点将其传播出去，就能够高精度地预测绝大多数用户的政治倾向（Conover et al.，2011a）。

Berners-Lee 和 Fischetti（2000）详细介绍了万维网的愿景、设计和历史。Spring 等人（2002）解释了如何使用探针来测量互联网的拓扑结构，而 Achlioptas 等人（2009）认为这些方法具有抽样偏差。计算机科学家分析了路由器和自治系统网络的结构，并开发了名为"拓扑生成器"的模型来帮助设计这些网络（Rossi et al.，2013）。如果读者想要了解更多有关互联网的信息，推荐阅读 Pastor-Satorras 和

Vespignani（2007）的著作。

酵母蛋白质交互网络、秀丽隐杆线虫神经网络和佛罗里达大沼泽地生物网络的相关数据分别来自 Jeong 等人（2001）、White 等人（1986）以及 Ulanowicz 和 DeAngelis（1998）的研究。另外，读者还可以去了解人类大脑网络或"神经连接体"（Spoms，2012）和食物网（Melián and Bascompte，2004）的相关研究。

本书展示的真实网络示例数据来源于网络源（Network Repository）（Rossi and Ahmed，2015）。我们采用 Gephi 软件实现了网络可视化（Bastian et al.，2009），并将在第 1 章继续讨论布局算法。

课后练习

1. 在图 0.9 所示的地图中。如果要创建一个交通模式的网络表示方法，以下哪项最适合作为网络链接？

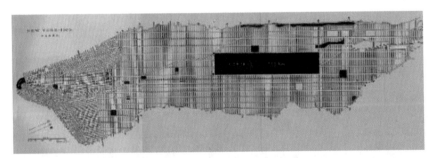

图 0.9　　1880 年的纽约公路图。摘自美国人口普查局 George E. Waring Jr. 在 1886 年编制的《城市社会统计报告》。图片由得克萨斯大学图书馆提供。

   a. 沿街行走的行人

   b. 路段（例如：第十二街和第十三街之间的第五大道）

   c. 整条道路（例如：第五大道）

   d. 在道路上行驶的车辆

2. 接上题，在交通模式的网络表示方法中，以下哪项最适合作为网络节点？

  a. 城市街区（例如：第五大道至第六大道和第十二街至第十三
街所围成的街区）

  b. 十字路口（例如：第五大道与第十三街的十字路口）

  c. 沿街行走的行人

  d. 在道路上行驶的车辆

3. 在图 0.7 所示的美国航空运输网络中，节点表示机场，那么两个
机场之间的链接表示什么？

4. 比较图 0.7 中的美国航空运输网络与图 0.9 中的纽约公路图，以
下哪项是前者的网络结构所具有，而后者不具有的显著特征？

  a. 孤立节点没有任何链接

  b. 节点之间存在多重路线

  c. 节点具有多个相连链接

  d. 核心节点具有许多链接

5. 在 Facebook 的社交网络中，哪类链接最能诠释"朋友"关系？这
种链接是有向的还是无向的？

6. 在 Twitter 的社交网络中，哪类链接最能诠释"粉丝"关系？这
种链接是有向的还是无向的？

1 网络元素

节点（node）：网络中线或路径的分叉点。

引言部分介绍了几个真实网络的典型案例，本章将介绍用于描述网络特征的一些基本定义和参量。

1.1　基本定义

通常来说，网络是由*节点*（*nodes*），以及连接节点之间的*链接*（*links*）所构成的集合。链接表示由节点所代表的各个元素之间的关系，可以应用在社交、物理、通信、地理、概念、化学、生物等方面。如果两个节点之间存在链接，则它们是*相邻的*（*adjacent*）或*连通的*（*connected*），并互称为*邻居*（*neighbors*）节点（以下简称"邻居"）。

网络提供了一个从概念层面上反映各种系统之间的相互关系的理论框架，在数学、计算机科学、社会学和通信研究领域有着悠久的研究历史，近年来也不断向物理学和生物学领域渗透，并引入自己的命名法。例如，在某些领域，网络被称为*图*（*graph*），节点被称为*顶点*（*vertex*），而链接则被称为*边*（*edge*）。用于描述网络的术语都可以在隶属于数学领域的图论中找到——莱昂哈德·欧拉（Leonhard Euler）对图论的研究始于 18 世纪中叶，并提出了著名的"欧拉回路"和"欧拉路径"的概念。本书建立了一套词汇表并介绍了它们的基本概念，以帮助读者迈出进入网络世界的第一步。此外，本书的小贴士也提供了必要的注释，例如小贴士 1.1 介绍了网络更严谨的定义。在后续章节中，我们也会介绍分析真实世界系统所需的其他概念和定义。

小贴士 1.1　网络的定义

网络 G 由两部分构成：一组为由 N 个元素构成的集合，被称为节点（*nodes*）或顶点（*vertices*）；另一组为由 L 对节点构成的集合，被称为链接（*links*）或边（*edges*），链接（i,j）的连接节点为 i 和 j。网络可以是无向的（*undirected*）或有向的（*directed*）。有向网络也被称为有向图（*digraph*），其链接则被称为有向链接（*directed links*），链接上节点的顺序反映了方向：链接（i,j）从源节点（*source node*）i 发出，到达靶节点（*target node*）j。在无向网络中，所有链接都是双向的（*bi-directional*），链接中两个节点的顺序并不重要。网络也可以是无权的（*unweighted*）或加权的（*weighted*）。在加权网络中，链接具有相关联的权重（*weights*）：节点 i 和 j 之间的加权链接（*weighted link*）（i,j,w）具有权重 w。当然，网络也可以是有向加权的，即具有有向加权链接。

网络用节点总数 N 和链接总数 L 来表征。因为 N 标识出系统的各个组成元素的数量，所以 N 被称为网络规模（*size*）。但是，单凭节点数量和链接数量不足以定义网络，还需要说明节点是如何通过链接进行连接的。

不同类型的链接定义了不同类别的网络。例如，Facebook（图 0.1）的链接是无向的，用线段表示，此类网络被称为*无向网络*（*undirected network*）；维基百科（图 0.5）的链接是有向的，用箭头表示，此类含有有向链接的网络被称为*有向网络*（*directed networks*）；航空运输网络（图 0.7）的链接具有权重，此类网络被称为*加权网络*（*weighted networks*）。网络也可以同时具备有向和加权两种特征，如电子邮件网络，其链接的权重和方向表示节点之间的消息数量和通信流量。图 1.1 展示了无向、有向以及无权、加权网络的示意图。

网络中也可以存在多种类型的节点。例如，电影出演网络 [图 0.2（a）] 有两种类型的节点，分别代表电影和演员。其中，演员与电影之间存在链接，但是演员之间或电影之间没有链接——这是所谓的二分网络（*bipartite network*）的一个例子。二分网络包括两个节点群组，

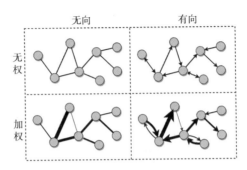

图 1.1 无向、有向以及无权、加权网络图示。圆圈表示节点，相邻节点通过直线（链接）或箭头（有向链接）进行连接。箭头表示链接方向，链接的粗细表示该链接在加权网络中的权重。

链接仅用于连接不同群组中的节点，而非同一群组中的节点。

网络中还可以存在多种类型的链接，这种网络被称为*多重网络*（*multiplex network*）。例如：关于影星的例子中，链接可以添加在与对方结婚的男女演员之间；在维基百科的示例中（图 0.5），除了超链接，可能还有代表维基百科用户点击量的加权链接，或者协同编辑文章之间的无向链接。

1.2　用代码处理网络

有很多网络分析与可视化工具可用于管理、分析和展示具有多个节点和链接的网络，并且很多编程语言有相应的库可应用于分析网络。本书中使用的一些工具，如引言部分的可视化网络图是通过 Gephi 应用程序生成的。但如果想要切实了解网络，有必要"亲身尝试"编写一些代码。本书使用 Python 的 NetworkX（networkx.githeb.io）创建、操作和研究网络的结构、动力学和功能，并为网络提供数据结构、算法、度量、生成器以及基本的可视化功能[1]。

1　附录 A 中提供了 Python 的入门教程，并且本书的 GitHub 存储库提供了 NetworkX 教程，可以从本书的 GitHub 存储库中下载：github.com/CambridgeUniversityPress/FirstCourse-NetworkScience。

导入 NetworkX 后，便可以创建无向网络（图），并添加节点（add_node）和链接（add_edge）：

```python
import networkx as nx # always import NetworkX first!
G = nx.Graph()
G.add_node(1)
G.add_node(2)
G.add_edge(1,2)
```

同时添加多个节点和链接：

```python
G.add_nodes_from([3,4,5,...])
G.add_edges_from([(3,4),(3,5),...])
```

获取节点列表、链接列表以及给定节点的邻居列表：

```python
G.nodes()
G.edges()
G.neighbors(3)
```

遍历节点或链接：

```python
for n in G.nodes:
print(n,G.neighbors(n))
for u,v in G.edges:
print(u,v)
```

创建有向网络（DiGraph）：

```python
D = nx.DiGraph()
D.add_edge(1,2)
D.add_edge(2,1)
D.add_edges_from([(2,3),(3,4),...])
```

注意，有向网络中从节点 1 到节点 2 的链接不同于从节点 2 到节点 1 的链接。此外，添加链接时，如果两端的节点尚不存在，则会自动添加节点。以下函数用于获取节点和链接的数量：

```
D.number_of_nodes()
D.number_of_edges()
```

在查询有向网络某个节点的邻居时，会得到它指向的节点和指向它的节点，但是有的函数只能得到节点指向的边，或指向节点的边，分别被称为*前驱*（*predecessors*）边和*后继*（*successors*）边。

```
D.neighbors(2)
D.predecessors(2)
D.successors(2)
```

当给函数设置指定节点或链接数量的参数时，可以生成不同类型的网络。以下代码可以生成的网络如图 1.2 所示。

```
B = nx.complete_bipartite_graph(4,5)
C = nx.cycle_graph(4)
P = nx.path_graph(5)
S = nx.star_graph(6)
```

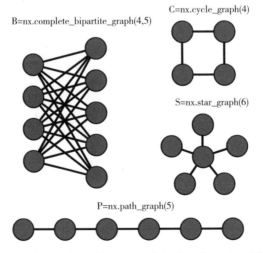

图 1.2　由 NetworkX 函数生成的几个简单网络：完全二分网络 **B**、环形网络 **C**、星形网络 **S** 和路径网络 **P**。

1.3　密度和稀疏性

　　网络中链接的最大数量受系统节点之间可能存在的关系数量所限。也就是说，链接的最大数量取决于点对的数量。链接数量最多的网络（其中所有可能的点对都由链接进行连接）被称为*完全网络*（*complete network*）。

> 　　在有 N 个节点的无向网络中，链接的最大数量等于相异点对的数量：
>
> $$L_{max} = \binom{N}{2} = N(N-1)/2 \qquad (1.1)$$
>
> 　　当节点数量为 N 时，每个节点都可以连接到 $N-1$ 个其他节点。但是，这会将每对节点计数两次，因此需要除以 2。在有向网络中，
>
> 　　每对节点都要计数两次，即每个方向一次，因此 $L_{max} = N(N-1)$。在本书的后面章节中，我们会再次讨论如何统计研究对象之间关系的数量。
>
> 　　对二分网络而言，如果一个群组中的每个节点都连接到另一个群组中的所有节点，则该二分网络就是完全网络（参见图 1.2 中的示例 B）。在这种情况下，$L_{max} = N_1 \times N_2$，其中 N_1 和 N_2 分别代表这两个群组的大小。

　　网络的密度（*density*），即网络中实际存在的链接数与最大可能存在的链接数的比例，也可以视为实际连接的点对数与最大可能的点对数之间的比例。在完全网络中，密度达到最大值。然而，在真实世界的大型网络中，实际存在的链接数通常远远小于最大可能存在的链接数，这是因为大多数节点间没有直接连接。因此，网络的密度通常远小于 1，这种稀疏性（*sparsity*）是网络结构的重要特征之一。直观上来说，链接数越少的网络稀疏性越高。

在节点数为 N，边数为 L 的网络中，网络密度为：

$$d = L / L_{max} \qquad (1.2)$$

在无向网络中：

$$d = L / L_{max} = \frac{2L}{N(N-1)} \qquad (1.3)$$

在有向网络中：

$$d = L / L_{max} = \frac{L}{N(N-1)} \qquad (1.4)$$

在完全网络中，$L = L_{max}$，因此根据定义，$d = 1$；而在稀疏网络中，$L \leqslant L_{max}$，因此 $d \leqslant 1$。当网络变大时，我们可以观察到链接数量是如何随着节点数量的增加而增加的。如果链接数量随节点数量 $(L \sim N)$ 成比例增长，甚至更慢，则称这种网络为稀疏网络。

相反，如果链接数量增长得更快，例如，与网络规模的平方成正比 $(L \sim N^2)$，则称这种网络为稠密网络。

2019 年前后，Facebook 拥有约 20 亿用户（ $N \approx 2 \times 10^9$ ）。如果将其看作一个完全网络，链接数量将达到 $L \approx 2 \times 10^{18}$ 的级别，储存如此海量的数据将极为困难。幸运的是，社交网络具有很高的稀疏性，Facebook 也不例外。平均而言，每个用户只有大约 1,000 个或更少的好友，因此网络密度 $d \approx 2 \times 10^{-6}$。这种情况下，尽管数据量仍然巨大，但 Facebook 能够轻松地处理和操作。这个例子充分展示了网络稀疏性在实际应用中的重要性。

表 1.1 列出了引言中网络实例的大小和密度数据。尽管这些网络之间存在差异，但它们都展现出稀疏网络的特征。

表 1.1 网络实例基本统计。在没有特定标注的情况下，网络为无向无权网络。对于有向网络本书仅展示了平均入度

网络	网络类型	节点（N）	链接（L）	密度（d）	平均度（$\langle k \rangle$）
西北大学 Facebook 网络		10,567	488,337	0.009	92.4

网络	网络类型	节点 (N)	链接 (L)	密度 (d)	平均度 $(\langle k \rangle)$
					续表
IMDB 电影明星网络		563,443	921,160	0.000,006	3.3
IMDB 联合主演明星网络	W	252,999	1,015,187	0.000,03	8.0
美国政治 Twitter 网络	DW	18,470	48,365	0.000,1	2.6
Enron 电子邮件网络	DW	87,273	321,918	0.000,04	3.7
维基百科数学网络	D	15,220	194,103	0.000,8	12.8
互联网路由器网络		190,914	607,610	0.000,03	6.4
美国航空运输网络		546	2,781	0.02	10.2
世界航空网络		3,179	18,617	0.004	11.7
酵母蛋白质交互网络		1,870	2,277	0.001	2.4
秀丽隐杆线虫神经网络	DW	297	2,345	0.03	7.9
大沼泽地生态食物网络	DW	69	916	0.2	13.3

NetworkX 可以计算有向和无向网络的密度：

```
nx.density(G)

nx.density(D)

CG = nx.complete_graph(8471)    # a large complete network
print(nx.density(CG))           # no need for a calculator!
```

1.4 子网

网络的子集本身就是一个网络，被称为*子网*（*subnetwork*）或*子图*（*subgraph*）。图 1.3 展示了关于无向和有向网络的示意图，子网的丰度及属性对于描述真实网络来说至关重要。例如，*派系*（*clique*）是由相互连接的节点组成的完全子网。在完全网络中，任何子网都可以被视为派系，因为网络中的所有节点都相互连接，因此子网中的所有节点对也都相互连接。

此外，还有一种特殊的子网，即节点的*自我中心网络*（*ego network*）。它是由所选节点——*自我*（*ego*）——及其邻居组成的子网。该网络常用于社会网络分析。

NetworkX 可以通过指定节点子集来生成给定网络的子网：

```
K5 = nx.complete_graph(5)
clique = nx.subgraph(K5,(0,1,2))
```

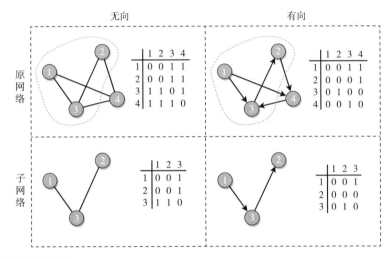

图 1.3 网络和子网示例。

1.5　度

节点的*度*（*degree*）是指它的链接数或邻居数，通常用 k_i 表示节点 i 的度。图 1.4 展示了无向网络中几个节点的度。如果节点像图中的节点 a 一样没有邻居，则度为 0（$k = 0$），这样的节点被称为*单例*（*singelton*）。

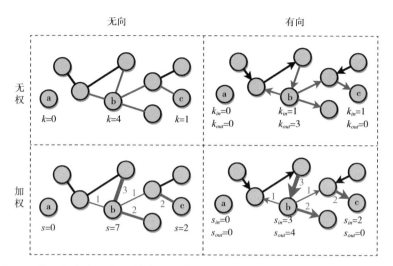

有向、无向、加权和无权网络中关于度和强度的图示。节点 **a**、**b** 和 **c** 的链接和 图 **1.4**
权重用红色突出显示，并标注了它们的度或强度。

网络的平均度用 $\langle k \rangle$ 表示，它与网络密度成正比。

网络平均度的定义为：

$$\langle k \rangle = \frac{\sum_i k_i}{N} \tag{1.5}$$

在无向网络中，每条链接对两个节点的度都有影响，因此公式 (1.5) 的分子可以写为 $2L$。根据无向网络密度的定义 [公式 (1.3)]，$2L = dN(N-1)$，因此：

$$\langle k \rangle = \frac{2L}{N} = \frac{dN(N-1)}{N} = d(N-1) \tag{1.6}$$

移项可得：

$$d = \frac{\langle k \rangle}{N-1} \tag{1.7}$$

节点的最大度值为 $k_{max} = N-1$，表示某个节点与所有其他节点都相连的情况。换句话说，密度是平均度和最大度的比率。

表 1.1 展示了引言部分所示网络实例的平均度。NetworkX 的 degree 函数用于返回给定节点的度。若没有参数，该函数将返回一个

包含每个节点度的字典。

```
G.degree(2)   # returns the degree of node 2
G.degree()    # returns the degree of all nodes of G
```

本书已经介绍了无向网络的度的概念，因为它在网络分析中的重要性，我们将在第 3 章进一步探讨有向网络和加权网络中与其相关的定义和度量方法。

1.6　有向网络

在网络图示中，链接的方向特征用箭头表示。有向网络和无向网络之间的主要区别如图 1.1 所示。在无向网络中，两个节点之间的链接可以从两个方向（即入向和出向）连接相邻节点；在有向网络中，存在一条链接不一定意味着存在相应的反向链接，这对于有向网络的连通性有重要影响。

节点 i 的传入链接或前驱节点的数量被称为入度（in-degree），用 k_i^{in} 表示。节点 i 的传出链接或后继节点的数量被称为出度（out-degree），用 k_i^{out} 表示。图 1.4 展示了有向网络中几个节点的入度和出度。

对于有向网络，可以使用 in_degree( ) 函数返回节点的入度，使用 out_degree( ) 函数返回节点的出度。如果要获取节点的总度，即入度和出度之和，可以使用 degree( ) 函数。

```
D.in_degree(4)
D.out_degree(4)
D.degree(4)
```

1.7 加权网络

在网络图示中，链接的权重特征用不同宽度的线段表示，线宽反映了每个链接的权重大小。如果权重为 0，则表示没有链接存在。加权网络和无权网络的主要区别如图 1.1 所示。

以无向加权网络为例，在忽略权重的情况下，我们可以度量加权网络中节点的度。然而，权重的重要性也不容忽视。我们将节点的*加权度*（*weighted degree*）或*强度*（*strength*）定义为该节点所有链接的权重总和。同样，对于有向加权网络，则有定义*入强度*（*in-strength*）和*出强度*（*out-strength*）。图 1.4 说明了这两种情况。

在无向网络中，节点 i 的加权度或强度表示为：

$$s_i = \sum_j w_{ij} \qquad (1.8)$$

式中，w_{ij} 是节点 i 和 j 之间链接的权重，$w_{ij}=0$ 表示节点 i 和 j 之间没有链接。类似地，我们可以将有向加权网络中的入度和出度泛化为入强度和出强度：

$$s_i^{in} = \sum_j w_{ji} \qquad (1.9)$$

$$s_i^{out} = \sum_j w_{ij} \qquad (1.10)$$

式中，w_{ij} 是从节点 i 到 j 的有向链接的权重。

无论是无向图还是有向图，NetworkX 都可以给链接附加"权重"属性。当添加多个加权链接时，每条链接都被指定为一个三元组，其中第三个元素为权重：

```
W = nx.Graph()
W.add_edge(1,2,weight =6)
W.add_weighted_edges_from([(2,3,3),(2,4,5)])
```

我们可以得到一条链接列表及其相关权重数据，例如输出权重较大的链接：

```
for (i,j,w) in W.edges(data='weight'):
    if w > 3:
        print('(%d,%d,%d)'% (i,j,w) ) # skip link(2,3)
```

然后，使用度函数并指定权重属性来获得给定节点的强度：

```
W.degree (2,weight= 'weight')        # strength of node 2
                                     # is 6+3+5=14
```

1.8　多层网络和时序网络

在图 0.7 所示的美国航空运输网络中，链接代表机场间的直达航班（先不考虑这些航班由哪家航空公司运营）。通常情况下，根据各自所属的航空公司对这些航班进行分类是有必要的。例如，若要预测航班延误在航空公司网络中的传播，或研究延误对乘客流动的影响时，一般情况下每家商业航空公司都会优先安排乘客换乘本公司的航班，因为重新预订其他公司的航班的成本很高。尽管该网络与其他航空公司的网络交织在一起，但特定航空公司的航空运输网络有其自身的特点。在这种情况下，宜将系统表示为*多层网络（multilayer network）*，即"层的组合"。网络中的每一层是特定航空公司的航空运输网络，节点表示机场，链接表示同一家航空公司运营的航班。

当多层网络中的每一层都建立在相同的节点集上时，被称为*多重网络（multiplex network）*。航空运输网络就是一个典型的多重网络，社会网络也是如此，其中不同的层代表不同类型的社会关系。例如，一层可以代表友谊关系，另一层代表家庭关系，再一层代表同事关系等，每一层中的节点代表相同的个体。

　　时序网络（*temporal network*）是多重网络的一种特殊形式，主要表现为链接和节点的动态特征。链接的动态特征源自节点之间的交互发生在不同时间，而节点的动态特征是因为它们可能在网络演化的不同阶段出现或消失。例如，Twitter 上的用户活动网络具有临时性，因为"发推"、"转推"和"提及"发生在不同的时间，并且可以通过时间戳识别发生时间。我们可以将时序网络的时间跨度划分为连续的时间间隔，每个时间间隔内存在的所有节点和链接构成了系统的*快照*（*snapshot*），每个快照可以被解读为多重网络的一个层，如图 1.5 所示。

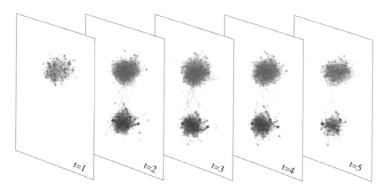

关于转推政治推文的时序网络。每个快照都包含在特定时间间隔内带有时间戳的转推链接。按时间聚合这些快照，可获得图 0.3 所示的静态网络。

图 1.5

　　多层网络中还定义了层内链接和层间链接。层内链接连接同一层中的节点，而层间链接连接不同层中的节点。层间链接还存在一种特殊情况，即*耦合*（*couplings*）链接，此时层间链接将一层的每个节点与其他层的对应节点连接起来，也就是它们将同一节点的副本耦合到不同的层［译者注：可参阅《muxViz 多层网络分析与可视化》（［意］曼里奥·德·多梅尼科著，梁国强、李杰、邢李志译）］。

　　在分析多重网络时，先聚合来自不同层的数据，然后研究由此产生的网络。例如，图 0.3 中的网络是对应时间间隔的多重网络的聚合，而图 0.7 是对应不同航空公司的多重网络的聚合。聚合网络通常是加权的，即使在多重网络的链接没有加权的情况下也是如此。这是因为通常存在多条链接连接不同层中的同一节点对，而在聚合系统中，它们变成了单个加权链接。例如，图 0.3 中的链接是根据一个用户转推另一个用户推文的次数来加权的。聚合会导致丢失原始多层系统提供的大量有价值的信息。在航空运输网络中，虽然合并不同航空公司对应的网络不利于研究网络之间的乘客中转，但如果某家航空公司受到罢工或技术问题的影响，则需要合并网络进行研究。

通常情况下，每个层各自由一组节点和链接来表示，各个层可以看作完全不同的图，从而形成了一个*网络的网络*（*network of networks*），其层间链接可以表示网络节点之间的依赖关系。以电网为例，它通过高压输电线将发电站和需求中心连接起来，而发电是由计算机控制的，以监控和管理发电和输电。这些计算机通过互联网连接，反过来，互联网路由器依靠发电站提供电力。因此，便得到了由两个耦合网络组成的系统，即电网和互联网。

在这样的耦合系统中，网络之间可以互相影响以优化传输，也可以重新配置电网以改变供电路径。然而，这种"网络的网络"也可能出现难以预料的漏洞。例如：一个软件问题或一次攻击可能导致电网中的一个或多个节点瘫痪；而在没有电力供应的情况下，一个地区的互联网也可能瘫痪，进而影响一个地区的互联网和其他节点，甚至引发名为*级联失效*（*cascading failure*）的灾难性多米诺骨牌效应。

为了简便起见，在本书中我们主要关注那些具有单一节点类型和单一链接类型的网络。在无向网络中，假定最多只能有一条链接连接一对节点（在有向网络中，则可以有两条链接，每个方向各一条，如图 1.1 所示）。此外，我们不考虑*自环*（*self-loops*），即节点连接自身的链接，并假设每条链接连接两个不同的节点。

1.9　网络表示

为了在计算机文件或内存中存储 / 检索网络，我们需要一种形式化的表示网络节点和链接的方法。邻接矩阵（*adjacency matrix*）就是最简单的网络表示方法，它是一个 $N \times N$ 矩阵，其中每个元素代表由相应的行和列索引的节点之间的链接。

> 邻接矩阵的元素 a_{ij} 代表节点 i 和 j 之间的链接。如果 i 和 j 是相邻节点，则 $a_{ij}=1$；否则 $a_{ij}=0$。

图 1.3 展示了不同的无向和有向网络及其对应的邻接矩阵示例。无向网络的邻接矩阵是对称的，即交换行和列不会改变矩阵。因此，矩阵的一半实际上是冗余信息。而有向网络的邻接矩阵是非对称的。在无权网络中，矩阵元素只取值 1 或 0，分别表示链接的存在与否。而在加权网络中，矩阵元素可以取任何与链接权重对应的值。本书之前提到过加权网络的邻接矩阵元素，参见公式（1.8）至公式（1.10）中的 w_{ij}。

NetworkX 可以获取和输出邻接矩阵，并通过矩阵表示法来获取和设置链接属性：

```
print(nx.adjacency_matrix(G)) # digraph
G.edge[3][4]
G.edge[3][4] ['color'] = 'blue'
print(nx.adjacency_matrix(D)) # digraph
D.edge[3][4]
D.edge[4][3]  # not the same as the previous one
print(nx.adjacency_matrix(W)) # weighted graph
W.edge[2][3]
W.edge[2][3] ['weight'] = 2
```

尽管邻接矩阵表示法与网络的数学形式相匹配，但它对于存储真实网络（通常是大型且稀疏的）来说并不高效，因为所需的存储空间随着网络规模的增长而呈平方级增长（N^2）。如果网络是稀疏的，大部分空间将浪费在存储零值（表示不存在的链接）上。对于大型网络，更紧凑的网络表示法是邻接表（*adjacency list*），该数据结构储存每个节点的邻居列表。邻接表能够有效地表示稀疏网络，因为它忽略了不存在的链接，仅考虑已有的链接，即邻接矩阵中的非零值。

NetworkX 提供了用于遍历网络邻接表和检索链接及其属性的工具。例如，以下方法可以输出各个节点的邻居列表：

```python
for n,neighbors in G.adjacency():
  for number,link_attributes in neighbors.items():
    print ( '(%d,%d)' % (n,number))
```

第三种有效的网络表示法是*边列表*（*edge list*），它将每条链接都列为一对相连的节点。对于存在单例节点的情况，我们还需要单独列出这些节点，因为单例节点不会与任何其他节点形成链接。对于加权网络而言，每条链接可以表示为一个三元组，其中第三个元素是权重。

本书将使用边列表表示法来存储网络。NetworkX 提供了相应的函数，可以使用这一方法来读写网络文件：

```python
nx.write _edgelist (G,"file.edges" )
G2 = nx.read _edgelist ( "file.edges" )        # G2 same as G
nx.write _weighted_edgelist (W,"wf.edges" )# store weights
with open("wf.edges" ) as f :
    for line in f:
                print(line)
W2 = nx.read _weighted_edgelist ("wf.edges" ) # W2 same as W
```

1.10 绘制网络

通过绘制网络并检查其图形表示，我们可以了解很多有关网络的信息。为此，我们需要使用*网络布局算法*（*network layout algorithm*）将每个节点放置在一个平面上。有多种布局算法可用于表示不同类型的网络。例如，图 0.7 中使用*地理布局*（*geographic layout*）来绘制航空运输网络。对于相对较小的网络，可以采用同心圆或分层布局，以揭示重要的层次结构。最流行的网络布局算法是*力导向布局算法*（*force-directed layout algorithm*），可用于可视化引言部分的大多数网络示例。图 0.7 中的插图也采用了这一算法。

力导向布局算法的目标是使连接的节点彼此靠近，使链接的长度大致相等，并最小化链接的交叉数量。为了理解力导向布局的工作原理，可以想象节点之间存在相互排斥的力，就像两个带相同电荷的粒子之间的斥力一样。抑或是将其想象为通过弹簧连接任意两个相连的节点，当它们相距过远时会产生引力。力导向布局算法正是模拟这样的物理系统，通过节点的移动以最小化系统的能量：相连的节点相互靠近，相向移动，而与不相连的节点保持一定的距离。

这一算法会突出显示网络中的社团结构。如图 0.3 所示，激进派或保守派之间由于彼此紧密联系而在布局中形成了聚类。

NetworkX 有可用于绘制网络的函数，使用的是基本的网络布局算法：

```
import matplotlib.pyplot
nx.draw(G)
```

需要注意的是，绘制网络需要在相应的绘制界面上进行，例如 Matplotlib。对于节点数小于 100 的小型网络，这种方法十分有效。对于较大的网络，可以使用更强大的可视化工具。例如，引言部分的示例采用了 Gephi 的 *ForceAtlas2* 布局算法进行可视化。

1.11　本章小结

本章介绍了一些描述网络结构的基本定义和参量。

1. 网络由节点和链接两组元素组成。

2. 子网是网络的一个子集，包括部分节点和它们之间的所有链接。

3. 在有向网络中，链接是有向的，可能存在从节点 1 指向节点 2 的链接，但不一定存在从节点 2 指向节点 1 的链接，即链接可以是单向的。但在无向网络中，链接是双向的。

4. 在加权网络中，链接具有表示连接属性（如重要性、相似性、距离、流量等）的相关权重。在无权网络中，每条链接代表的节点之间的关系是相同的。

5. 多层网络包含不同类型的节点和链接，分为多个相互连接的层。如果每一层都建立在相同的节点集上，这种多层网络被称为多重网络。

6. 网络的密度是指实际连接的节点对与最大可能的节点对数量之比。如果所有节点均已连接，则为完全网络，密度为 1。大多数真实网络是稀疏的，密度较小。

7. 节点的度是指其邻居数。在有向网络中，节点分为入度和出度，分别用于度量传入和传出的链接数量。对于加权网络，节点的强度定义为该节点所有链接的权重总和。加权有向网络的节点具有入强度和出强度。

8. 邻接表和边列表是存储稀疏网络的有效表示法。

1.12　扩展阅读

在本书所介绍的基础知识之外，如果希望深入学习复杂网络，还有其他优秀的教材可供选择。例如：Caldarelli 和 Chessa（2016）对数据科学进行了详细探讨；Barabási（2016）的教材适合希望从物理学角度拓展研究的读者; Easley 和 Kleinberg（2010）的教材则涵盖了与经济学和社会学相关的知识。对于更高级的物理学、数学和社会科学主题，也有许多学者的教材可供选择，包括 Wasserman 和 Faust（1994）、Caldarelli（2007）、Barrat 等人（2006）、Cohen 和 Havlin（2010）、Bollobás（2012）、Dorogovtsev 和 Mendes（2013）、Latora 等人（2017）、Newman（2018）。其他重要研究成果：Kivelä 等人（2014）和 Boccaletti 等人（2014）关于多层网络的研究综述极具影响力；Holme 和 Saramäki（2012）发表的时序网络综述比较经典；Gao 等人（2012）分析了网络之间的相互连接；灾难性故障的相关内容在 Reis 等人（2014）和 Radicchi（2015）的研究中有所讨论。关于网络绘图的相关内容，可以参考 Di Battista 等人（1998）的研究。力导向网络布局算法（也称"弹簧布局"）最早由 Eades（1984）提出，并由 Kamada 和 Kawai（1989）、Fruchterman 和 Reingold（1991）改进。本书中许多可视化所使用的算法，如 ForceAtlas2 布局算法，是由 Jacomy 等人（2014）开发的。

课后练习

1. 在含有 N 个节点的网络中，单个链接最多能连接多少节点？对于单一节点，最多能与多少其他节点建立连接？

2. 在图 0.9 所示的道路地图中，网络具有网格状结构，多数节点具有相同的度。那么该网络中最常见的节点度数是多少？

3. 接上题，纽约曼哈顿有许多单行道，因此该交通流网络模型包含有向链接。在这个全部由单行道组成的网格状连通网络子图中（即每个节点是两条单行道的四路交叉口），最常见的节点入度和出度分别是多少？

4. 接上题，哪些网络指标可以用于表示纽约道路地图中相邻十字路口之间的交通量？

5. 在一个含有 N 个节点的网络中，将总入度（网络中所有节点的入度之和）与对应的总出度进行比较。以下哪个结论是成立的？

    a. 总入度必然小于总出度

    b. 总入度必然大于总出度

    c. 总入度必然等于总出度

    d. 以上均不成立

6. 在 Twitter 转推网络中，用户表示节点。若要展示给定用户转推其他用户的次数，应选用哪种类型的链接？

    a. 无向无权

    b. 无向加权

    c. 有向无权

    d. 有向加权

7. 在 Twitter 的话题标签共现网络中，节点表示话题标签。若要使链接表示话题标签在推文中一起出现的频率，应选用哪种类型的链接？

    a. 无向无权

    b. 无向加权

    c. 有向无权

    d. 有向加权

8. 在根据剧本角色所构建的网络中，节点代表人物。如果这些角色曾经进行过对话，则存在链接。那么以下哪种链接最适合表示这种关系？

    a. 无向无权

    b. 无向加权

    c. 有向无权

    d. 有向加权

9. 接上题，若构建一个更复杂的网络，以反映角色之间对话的频率及交流对象，应选用哪种类型的链接？

    a. 无向无权

    b. 无向加权

    c. 有向无权

    d. 有向加权

10. 假设在你的社会网络中有一个子网，你和你的 24 个好友互相都是朋友。这种子网被称为什么？该子网包含多少条链接？

11. 在一个具有 N 个节点的无向网络中，最多存在多少条链接？

12. 在一个由 N 个节点组成的二分网络中，类型 1 的节点数量为 N_1，类型 2 的节点数量为 N_2，$N_1 + N_2 = N$。该网络的最大链接数是多少？

13. 给定一个具有 N 个节点的完全网络 A，以及具有 N 个节点的二分网络 B。对于任意 $N > 2$ 的情况下，下列哪个陈述成立？

    a. 网络 A 的链接数量多于网络 B

    b. 网络 A 具有和网络 B 相同的链接数量

    c. 网络 A 的链接数量少于网络 B

    d. 以上均不成立

14. 在完全网络中，每对节点之间均存在链接，具有 N 个节点的完全无向网络具有 $N(N-1)/2$ 条链接。是否具有 N 个节点和 $N(N-1)/2$ 条链接的无向网络都是完全网络？并说明原因。

15. 在以下邻接矩阵中：

$$
\begin{array}{c c c c c c c}
 & A & B & C & D & E & F \\
A & 0 & 1 & 0 & 0 & 0 & 0 \\
B & 0 & 0 & 2 & 0 & 0 & 0 \\
C & 0 & 0 & 0 & 0 & 0 & 0 \\
D & 0 & 1 & 0 & 0 & 1 & 0 \\
E & 0 & 0 & 0 & 0 & 0 & 1 \\
F & 2 & 1 & 3 & 1 & 1 & 0
\end{array}
$$

                                                   （1.11）

第 i 行第 j 列的元素表示从节点 i 到节点 j 的链接权重。例如，第二行第三列的元素为 2，表示从节点 B 到节点 C 的链接权重为 2。该矩阵表示的是以下哪种类型的网络？

    a. 无向无权

    b. 无向加权

    c. 有向无权

    d. 有向加权

16. 接上题，在由该邻接矩阵定义的网络中，有多少个节点？有多少条链接？是否存在自环？

17. 接上题，是否存在节点对其他所有节点都有传出链接？是否存在节点对其他所有节点都有传入链接？若存在，分别指出是哪些节点。

18. 接上题，汇（*sink*）指的是只存在传入链接而没有传出链接的节点。若存在，该网络中哪些节点具有这种性质？

19. 接上题，节点 C 的入强度和出强度分别是多少？

20. 接上题，将网络转换为一个无向无权图（如果在有向图中存在从节点 i 到 j，或从 j 到 i，或二者都有的有向链接，则在无向图中连接它们），转换后的网络中有多少个节点？有多少条链接？

21. 接上题，该无向无权网络中，最小度、最大度、平均度、密度分别是多少？

22. 若两个无向网络拥有相同数量的节点和链接，它们的最大度、最小度、平均度是否必然相同？并说明原因。

23. Facebook 网络非常稀疏。假设它有约 10 亿用户，平均每个用户有 1,000 个好友。

    ● 假如该网络的用户数量保持不变，但每个用户的平均好友数量有所增加，那么网络的密度会有什么变化？增加、减少还是保持不变？

    ● 假如用户数量和每个用户的平均好友数量都增加了一倍，那么该网络的密度有什么变化？

24. Netflix 利用大型二分网络存储用户的偏好数据，连接用户与其观看 / 评级的影片。Netflix 拥有约 10 万部影片，包括流媒体和邮寄

DVD。据 Netflix 2013 年第四季度报告，用户约 3,300 万。假设该网络中用户的平均度是 1,000，那么该网络总共有多少条链接？请分析该网络是稀疏的还是稠密的？并说明原因。

25. 接上题，若自 2013 年到 2014 年，Netflix 影片库的规模保持不变，但用户数量有所增加。进一步假设用户的平均度不变，那么该网络的密度将如何变化？并说明原因。

2　小世界网络

> 路径（path）：一个节点到另一个节点之间的弧（或边）的序列，可以按顺序依次经过这些弧而无须回溯。

网络具有很多基本特征，本章将介绍其中的三个特征：邻居间的相似性、连接节点之间的短路径以及由共同邻居构成的三角形。在*社会网络*（*social networks*）中，这些特征可以通过一些熟悉的案例进行说明：节点表示人，而链接表示不同类型的社会关系，如友谊、职场、熟人或家庭关系。社会网络是研究最为广泛的网络类别之一，相关研究可以追溯到一个世纪之前。

2.1　物以类聚，人以群分

在社会网络中，节点通常具有多种属性，例如年龄、性别、身份、种族、性偏好、位置、兴趣等。相互连接的节点往往具有相似的特征，例如亲戚可能住在附近，朋友可能有相似的兴趣——这种节点性质的学名为*同配性*（*Assortativity*）。图 2.1 展示了用颜色表示节点特征同配性的示例，图 0.3 则展示了 Twitter 上一个更具对比度的真实案例。通过同配性，我们可以观察一个人的邻居来预测他的个人特征。在 0.1 节中，研究人员发现，通过分析 Facebook 用户的朋友圈，可以准确地推断出他们的性取向，而无须查看他们的个人资料。类似地，通过分析 Twitter 用户的社交网络，可以预测未明确列在个人信息中的用户偏好。

我们经常可以在日常生活中发现社会网络展现出的同配性现象，即人们更倾向于与自己在某些方面相似的人建立联系，即所谓的物以

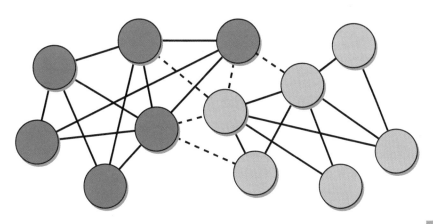

网络同配性图示。节点更有可能连接到相同颜色的节点，而且大多数链接都连接颜色相同的节点。连接不同颜色节点的少数几条链接用虚线表示。　　**图 2.1**

类聚，人以群分。从这个角度来说，同配性也可被称为*趋同性*（*homophily*）。比如，住得近或者具有相同兴趣爱好的人往往会经常见面并成为朋友。约会软件就利用了趋同性来根据共同的人格特质推荐相匹配的对象。反过来，随着时间的推移，*受社交影响*（*social influence*），朋友会变得更加相似。作为社会性动物，人类从出生起就倾向于相互模仿，我们的想法、观点和偏好会受到社交互动的强烈影响。造成这种同配性的原因很难区分，是相似性引发了链接？还是链接引发了相似性？通常，这些因素会同时塑造我们的社会关系，并相互强化。

　　然而，趋同性也有其不好的一面。在社交媒体上，我们可以轻易地与持有相同观点的人建立联系，并删除或取关持有不同观点的人。此外，信息共享方式可以选择性地影响我们的观点，从而导致观点上的隔离和分化。这种情况在线社团中尤为突出，如图 0.3 所示。当我们周围都是与我们观点相符的人时，我们就如同处于一个*回音室*（*echo chamber*）中，接收到的所有信息和观点都会验证或强化而非挑战我们的想法。这种情况会带来潜在的危险，因为它使我们更容易受到错误信息和社交机器人的操纵。

　　NetworkX 可以使用以下两个函数来计算网络的同配性，前提是属性是绝对属性（如性别）或数值属性（如年龄）：

```
assort_a = nx.attribute_assortativity_coefficient(G,category)
assort_n = nx.numeric_assortativity_coefficient(G,quantity)
```

同配性不仅存在于社会网络中，许多类型的网络中邻居也具有相似的属性。例如，从节点的度的角度来看，高度值节点倾向于连接其他高度值节点，而低度值节点倾向于连接其他低度值节点时，这被称为*度同配性*（*degree assortativity*）或*度相关性*（*degree correlation*）。当网络具有这种性质时，则被称为*同配网络*（*assortative network*）。

图 2.2（a）展示了一个同配网络的示例，其中中枢节点形成一个紧密连接的核心，而低度值节点松散地相互连接或连接到核心节点。因此，我们称同配网络具有核心 – 边缘结构（社会网络往往表现出同配性）。如果网络中的高度值节点倾向于连接到低度值节点，则该网络被称为*异配网络*（*disassortative network*）。图 2.2（b）展示了一个异配网络的示例，其中中枢节点位于星形连通分支的中心（万维网、互联网、食物网和其他生物网络通常具有异配性）。

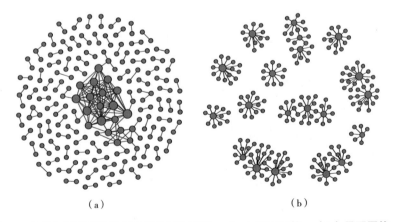

（a）   （b）

图 2.2　由同配网络和异配网络描绘的网络度同配性：（a）同配网络，（b）异配网络。

　　为了计算网络的度同配性，本书介绍了两种基于相邻节点度的*相关性*（*correlation*）度量方法。

　　第一种方法是*同配系数*（*assortativity coefficient*），它是基于节点度的皮尔逊相关系数，用于量化相连节点对的关联程度。当同配系数为正时，网络具有同配性；当同配系数为负时，网络具有异配性。

　　NetworkX 有计算同配系数的函数：

```
r = nx.degree_assortativity_coefficient(G)
```

　　第二种方法基于所测量节点 i 的邻居平均度：

$$k_{nn}(i) = \frac{1}{k_i} \sum_j a_{ij} k_j \qquad (2.1)$$

　　如果 i 和 j 是邻居，则 $a_{ij} = 1$，否则为 0。我们将给定度值为 k 的节点的*最近邻* (*k-nearest-neighbors*) 函数 $\langle k_{nn}(k) \rangle$ 定义为具有度值 k 的所有节点 $k_{nn}(i)$ 的平均值。如果 $\langle k_{nn}(k) \rangle$ 是 k 的递增函数，那么高度值节点倾向于连接到其他高度值节点，因此网络具有同配性；如果 $\langle k_{nn}(k) \rangle$ 随着 k 减少，则网络具有异配性。我们可以通过 NetworkX 计算度与其相关邻居连通性之间的相关性，计算皮尔逊相关系数需调用 scipy 包：

```
import scipy.stats
knn_dict = nx.k_nearest_neighbors(G)
k,knn = list(knn_dict.keys()),list(knn_dict.values())
r,p_value = scipy.stats.pearsonr(k,knn)
```

2.2　路径和距离

　　通过遍历网络中的链接，如果可以从*源*（*source*）节点到达*靶*（*target*）节点的话，则称这两个节点之间存在一条*路径*（*path*）。

路径是指遍历的链接序列，路径中链接的数量被称为*路径长度*（*path length*）。在同一对节点之间，可能有多条不同长度的路径，这些路径可以共享或不共享一些公共链接。在有向路径中，我们必须按照链接的方向进行遍历。*圈*（*cycle*）是一种特殊的路径，它可以从一个节点遍历回到自身。本书只关注*简单路径*（*simple path*），即路径不会多次通过同一条链接。寻找路径是网络科学研究中最早的问题之一，参见小贴士 2.1。

小贴士 2.1　哥尼斯堡七桥问题

　　1736 年，莱昂哈德·欧拉（Leonhard Euler）第一次用图论解决了一个数学问题。普鲁士城市哥尼斯堡被普雷格尔河分成四个区域（北岸、南岸、克尼普霍夫岛和洛姆斯岛）。共有七座桥横跨河上，并将这四个区域连接起来。问题是：在每座桥都只能走一次的前提下，怎样才能把这个城市所有的七座桥都走遍？欧拉概括了这类问题：是否能在网络中找到一条路径，其中节点和链接分别代表陆地和桥，而且每条链接正好遍历一次。

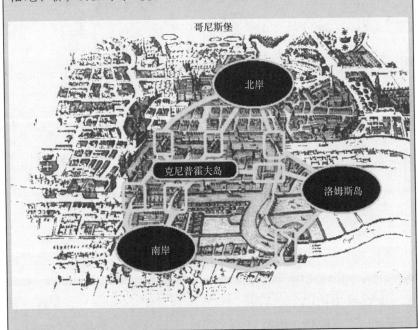

哥尼斯堡

北岸

克尼普霍夫岛

洛姆斯岛

南岸

欧拉证明,只有当所有节点(除了源节点和靶节点)都具有偶数度时,这样的路径才存在,该路径被命名为*欧拉路径*。每个传入链接要到达一个节点,相应地必须有一个传出链接离开这个节点,因此点必须具有偶数度。如果源节点和靶节点不是同一个节点,则必须具有奇数度,因为当路径开始(结束)时,路径不得"越过"节点。如果它们是同一个节点(欧拉圈),奇数度节点将不存在。由于哥尼斯堡网络中的所有四个节点都具有奇数度,所以在这种情况下不存在欧拉路径。

路径是定义网络中节点之间*距离*(*distance*)的基础。两个节点之间的自然距离被定义为:连接两个节点的路径中所需遍历的最小链接数,这样的路径被称为*最短路径*(*shortest path*),其长度被称为*最短路径长度*(*shortest-path length*)。同一对节点之间可能存在多条最短路径,显然,它们都具有相同的长度。例如在交通网络中,可以将路径长度定义为沿路径上链接的距离的总和。例如,从柏林经由巴黎到罗马的路径的长度,是从柏林到巴黎和从巴黎到罗马的距离的总和。无权网络是一种特殊情况,其中所有链接的距离均为1。

图2.3展示了不同类型网络中节点之间的最短路径。在无向无权网络中,最短路径是指使遍历的链接数量最小化的路径,无论节点之间的移动方向如何,最短路径的长度都相同。需要注意的是,节点 **a** 和 **b** 之间存在两条路径,但经过节点 **d** 的路径要比直接通过节点 **e** 和 **f** 之间的路径多一条链接。最短路径绕过节点 **d**,通过节点 **e** 和 **f** 之间的链接,使得最短路径长度为 $\ell_{ab} = 4$。然而,在有向无权网络中情况则不同,因为有向路径必须按照链接的方向进行遍历。因此,从源节点 **a** 到靶节点 **b** 只有一条路径,该路径经过节点 **d**,最短路径长度为 $\ell_{ab} = 5$。需要注意的是,有向网络中可能不存在路径。如果某个节点只有传入链接,那么就不存在以该节点为源节点的路径。在图2.3的示例中,从节点 **g** 到其他节点没有任何路径;类似地,对于只有传出链接的节点(例如节点 **a**),也不存在以该节点为靶节点的路径。

图 2.3 的无向加权网络使用链接权重表示距离。在这种情况下，节点 **a** 和 **b** 之间的最短路径经过节点 **d**，尽管这条路径比直接从节点 **e** 到 **f** 的路径多一条链接，但通过节点 **e** 和 **f** 之间（经由节点 **d**）的距离总和为 1+1=2。如果绕过节点 **d**，直接从节点 **e** 到 **f**，则这段距离的长度为 3，显然前者距离更短。在遵循链接方向的前提下，有向加权网络中距离总和最小的路径即为最短路径。在图 2.3 的两个加权网络示例中，最短路径长度均为 ℓ_{ab} =7。

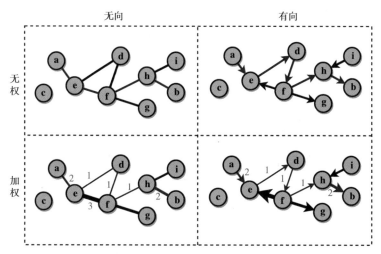

图 2.3　无向、有向、无权以及加权网络中的最短路径。链接权重代表距离，以红色显示。节点 **a** 和 **b** 之间的最短路径均用蓝色突出显示。

在*相似权*（*similarity weight*）网络中，链接权重用于表示两个连接节点之间的相似性或交互强度。对于如何寻找让其权重最大化的路径，一种常见的方法是将权重转换为*相异权*（*dissimilarity weight*）网络的距离，即通过将权重取倒数的方式使更大的权重对应于更短的距离。因此，问题转化为如何寻找短距离路径（译者注：这样做的目的是让路径搜索算法收敛，但是会混淆权重应有的意义）。

我们使用最短路径长度来度量节点之间的距离，进而衡量整个网络的聚合距离。通过对所有节点间的最短路径长度取平均值，就得到了*平均最短路径长度*（*average shortest–path length*），简称平均路径长度

（*average path length*）。网络*直径*（*diameter*）是指所有节点间的最短路径中的最大值，即网络中最短路径的最大长度。这一命名方法受到几何学的启发——直径是圆周上任意两点之间距离的最大值。

对于无向无权网络，平均路径长度的公式定义为：

$$\langle \ell \rangle = \frac{\sum\limits_{i,j} \ell_{ij}}{\binom{N}{2}} = \frac{2\sum\limits_{i,j} \ell_{ij}}{N(N-1)} \qquad (2.2)$$

式中 ℓ_{ij} 是节点 i 和 j 之间的最短路径长度，n 为节点数量。

分子是所有节点对的最短路径长度的总和，然后除以节点对的数量来计算平均值。有向网络采用类似的公式，但距离 ℓ_{ij} 是基于节点 i 和 j 之间的最短有向路径，对于双向路径，每对节点计数两次。

$$\langle \ell \rangle = \frac{\sum\limits_{i,j} \ell_{ij}}{N(N-1)} \qquad (2.3)$$

加权网络采用同样的公式，而 ℓ_{ij} 则基于链接距离来计算，此时网络直径计算公式如下：

$$\ell_{max} = \max_{i,j} \ell_{ij} \qquad (2.4)$$

平均路径长度和直径的定义基于一项假设：每对节点的最短路径长度已被定义。如果任意一对节点之间不存在路径，则无法定义平均路径长度和直径。例如在图 2.3 的网络中，单例节点 **c** 和其他节点之间不存在路径，我们可以将这种不存在的路径等同为具有无限距离的路径。

如果希望定义某个网络的平均路径长度，而有些路径不存在，那么对于无向网络可以使用下列公式：

$$\langle \ell \rangle = \left(\frac{\sum\limits_{i,j} \frac{1}{\ell_{ij}}}{\binom{N}{2}} \right)^{-1} \qquad (2.5)$$

> 如果节点 i 和 j 之间不存在路径，则 $\ell_{ij}=\infty$，因此 $1/\ell_{ij}=0$。该技巧同样也适用于有向网络。

平均路径长度和直径均可用于描述网络的代表性距离，本书使用了前者。虽然根据定义，平均值不能超过最大值，但这两个术语有时可以互换使用，因为随着网络规模的增长，这两个参量的变化趋势基本相似。

NetworkX 的一些函数可用于确定路径是否存在，查找最短路径，测度路径长度和网络平均路径长度。下面以图 2.3 中的无向无权网络为例：

```
nx.has_path(G,'a','c')                    # False
nx.has_path(G,'a','b')                    # True
nx.shortest_path(G,'a','b')               # ['a','e','f','h','b']
nx.shortest_path_length(G,'a','b')        # 4
nx.shortest _path(G,'a')                  # dictionary
nx.shortest_path_length(G,'a')            # dictionary
nx.shortest _path(G)                      # all paris
nx.shortest_path_length(G)                # all paris
nx.average_shortest_path_length(G)        # error
G.remove_node('c')                        # make G connected
nx.average_shortest_path_length(G)        # now okay
```

当仅指定源节点时，我们可以获得一个包含所有最短路径或所有最短路径长度的字典。当源节点和靶节点都未指定时，可以得到一个包含所有节点对之间最短路径的对象。对于有向网络，采用相同的函数，但应考虑链接方向。

```
nx.has_path(D,'b','a')          # False
nx.has_path(D,'a','b')          # True
nx.shortest_path(D,'a','b')     # ['a','e','d','f','h','b']
```

对于加权网络，我们可以将与链接相关的距离存储为权重属性。然后，在计算路径长度时将权重解释为距离。

```
nx.shortest_path_length(W,'a','b')           # 4
nx.shortest_path_length(W,'a','b','weight')  # 7
```

2.3 连通性和连通分支

网络*连通性*（*connectedness*）定义了网络物理结构的多个属性，将网络结构和功能联系了起来。回顾第 1 章，网络中的链接数量受到节点数量的限制——这是一个上限，但没有下限，因为网络中可能没有任何链接存在。正如将在第 5 章中介绍的，密度越高，网络的*连通*（*connected*）性越强，也就是说，从任意其他节点到达任意靶节点的机会更大。链接越少，密度越低，网络非连通的可能性就越大，因此存在多个无法互相到达的节点或节点群组。

NetworkX 有确定网络连通性的函数。例如，图 1.2 中的网络都是连通的：

```
K4 = nx.complete_graph(4)
nx.is_connected(K4)                  # True
C = nx.cycle_graph(4)
nx.is_connected(C)                   # True
P = nx.path_graph(5)
nx.is_connected(P)                   # True
S = nx.star_graph(6)
nx.is_connected(S)                   # True
```

如果网络未连通，则称其为*非连通*（*disconnected*），此时网络由多个*连通分支*（*connected components*，*简称 components*）组成。连通分支是包含一个或多个节点的子网，其中任意一对节点之间存在路径，但没有路径将这些节点连接到其他连通分支。在许多真实网络中，最大连通分支占网络的很大一部分，称为*巨分支*（*giant component*）。在连通网络中，巨分支与整个网络重合。

图 2.4 展示了网络中几种不同类型的连通分支，例如无向网络包含了 3 个连通分支。需要注意的是，根据定义单个节点本身也可以是一个连通分支，因为它与其他节点没有连接。在有向网络中，情况略显复杂，因为我们在确定是否可以从一个节点到达另一个节点时，必须考虑链接的方向。当然，我们也可以忽略链接的方向，将它们视为无向链接。在这种情况下，我们将此类连通分支称为*弱连通分支*（*weakly connected component*）。图 2.4 中的有向网络有 3 个弱连通分支。在一个弱连通分支中，不是所有节点彼此都可以到达，这取决于有向路径。

在*强连通分支*（*strongly connected component*）中，每对节点之间至少有一条双向的有向路径。在图 2.4 中，最大的强连通分支有 3 个节点，其中任意节点都可以到达其他节点。需要注意的是，在强连通网络或强连通分支中，每个节点至少存在一个有向圈。也可以理解为：在强连通网络中的任意两个节点 **a** 和 **b**，从 **a** 到 **b** 和从 **b** 到 **a** 都存在一条路径。

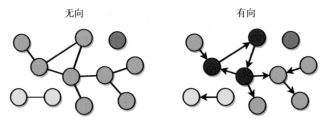

无向　　　　　　　　　有向

图 2.4　连通分支。不同的颜色代表不同的连通分支。在无向网络示例中，有三个连通分支，其中有一个为单例节点，浅蓝色节点形成巨分支。在有向网络示例中，有三个弱连通分支，最大的弱连通分支包含颜色深浅各异的蓝色节点，深蓝色节点形成最大的强连通分支。

现在回到早先提到的问题：在网络非连通的情况下，如何度量网络的距离？一种方法是仅考虑巨分支中的节点，而另一种方法是仅针对同一个连通分支中的节点对距离取平均值，并同时考虑所有连通分支。要计算非连通网络的直径，我们可以先分别计算各个连通分支的直径，然后取最大值。

我们可以确定一个节点集，从该集合可以到达一个强连通分支 S，但是不能反向从 S 到达该节点集。因为如果存在双向关系，该节点集将会是 S 的一部分。这种节点集称为 S 的*内向分支*（*in-component*）。同样，我们可以将 S 的*外向分支*（*out-component*）定义为一个节点集，从 S 可以到达该节点集，但不能反向从该节点集到达 S。

如果有向网络中只有一个强连通分支，则称该网络是强连通的；如果是一个单一的弱连通分支，则称该网络是弱连通的。

NetworkX 有识别网络连通分支的函数。假设 G 和 D 分别代表图 2.4 中的无向网络和有向网络：

```
nx.is_connected(G)                              # False
comps = sorted(nx.connected_components(G),key=len,reverse= True)
nodes_in_giant_comp = comps[0]
GC = nx.subgraph(G,nodes_in_giant_comp)
nx.is_connected(GC)                             # True
nx.is_strongly_connected(D)                     # False
nx.is_weakly_cornncted(D)                       # False
list(nx.weakly_connected_components(D))
list(nx.strongly_connected_components(D))       # lots of
                                                # singletons
```

本例使用内置函数 sorted() 来列出 connected_components() 函数的输出并对其进行排序，通过指定 key=len 以按连通分支大小排序，并指定 reverse=True 以按降序输出，则第一个连通分支为巨分支。

2.4 树

我们接下来介绍一类特殊的无向连通网络：*树*（*trees*）。在树中，去掉其中任意一条链接都会将网络分为两个部分。

> 树的链接数量与节点数量的关系是 $L=N-1$，其中 L 表示链接数量，N 表示节点数量。我们可以通过从一个节点数量为 $N=2$ 的网络开始，并确保这些节点之间存在一条链接。随后，每次增加一个节点，为了将新增节点和现有节点连接起来，我们必须增加一条新链接。因此，链接数量（L）始终等于节点数量（N）减去 1。去掉任意一条链接，都会导致至少 1 个节点从网络中脱离。

树还有其他有趣的属性，比如树没有圈。对此，我们采用反证法来证明这一点：如果树中存在圈，那么去掉至少一条链接也不会导致网络非连通。因此，这个网络就不能是树，这与前提相矛盾。由于没有圈，给定任意一对节点，它们之间只有一条路径连接。

树具有*层次性*（*hierarchical*）。我们可以将树中的某个节点设定为*根*（*root*）节点，每个节点都连接到一个父节点（朝向根节点）以及一个或多个子节点（远离根节点）。但存在两个特例：根节点没有父节点，以及*叶*（*leaves*）节点没有子节点。图 2.5 展示了树的层次结构。

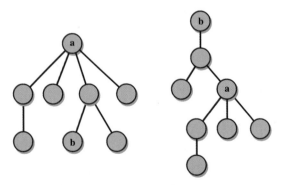

图 2.5 树的层次结构。同一棵树用两种不同的布局表示，分别采用节点 **a** 和节点 **b** 作为根，位于顶部。每个节点的上方都有父节点（根没有父节点），下方都有子节点（叶节点位于底部，没有子节点）。

NetworkX 有确定网络是否为树的函数。例如，如果在某个完全网络中，多于两个节点有圈，则该网络不是树。图 1.2 的星形网络和路径网络是树的两个例子：

```
K4 = nx.complete_graph(4)
nx.is_tree(K4)                        # False
C = nx.cycle_graph(4)
nx.is_tree(C)                         # False
P = nx.path _graph(5)
nx.is_tree(P)                         # True
S = nx.star _graph(6)
nx.is_tree(S)                         # True
```

2.5 寻找最短路径

2.2 节讨论了最短路径的概念。那么，在实际应用中如何找到两个节点之间的最短路径？为此，需要绘制整个网络并导航，这可以通过 NetworkX 和其他网络分析工具来完成。我们将在第 4 章重点介绍这些工具，例如基于网络爬虫（*crawlers*）的搜索引擎。它是一种自动浏览互联网的计算机程序，能发现并存储新的网页。

广度优先搜索（*breadth–first search*）是一种用于寻找最短路径的算法。该算法从源节点开始，逐步导航网络，直到找到源节点与每个其他节点之间的最短路径。在进行深入遍历之前，该算法首先在源节点周围的一定距离内（即网络的宽度）进行遍历。图 2.6 以一个简单的无向网络作为例子，形象地说明了广度优先搜索的过程：从源节点出发，开始遍历其邻居，即第一层节点，并将源节点到第一层节点的距离设置为 1；然后，继续从第一层节点出发，遍历第一层节点的邻居，即第二层节点，不包括之前已遍历过的节点，并将源节点到第二层节点的距离设置为 2；接着，从第二层节点出发，遍历第二层节点的邻居，

即第三层节点，同样不包括之前已遍历过的节点，并将源节点到第三层节点的距离设置为3；以此类推，每一层都包含了与源节点距离相等的所有节点。如果网络是连通的，则可以从源节点到达每一层的所有节点，且同一层节点和源节点之间的距离相等。对于有向网络，广度优先搜索的过程也是类似的，不过只能通过源节点发出的有向路径到达其他节点。

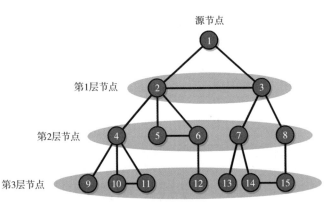

图 2.6 广度优先搜索算法。将节点 1 选定为源节点，首先，遍历节点 1 的邻居，节点 2 和节点 3，也就是第 1 层节点，包括与源节点间距离为 1 步的所有节点。然后，继续遍历第一层节点的邻居（节点 4、5、6、7、8），它们与源节点间距离为 2 步（第 2 层节点）。最后，到达节点 9、10、11、12、13、14、15，它们与源节点间距离为 3 步（第 3 层节点）。

通过广度优先搜索算法，我们可以生成一个*最短路径树*（*shortest-path tree*），以查找从源节点到其他节点的最短路径。这棵树包含与原始网络相同的节点，但只有链接的子集。它展示了从根节点（源节点）到其他节点之间的最短路径。图 2.7 展示了广度优先搜索算法在有向网络中的应用，具体细节参见小贴士 2.2。

小贴士 2.2　广度优先搜索

　　广度优先搜索以源节点作为输入。为了实现该算法，每个节点必须有一个属性，以存储该节点与源节点间的距离。此外，必须保留一个节点队列，我们称之为*边界*（*frontier*）队列。该队列是一种先进先出的数据结构：按照节点加入队列（入队）的先后顺序进行删除（出队）操作。

首先，源节点 s 进入边界队列。将源节点 s 的距离初始化为 $\ell(s,s)=0$，将其他节点的距离初始化为不可能的数，例如 -1。最终要成为最短路径树的网络，在初始化完成阶段，不具有任何链接。

在每次迭代过程中，对边界队列的下一个节点 i 进行遍历，然后节点 i 出队。接下来，对于节点 i 的后继节点 j（无向网络中节点 i 的邻居），按照下列步骤继续进行遍历（节点 j 的距离已设定除外）：

1. 将节点 j 加入边界队列。

2. 将节点 j 与源节点间的距离设置为 $\ell_{s,j}=\ell_{s,i}+1$。

3. 将有向链接 $(i \rightarrow j)$ 加入最短路径树。

当边界队列为空时，该过程结束。如果节点的距离未知，这意味着无法从源节点到达它们，它们必然位于网络中的其他连通分支内。

执行了广度优先搜索算法后，所有与源节点在同一连通分支中的节点都被分配了与源节点之间的对应距离。为了找到从源节点到任意靶节点的最短路径，需要沿着最短路径树中的链接，从靶节点反向遍历前面的层级节点，直至源节点。回顾一下前文讲述过的内容，在树中只有一条路径通向根节点，每个节点只有一个前置节点。因此，我们需要反转路径，以获得从源节点到靶节点的最短路径。在无向网络中，无论是从源节点到靶节点，还是从靶节点到源节点，路径都是相同的；但是在有向网络中，这两条路径可能不同。

在图 2.7 的示例中，可以直观地看到最短路径树，它的链接是用实线表示的。以节点 1 到节点 7 的最短路径为例，广度优先算法已将最短路径长度设置为 $\ell_{1,7}=2$。为了找到最短路径，从节点 7 开始遍历其前置节点，即节点 2；然后再遍历节点 2 的前置节点，即节点 1；反转这条路径，即可获得最短路径 $1 \rightarrow 2 \rightarrow 7$。请注意，节点 1 和节点 7 之间，并非只有一条最短路径，路径 1→3→7 也具有相同长度，但算法只识别一条从源节点发出的最短路径。

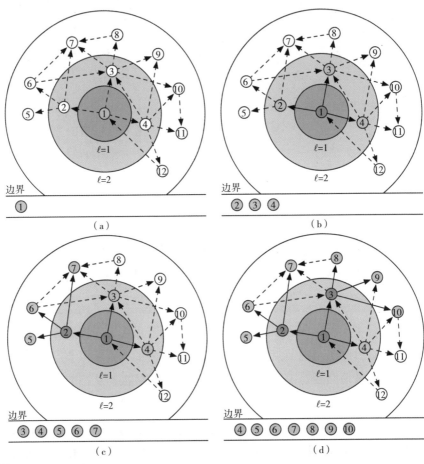

图 2.7 广度优先搜索算法过程示例，用于遍历有向网络并查找从源节点发出的最短路径。节点加入边界队列时显示为浅灰色，在出队时显示为深灰色。当链接加入最短路径树时，由虚线变为实线。（a）使用源节点 1，对边界队列进行初始化；（b）节点 1 出队，其后继节点 2、3 和 4 加入边界队列；（c）节点 2 出队，其后继节点 5、6 和 7 加入边界队列；（d）节点 3 出队，其后继节点 8、9、10 加入边界队列。节点 7 已经在边界中，因此从节点 3 到节点 7 的链接忽略不计。广度优先算法记录哪些节点已经被遍历过，因为这些节点的距离已被设定好，因此它们不会再次加入边界队列。例如，当节点 4 已被遍历过，其后继节点 3 可以忽略不计，因为从源节点到节点 3 间的距离早已被设定为 1。在下一步中与源节点间的距离为 1 的所有节点都视为已被遍历过，因此可以开始遍历那些距离为 2 的节点。

表 2.1 网络示例中的平均路径长度和聚类系数。表中只测度巨分支的平均路径长度。对于有向网络，只考虑了强连通巨分支中的有向路径。为了测度有向网络中的聚类系数，链接方向忽略不计。

网络	节点 (N)	链接 (L)	平均路径长度 ($\langle l \rangle$)	聚类系数 (C)
西北大学 Facebook 网络	10,567	488,337	2.7	0.24
IMDB 电影明星网络	563,443	921,160	12.1	0.00
IMDB 联合主演明星网络	252,999	1,015,187	6.8	0.67
美国政治 Twitter 网络	18,470	48,365	5.6	0.03
Enron 电子邮件网络	87,273	321,918	3.6	0.12
维基百科数学网络	15,220	194,103	3.9	0.31
互联网路由器网络	190,914	607,610	7.0	0.16
美国航空运输网络	546	2,781	3.2	0.49
世界航空网络	3,179	18,617	4.0	0.49
酵母蛋白质交互网络	1,870	2,277	6.8	0.07
秀丽隐杆线虫神经网络	297	2,345	4.0	0.29
大沼泽地生态食物网络	69	916	2.2	0.55

　　广度优先搜索算法用于在无权网络中查找从单个节点到其他节点的最短路径。然而，在加权网络中查找最短路径则稍微复杂一些。为了找到每对节点之间的最短路径，需要将每个节点逐次作为源节点，运行广度优先搜索算法 N 次，所以这种运算方式非常耗时费力。

2.6   社交距离

平均路径长度描述了网络中节点间的距离。直观来看，像道路网络、电网这样的网格状网络，路径可以很长。但是这是许多真实世界网络的典型特征吗？

社交网络中节点之间的路径通常非常短，这一点通过研究*合著网络*（*coauthorship network*）等社交协作网络得到了证实。合著网络是一种相对容易收集节点和链接数据的社交网络，其中节点代表学者，而链接可以通过挖掘数字图书馆等渠道获得。

保罗·埃尔德什（Paul Erdős）是一位著名的数学家，他对网络科学做出了重要贡献，有关他的更多生平背景，请参见小贴士5.1。数学家们经常研究他们自己与保罗·埃尔德什之间的距离，这被称为*埃尔德什数*（*Erdős number*），参见小贴士2.3。图2.8是由埃尔德什和他的500多位合著者构成的网络，其中数学家们之间的关系非常密切，所有节点之间都存在短路径。这是典型的协作网络特征，即所有节点之间都有短路径，随意选择两个学者，他们之间的距离都不会太远。

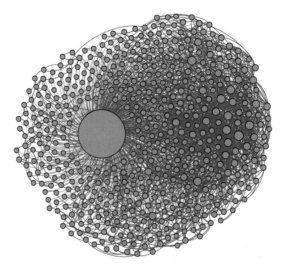

图2.8　保罗·埃尔德什的自我中心网络。中部最大的节点代表他自己。

> **小贴士 2.3 埃尔德什数**
>
> 　保罗·埃尔德什是世界上最伟大的数学家之一，他著述颇丰，合著者众多，在科学家中脱颖而出。埃尔德什在科学协作网的连通性方面发挥了重要的作用，从代表他自己的节点出发，可以连接到网络中的许多其他节点。为了纪念他对此做出的巨大贡献，人们用他的名字命名了一项特殊指标：埃尔德什数。许多科学家在其主页和简历中展示他们的埃尔德什数。埃尔德什数是指在合著网络中，从某位学者到保罗·埃尔德什的最短路径长度。还有计算埃尔德什数的在线工具（www.ams.org/mathscinet/collaborationDistance.html）。例如，埃尔德什与 Fan Chung 有过合著，而 Fan Chung 与 Alex Vespignani 合著过一份报告，恰好 Alex Vespignani 又与本书的两位作者有过合著，因此本书的两位作者的埃尔德什数为 3。

　　这种社交网络中节点之间的短路径不仅在协作网络中存在，在几乎所有的社交网络中都是如此。例如，在朋友关系网络中，你可能认识张三，张三认识李四，而李四又认识王五，只需几步，便可以通过这些关系联系到地球上的任何人。另一个例子是连接许多影星的社交网络，其中，节点代表演员，链接表示他们在同一部电影中的合作关系——这就是*"凯文·培根的六度游戏"*（*Six Degree of Kevin Bacon*）的来源。如图 2.9 所示，玩家需要在这个合作网络中找到将任意一位演员与凯文·培根联系起来的最短路径。例如，玛丽莲·梦露与凯文·培根之间的路径长度 $\ell=2$。读者可以通过*"培根的神谕"*（*The Oracle of Bacon*）网站（oracleofbacon.org）在线玩这个游戏。该网站从互联网电影数据库（IMDB.com）中提取数据来建立网络。虽然凯文·培根经常被戏称为明星网络的*中枢节点*（*hub*），但实际上，凯文并非无可替代，输入任意一对演员的名字，"培根的神谕"就会以一系列节点（影星）和链接（电影）的形式展示最短路径。

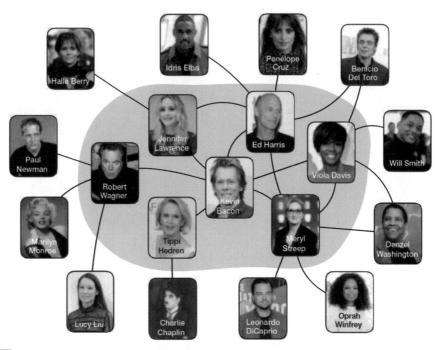

图 2.9 "凯文·培根的六度游戏"插图。阴影区域显示了在联合主演明星网络中连接到凯文·培根的一些节点，以及它们之间的链接。该网络还包括距离 $\ell = 2$ 处的一小部分节点样本。图片来源：盖蒂图片社。

　　埃尔德什数和"培根的神谕"网站说明：在真实世界网络中，找到长路径绝非易事。当我们思考这个问题时，便会发现我们彼此之间的距离竟然只有几步之遥。曾几何时，你遇到某个人，突然惊奇地发现你们俩有同一个好友。我们潜意识地认为"相识满天下，知己有几人？"，从来不敢奢望能够偶遇到朋友的朋友。但是这种奇迹的的确确时常出现，让我们不禁惊叹"世界真小啊！"所以，*小世界*（*small world*）成为一个流行的概念，即平均而言，社交距离很短。因此，我们的朋友遍天下，朋友的朋友更是遍天下，在社会网络中找到最短路径根本不足为奇。

2.7 六度分隔

"凯文·培根的六度游戏"的名称灵感来自六度分隔(*six degrees of separation*)的概念。"六度分隔"和"小世界"这两个观点在本质上是一致的,即世界上任意两个随机挑选的人都可以由一条以中间熟人形成的短链相连。换句话说,社会网络的直径较短,平均路径长度则更短。在 20 世纪初,意大利发明家古列尔莫·马可尼(Guglielmo Marconi)提出了同样的猜想,这启发了匈牙利作家弗里吉耶斯·卡林西(Frigyes Karinthy)在 20 世纪 20 年代完成了一个人至多通过五个人寻找另外一个人的挑战的故事,这便是最早的涉及"六度分隔"概念。但真正让"六度分隔"概念闻名于世的是心理学家斯坦利·米尔格拉姆(Stanley Milgram)在 20 世纪 60 年代进行的"小世界"实验。

米尔格拉姆的计划是测量两个陌生人之间的社交距离。他在内布拉斯加州和堪萨斯州招募了 160 名志愿者,并要求他们通过自己认识的人将一封书信最后转交到位于马萨诸塞州的目标人物手中,每个收信人都需要把信件转交给有可能认识目标人物的熟人。实验结果显示,最终只有 42 封信(26%)送到了目标人物手中。并且,这些成功的传递路径非常短,大多数路径只有 3 到 12 步。这一实验为"六度分隔"的概念提供了实证支撑。图 2.10 展示了一个典型的 4 步路径示例,平均路径长度略多于 6 步。随后,该实验的概念启发了一部名为《六度分隔》的戏剧,进一步将"小世界"这一概念传播开来。2003 年,研究者将米尔格拉姆的实验扩展到全球范围,招募了更多志愿者,计划将信息传送给 13 个国家的 18 位目标人物。这次实验启动了超过 24,000 条传播链,其中只有 384 条传播链完成送达,平均路径长度为 4 步。在考虑到存在许多短链的情况下,实验发起人估算路径长度的中位数在 5~7 这个范围内,这与米尔格拉姆的"6 度"基本一致。近年来,类似的研究还在其他社交网络中进行。例如,2011 年,Facebook 和米兰大学的研究人员对 Facebook 的所有活跃用户(约 7.21 亿

人，超过世界人口的 10%）进行了调研，发现用户之间存在多达 690
亿条好友链接，平均路径长度却仅为 4.74 步。

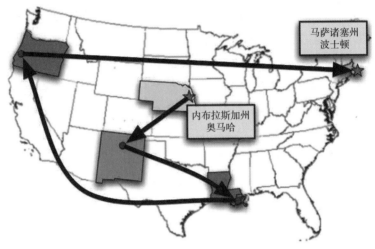

马萨诸塞州
波士顿

内布拉斯加州
奥马哈

图 2.10　米尔格拉姆实验中一封书信的递送路径。来自内布拉斯加州奥马哈市的第一位志
愿者将这封信寄给了他在新墨西哥州圣达菲市的熟人，然后这封信，分别经由新
奥尔良、洛杉矶、俄勒冈州尤金市的志愿者转递，最终到达马萨诸塞州波士顿的
目标人物手中。

我们一直将"凯文·培根的六度游戏"中发现的路径，或
者米尔格拉姆和其他研究人员在研究中报告的路径称为"短"路
径。但是我们何时才能断言某条路径是"短"路径？应该与什么
相比？如果网络只有 10 个节点，还可以说 6 步路径是短路径吗？
显然，在确定路径是否可以被认为是"短"路径时，需要考虑网
络的大小以及路径长度与网络规模之间的关系。在研究不同规模
的网络时，比较平均路径长度（ℓ）与网络规模 N 之间的关系更具
意义。

如果平均路径长度随着网络规模的增长非常缓慢，即使网络具有
千万个节点，平均路径长度仍然较短，那么就可以说该网络具有较短
的路径。这意味着网络的大小可以增加很多倍，但平均路径长度只会
增加几步。

我们可以用数学方法对平均路径的缓慢增长进行表述，即平均路径长度与网络规模成对数（*logarithmically*）比例关系：$\langle \ell \rangle \sim \log N$。

如果 b 的 c 次方等于 a，那么数 c 称为以 b 为底 a 的对数，记作 $\log_b a = c$。其中，b 为对数的底数，a 为真数。底数通常取值 $b = 10$；$\log_{10} 10 = 1$，因为 $10^1 = 10$；$\log_{10} 100 = 2$，因为 $10^2 = 100$，$\log_{10} 1000 = 3$，以此类推。可见，对数是一种增长非常缓慢的函数。

许多社会网络中的短路径都遵循这种关系，包括学术合作网络、演员网络、朋友网络以及在线社交网络。例如，在预订长途航班的时候，乘客通常希望尽量减少中转次数。寻找网络路径的过程也可以是妙趣横生的，例如"*维基竞赛*"（*Wikiracing*）游戏，玩家只允许点击维基百科的内部链接，从随机给定的起点条目到达到随机给定的终点条目。输赢条件是看谁能够用最少的点击数完成任务，即找到链接数最少的网络路径。不同的团队会有不同的玩法，还会有限时赛。你可以在线玩多个版本的这款游戏，例如 thewikigame.com 上的"*维基游戏*"（*Wiki Game*）。毫无疑问，维基百科确实有短路径。

事实证明，短路径是广泛存在于几乎所有真实世界的网络中的特征，但网格状网络是少数例外之一。表 2.1 中列出了各种网络的平均路径长度，可以看出这些网络中的平均路径长度通常只有几步。电影明星网络中的路径长度似乎较长，但它是一个二分网络，每条链接都将电影和演员连接起来。如果从*联合主演明星网络*（*co-star network*）的视角来看（如图 2.9 所示），两位影星合演过电影后会产生一条链接，那么明星之间的平均路径长度几乎缩短了一半。

2.8 朋友的朋友

在社会网络中，如果张三和李四都是王五的朋友，那么张三和李四也很有可能成为朋友。换句话说，朋友的朋友最终会成为自己的朋友，这是一个大概率事件。我们可以用网络中的*三角形*（*triangles*）来表示这种现象。如图 2.11（a）所示，每个三角形都是一个三元组（三个节点的集合），其中的节点两两相连。节点之间的连接性在网络的局部结构中非常重要，因为它反映了节点之间紧密联系或聚类（*clustered*）的程度。

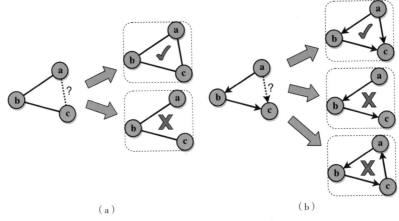

（a）　　　　　　　　　　　　　　（b）

图 2.11　三元组和三角形。（a）在无向网络中，节点 **b** 有两个邻居 **a** 和 **c**。节点 **a** 和 **c** 是否构成三角形取决于 **a** 和 **c** 是否相连。（b）在有向网络中，节点 **a** 链接到 **b**，节点 **b** 链接到 **c**。如果加一条从节点 **a** 到 **c** 的链接，就可以构成一个有向三角形。

节点的*聚类系数*（*clustering coefficient*）是指该节点的邻居之间实际存在的链接数与可能存在的链接数之比。聚类系数也可以表示为实际包含该节点的三角形数量与可能包含该节点的三角形数量之比。

节点 i 的聚类系数定义为：

$$C(i) = \frac{\tau(i)}{\tau_{max}(i)} = \frac{\tau(i)}{\binom{k_i}{2}} = \frac{2\tau(i)}{k_i(k_i-1)} \qquad (2.6)$$

其中，$\tau(i)$ 为实际包含节点 i 的三角形数量。可能包含节点 i 的三角形最大数量等于节点 i 的 k_i 个邻居之间可能存在的最大链接数量。注意，$C(i)$ 仅在度 $k_i > 1$ 时才能被定义，这归因于分母中的 k_i 和 $k_i - 1$，节点 i 必须具有至少两个邻居才能构成三角形。

网络的聚类系数为所有节点聚类系数的平均值：

$$C = \frac{\sum_{i:k_i>1} C(i)}{N_{k>1}}$$

（2.7）

在计算平均聚类系数时，不考虑度 $k<2$ 的节点。

图 2.12 展示了如何计算只有几个节点的网络的聚类系数。节点 **a** 有两个相连的邻居 **f** 和 **g**，它们三者构成一个三角形，因此节点 **a** 的聚类系数 $C(a)=1/1=1$。节点 **b** 有 4 个邻居（**c, e, g, h**），其中可能的节点对有 6 个，而实际存在的节点对只有两个，即（**e, c**）和（**c, g**），因此 $C(b)=2/6=1/3$。节点 **c** 有 3 个邻居，通过节点对（**e, b**）和（**b, g**），实际存在两个三角形。虽然可能存在第三个三角形，但由于缺少链接（**e, g**）而无法实现，因此 $C(c)=2/3$。最后，节点 **d** 只有一个邻居 **e**，因此 $C(d)$ 未定义。

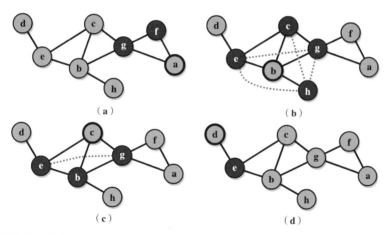

关于聚类系数的示例。（a）节点 **a** 有两个相连的邻居 **f** 和 **g**，这三个节点构成一个三角形。（b）节点 **b** 有 4 个邻居，分别是 **c**、**e**、**g** 和 **h**。这 4 个邻居之间最多可能构成 6 个三角形，而实际存在两个三角形。实际不存在的三角形的边，用灰色虚线表示。（c）节点 **c** 有 3 个邻居，分别是 **e**、**b**、**g**。这 3 个节点最多可能构成 3 个三角形，实际构成两个三角形。（d）节点 **d** 只有一个邻居 **e**，因此不可能构成三角形，聚类系数未定义。

图 2.12

聚类系数的定义不仅适用于无向网络，也可以将此定义扩展到有向网络，但这取决于特定情况下涉及的三角形类型。例如，Twitter 上由信息传播构成的三角形。图 2.11（b）展示了这种情况：在 Twitter 上，如果 **a** 关注了 **b**，**b** 关注了 **c**，那么 **a** 很可能也会关注 **c**，因为 **a** 更希望直接看到 **c** 的推文，而不是 **b** 的转推。在这种场景中，需要统计有向三角形的数量以解码此类型的短路径。本书只研究无向网络中的聚类系数，对于有向网络，可以简单地忽视链接的方向，即在计算聚类系数时将其视为无向链接。

对所有节点的聚类系数取平均值便可得到整个网络的聚类系数：较低的聚类系数（接近 0）意味着网络中几乎没有三角形；而较高的聚类系数（接近 1）意味着网络中有许多三角形。社会网络的聚类系数较高，几乎包含了所有可能的三角形。例如，合著网络的聚类系数往往高于 0.5。社会网络中存在大量三角形的原因很简单：通过老朋友结识新朋友，从而形成越来越多的三角形。这种机制被称为三元闭包（第 5 章将深入讨论这个概念）。在线社交网络就是根据三元闭包对用户进行各种推送，例如 Facebook 会根据共同好友向用户推送"可能认识的人"，Twitter 也会向用户推送其好友关注过的账号，这些推送建议最终会提高网络的聚类系数。

表 2.1 列举了各种网络的聚类系数，可以观察到很多高聚类网络，但并非所有网络都是如此。电影明星网络的聚类系数 $C = 0$，这是因为该网络属于二分网络，其中不存在三角形。只有每两对电影或每两对影星之间存在链接时，才可能存在三角形，而在二分网络中这是不可能存在的。从另一个角度来看，如果仅关注联合主演明星的社会网络，将发现它的聚类系数非常高。Twitter 转推网络的聚类系数也很低（ $C = 0.03$ ），其原因可能是：如果李四转推了张三的推文，而王五又转推了李四的推文，那么 Twitter 就会把李四和王五都链接到原作者张三，因此每个转推级联树都呈星形，而只有参与每个星形级联树的用户才会最终构成三角形。

NetworkX 有计算节点和网络三角形数量以及聚类系数的函数。

NetworkX 将度值低于 2 的节点的聚类系数设置为零，并将此类节点纳入计算网络平均聚类系数的过程。

```
nx.triangles(G)           # dict node -> no. triangles
nx.clustering(G,node)     # clustering coefficient of node
nx.clustering(G)          # dict node -> clustering coeff.
nx.average_clustering(G)  # network's clustering coeff.
```

2.9 本章小结

本章介绍了同配性、连通性、短路径以及集聚性等网络特征。

1. 同配性是指节点间连接的可能性与节点相似性之间的相关性。节点的相似性可以根据它们的度、内容、位置、兴趣等性质来衡量。在社会网络中，同配性可归因于趋同性，即"物以类聚，人以群分"；或归因于社会影响，即"近朱者赤，近墨者黑"。

2. 路径是连接网络中节点的链接序列。节点间的自然距离可以通过最短路径来衡量，即需要遍历的最少链接数。广度优先搜索算法是寻找最短路径的常用方法。路径和距离的概念可进一步扩展，以兼顾链接方向和权重等信息。

3. 树是一种连通的无向网络，它内部的连接数量极少，并且不存在圈。

4. 连通分支是网络中的一个子网。在同一个连通分支中，任意两个节点之间都存在路径，而不同连通分支中的节点之间没有路径。在有向网络中，我们根据路径是否遵循链接方向，定义了强连通分支和弱连通分支。

5. 平均路径长度是通过计算所有节点对之间的最短路径长度的平均值来衡量网络的连通性。如果网络未连通，通常只考虑同一个连通分支中的节点对。

6. 一般来说，许多真实世界网络中节点之间的路径较短，这个现象被称为"小世界"。一般认为社会网络存在"六度分隔"，这个概念源自米尔格拉姆的实验。

7. 由于存在三角形或连通的三元组，网络具有局部聚类特征。节点的聚类系数是指实际包含该节点的三角形数量与可能包含该节点的三角形数量之比。通过计算所有节点的聚类系数平均值，可以得到整个网络的聚类系数。社会网络通常具有较高的集聚性，因为广泛存在"朋友的朋友"这类三角形。

2.10　扩展阅读

"趋同性"一词源自希腊语的"homós"（相同）和"philia"（友谊）。Lazarsfeld 等人于 1954 年首次提出了这一概念，自此，社会网络研究中观察到了各种形式的趋同性（McPherson et al.，2001）。Aiello 等人（2012）的研究发现，在各种在线社交媒体平台上，兴趣相似的用户更有可能建立社交关系，并且基于用户的个人资料数据的相似性可以预测社交关系。Pastor–Satorras 等人（2001）和 Newman（2002）分别引入了"k–近邻连接性"和"同配系数"等度量概念，帮助我们更好地理解趋同性在网络中的表现。

近年来，越来越多的研究人员开始关注趋同性的负面影响。在线社交网络中，通过同类思维者的过滤器接触新闻和信息，可能会促使聚类社团的出现，即用户的注意力会集中在他们已经了解或赞同的信息上。这些所谓的"回音室"（Sunstein，2001）和"过滤气泡"现象被认为是社交媒体推荐算法的病态后果（Pariser，2011），并导致极化（Conover et al.，2011b）和病毒式的误导信息（Lazer et al.，2018）。

网络中寻找最短路径和连通分支的算法具有复杂的历史。广度优先搜索的发明归功于 Zuse 和 Burke 那篇在 1945 年被拒的博士论文，也归功于 Moore（1959）的独立发现。两个用于寻找加权网络中最短路径的著名算法分别是 Dijkstra 算法（1959）和 Bellman–Ford 算法，它们由Shimbel（1955）、Ford Jr.（1956）、Moore（1959）和Bellman（1958）独立发表。

Milgram的"小世界"实验（Travers and Milgram，1969）后来由Dodds等人（2003）用电子邮件进行了复现。Backstrom等人（2012）的研究发现，Facebook朋友网络的平均最短路径长度低于5，进一步证实了"小世界"网络的存在。此外，Newman（2001）首次研究了科学合作网络的结构。

Watts（2004）深入浅出地介绍了网络的"小世界"性质和聚类结构。网络中三角形的存在也被用于度量网络的*传递性*（*transitivity*）（Holland and Leinhardt，1971）。Luce和Perry（1949）最早定义了网络聚类系数，而本书中使用的定义是由Watts和Strogatz（1998）提出的。

Granovetter（1973）提出了极具开创性意义的三元闭包的概念。Weng等人（2013a）在对社交媒体平台的数据进行研究时证实了三元闭包对于链接形成具有较强的影响，同时他们也发现，基于流量的捷径是解释新链接的另一个关键因素。

课后练习

1. 在任意无向连通图中，给定任意两个节点，它们之间必定存在某条最短路径。那么是否可能存在多条最短路径？

2. 对于（无向）树，给定任意两个节点之间是否存在一条且只有一条路径？

3. 具有N个节点的无向连通网络的最少链接数量是多少？如果不要求网络是连通的，那么最少链接数量会发生变化吗？

4. 具有N个节点的树包含$N-1$条链接，则"任意一个具有N个节点和$N-1$条链接的连通无向网络一定是树"的说法是否正确？

5. 任意一个具有N个节点且至少有N条链接的无向网络是否一定包含圈？

6. 任意一个具有N个节点且至少有N条链接的有向网络是否一定包

含圈？

7. 在公式（1.11）的邻接矩阵所定义的网络中，是否存在圈？网络是强连通还是弱连通？

8. 接上题，该无权无向网络是不是树？

9. 接上题，该网络的直径为多少？

10. 若将一个弱连通的有向网络转换为无向网络，转换后的网络是否还是连通的？并解释原因。

11. 在一个非完全的无向网络中，添加一条链接后，该网络巨分支中的节点数量发生了什么变化？

    a. 有明显减少

    b. 略有减少或保持不变

    c. 略有增加或保持不变

    d. 有明显增加

12. 在图 2.13 所示的加权有向网络中，以下哪项符合该网络的连通性？

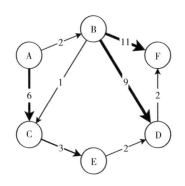

图 2.13　加权有向网络示意图。

    a. 强连通

    b. 弱连通

    c. 不连通

    d. 以上都不是

13. 接上题，节点 **D** 的入强度与节点 **C** 的出强度分别是多少？

14. 接上题，该网络最大的强连通分支中有多少个节点？

15. 在图 2.14 所示的加权有向网络中，以下哪项符合该网络的连通性？

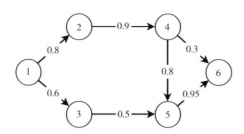

加权有向网络示意图。　　**图 2.14**

a. 强连通

b. 弱连通

c. 不连通

d. 以上都不是

16. 接上题，链接权重可以代表节点之间关系的任何内容：关系强度、地理距离、通过连接电缆的电压等。在讨论加权网络的路径长度时，首先要定义权重与距离之间的关系。两个节点之间的路径长度是该路径中所有链接距离的总和。当链接权重表示距离时，情况最为简单。在图 2.14 的网络中，假设链接权重表示距离，如果使用这种距离度量方式的话，节点 1 和节点 6 之间的最短路径是多少？

17. 接上题，将两个相邻节点之间的距离定义为链接权重的倒数。在图 2.14 的网络中，如果使用这种距离度量方式的话，节点 1 和节点 6 之间的最短路径是多少？

18. 在图 2.15 所示的网络中，网络直径的最近似估计值是多少？

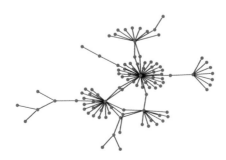

果蝇蛋白交互网络。节点代表与其他蛋白质相互作用以完成细胞基本工作的蛋　　**图 2.15**
白质。

　　　a. 2

　　　b. 4

　　　c. 10

　　　d. 20

19. 接上题，网络平均聚类系数的最近似估计值是多少？

　　　a. 0.05

　　　b. 0.5

　　　c. 0.75

　　　d. 0.95

20. 接上题，社会网络是否可能具有该网络的直径和聚类系数？

21. 在图 2.16 所示的有向网络中，以下哪项符合该网络的连通性？

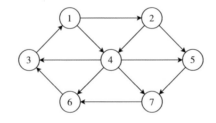

图 2.16　有向网络示意图。

　　　a. 强连通

　　　b. 弱连通

　　　c. 不连通

　　　d. 以上都不是

22. 接上题，该网络的直径是多少？

23. 接上题，在网络的无向版本中，该网络的直径是多少？

24. 在任意一个有向图 D 及其无向图 G 中，下列说法是否正确：如果有向图存在平均最短路径长度和直径，那么它们比无向图中的要小。

25. 设想你正在开发一个 NetworkX 的竞品，并且已经编写了一个函数 shortest_path（ ）来计算两个节点之间的最短路径。若要编写一个函数来计算网络的直径，以下哪个方法最适合完成此项任务？

   a. 首先计算每对节点之间的最短路径长度，直径为这些值的最小值

   b. 首先计算每对节点之间的最短路径长度，直径为这些值的平均值

   c. 首先计算每对节点之间的最短路径长度，直径为这些值的最大值

   d. 首先计算每对节点之间所有路径的平均长度，直径为这些值的最小值

26. 网络的直径总是大于或等于它的平均路径长度，这一说法是否正确？

27. "六度分隔"概念的核心思想是什么？

   a. 社会网络具有较高的聚类系数

   b. 社会网络是稀疏的

   c. 社会网络具有许多高度值的节点

   d. 社会网络具有较小的平均路径长度

28. 美国数学学会提供了一个网络工具用于计算两个数学家之间的*合作距离*（参见小贴士 2.3）。使用该工具计算你所熟知的数学家的埃尔德什数。

29. 使用*培根的神谕*（oracleofbacon.org）测度联合主演明星网络的最短路径距离，尽可能把你认为默默无闻的演员包括进来。然后，绘制显示最短路径长度分布的直方图，并根据样本估计整个网络的平均路径长度。

30. 在任意无向图中，节点最大的聚类系数是多少？

31. 树中节点最大的聚类系数是多少？

32. 在图 2.17 所示的自我中心网络中，中心节点的聚类系数是多少？

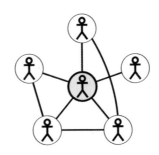

图 2.17　自我中心网络示意图。中心节点用黄色突出显示。

33. 在图 2.4 所示的无向网络中，计算巨分支中每对节点的最短路径长度。

34. 接上题，计算每个节点的聚类系数。

35. 在图 2.12 的网络示例中，计算每对节点的最短路径长度和网络的平均最短路径长度。

36. 接上题，计算每个节点以及网络的聚类系数。

37. 以你所使用的任意在线社交网络为例，计算你在网络中的聚类系数。

38. 以下哪些看似相互冲突的性质在社会网络中真实存在？

    a. 社会网络具有短路径，但直径较大

    b. 社会网络具有较小的直径，但平均路径长度较大

    c. 社会网络具有许多高度值的节点，但是不连通

    d. 社会网络是高度聚类的，但是不稠密

39. 书中 GitHub 存储库的 `socfb-Northwestern25` 网络是西北大学的 Facebook 网络快照。节点是匿名用户，链接是好友关系。将该网络加载到 NetworkX 图中（无向无权网络），并回答下列问题：

    （1）网络中的节点和链接分别是多少？

    （2）该网络的连通性如何？

    a. 强连通

    b. 弱连通

    c. 连通

    d. 不连通

（3）如果想计算该网络中每对节点之间的最短路径，需要进行多少次计算？换句话说，该网络中有多少对节点？（提示：该网络是无向的，通常忽略自环。）

（4）使用函数random.sample（G.nodes,2）会得到任一随机节点对，采用无放回抽样法（节点不会被重复选择）进行1,000次抽样后记录每对节点之间的最短路径长度，取样本均值作为网络平均路径长度的估计值。报告保留一位小数的估计值。

（5）对上述过程稍作修改以估计该网络的直径。

（6）网络的平均聚类系数是多少？

（7）网络是同配的还是异配的？

3 中枢节点

中枢（hub）：其他事物围绕其旋转或从其辐射的中心。

图 0.7 展示了美国航空运输网络，其中节点代表机场，链接代表机场之间的直达航班。虽然美国大多数机场规模较小，但在少数几个大型机场（如亚特兰大、芝加哥、丹佛），每天都有航班飞往数百个目的地。同样，在社会群体中，有些人比其他人更具吸引力和影响力；在万维网上，一些网站非常热门，如 google.com，而其他大多数网站则相对冷门。

这些例子诠释了网络中的一个重要的特征——*异质性*（*heterogeneity*）。在*异构网络*（*heterogeneous network*）中，网络元素（节点或链接）具有不同的属性和作用，反映了所代表的复杂系统中的多样性。在航空运输网络、社交网络、万维网等众多网络中，节点的度是异质性的一个具体体现，即少数节点有许多连接，而大多数节点的连接较少。

节点或链接的重要性可以通过计算其*中心性*（*centrality*）来估计。有多种方法可用于衡量网络中心性，本章将介绍一些对节点来说非常重要的中心性指标。正如后文所述，度是衡量中心性的一项重要指标。高度值的节点被称为*中枢节点*（*hub nodes*，*简称 hubs*）。事实证明，许多网络的显著特征与其中枢节点有关。

3.1　中心性指标

3.1.1　度中心性

第 1 章介绍了节点的度是其邻居的数量。以图 0.7 所示的美国航空运输网络为例，节点（机场）的度表示可以直航到达的其他机场的数量。

在社会网络中，节点（个人）的度是指连接此人与他人之间的社交纽带数目。例如，在图 2.8 所示的合作网络中，度是协作者的数量。高度值的节点代表人脉很广的人，无论他们是善于交际、受人追捧，还是只是渴望合作，这些节点在某种意义上被认为是重要的。因此，*度中心性*（*degree centrality*）是衡量社会网络中心性的一个自然指标。

网络的*平均度*（*average degree*）代表节点的平均连通性。然而，平均度可能无法准确反映实际的度分布情况，通常是因为节点度值存在异质性，我们在许多真实网络中都可以观察到这种情况。

3.1.2　接近中心性

衡量节点中心性的另一个方法是计算节点与其他节点之间的距离程度，方法是将某一节点到所有其他节点的距离相加。如果平均距离较短，距离之和就会较小，则称该节点具有较高的中心性。这就引出了*接近中心性*（*closeness centrality*）的定义，即节点到所有其他节点的距离之和的倒数。

节点 i 的接近中心性定义如下：

$$g_i = \frac{1}{\sum_{j \neq i} \ell_{ij}} \quad\quad (3.1)$$

其中，ℓ_{ij} 代表节点 i 到 j 的距离，求和运算遍历网络中的所有节点（不包括节点 i 本身）。将 g_i 乘以常数 $N-1$ 就可以得到另一个公式，而 $N-1$ 恰好是在分母求和时的项数。

$$\tilde{g}_i = (N-1) g_i = \frac{N-1}{\sum_{j \neq i} \ell_{ij}} = \frac{1}{\sum_{j \neq i} \ell_{ij} / (N-1)} \quad\quad (3.2)$$

通过这种方式，我们可以忽略网络规模，并使测度结果在不同的网络中具有可比性。因为重要的不是 g_i 的实际值，而是 g_i 与其他节点的接近中心性的大小排序，因此公式（3.1）不会影响节点的相対中心性。即使将所有节点的 g_i 值都乘以一个常数，排序也不会受到影响。表达式 $\sum_{j\neq i}\ell_{ij}/(N-1)$ 是指节点 i 到网络其他部分的平均距离。因此，接近性可以等效地表示为平均距离的倒数。

NetworkX 有计算接近中心性的函数：

```
nx.closeness_centrality (G,node) # closeness centrality
                                 # of node
```

3.1.3　介数中心性

扩散过程是网络中许多现象得以发生的根源。例如，信息通过社会网络传输，货物通过港口中转，疾病通过人际接触网络传播。这引出了关于中心性的第三个概念，即*介数中心性*（*betweenness centrality*）。接近网络中心位置的节点更容易参与扩散过程。

对于不同的扩散过程，介数中心性的计算方式也会有所不同，其中最简单且常用的是基于最短路径的传输过程，这是因为信号往往通过每个节点之间的最短路径进行传递。这种方法常用于运输网络，即计算节点处理的流量。假设通过节点的最短路径数量可作为该节点流量的近似值，那么计算通过该节点的这类路径数就可以得到其中心性。通过节点的最短路径数越多，节点控制的流量越大，它在网络中的影响力也就越大。

给定两个节点，在网络中它们之间可能有多条最短路径，且长度相同。如果节点 X 和 Y 没有相互连接，但有两个共同的邻居 S 和 T，那么从 X 到 Y 有两条长度为 2 的不同最短路径：$X—S—Y$ 和 $X—T—Y$。设 σ_{hj} 为从节点 h 到节点 j 的最短路径总数，$\sigma_{hj}(i)$ 为经过节点 i 的最短路径总数。节点 i 介数的定义如下：

$$b_i = \sum_{h\neq j\neq i} \frac{\sigma_{hj}(i)}{\sigma_{hj}} \qquad (3.3)$$

在公式（3.3）中，求和运算遍历所有的节点对 h 和 j（均不同于节点 i 且彼此不同）。如果节点 h 和 j 之间没有最短路径相交于节点 i，则 (h,j) 对节点 i 介数的贡献度为 0。如果 h 和 j 之间的所有最短路径都穿过节点 i，即 $\sigma_{hj}(i)=\sigma_{hj}$，则 (h,j) 对节点 i 的贡献为 1。如果某个节点是叶节点，即该节点只有一个邻居，则不可能有任何路径穿过它，那么这个叶节点的介数中心性为 0。由于潜在的贡献来源于所有节点对，所以介数随网络规模的增大而增大。

观察图 3.1（a）中的例子。对于节点 1，最短路径穿过该节点且具有最短路径的节点对是（2,4）。然而，在节点 2 和 4 之间有两条等长的最短路径，另一条路径穿过节点 3 而未穿过节点 1，因此节点 1 的介数为 1/2。接下来再看一下节点 3，三个节点对（1,5）、（2,5）和（4,5）的最小路径都穿过节点 3。如上所述，节点 2 和 4 之间穿过节点 3 的最短路径为其介数贡献了 1/2。最终，节点 3 总的介数为 3.5。最后，再看余下的节点 2、4 和 5，由于没有任何最短路径穿过它们，因此介数为 0。

如果一个节点在网络中处于特殊位置，那么它就具有较高的介数，并在网络通信模式中发挥重要作用，不过节点不需要拥有很多邻居节点就能实现这一点。通常我们观察到节点的度和介数之间存在相关性，具有较高连通性的节点也会具有较高的介数，反之亦然 [图 3.1（a）]。但也存在许多例外情况，如图 3.1（b）所示，连接网络不同区域的节点通常具有较高的介数，即使它们的度较低。

这个概念可以直接扩展到链接。所谓链接介数中心性是指"实际穿过该链接的所有节点对之间的最短路径数"和"可能穿过该链接的所有节点对之间的最短路径数"的比例。具有很高介数中心性的链接通常连通网络的内聚区域，我们称之为*社团*（*communities*）。因此，介数可以帮助我们定位和删除这些链接，以便进行社团分离以及之后的社团识别。

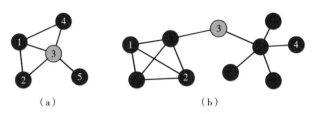

图 3.1 节点介数中心性图示。（a）橙色节点 3 具有较高的度值（$k_3 = 4$）和介数中心性（$b_3 = 3.5$）。（b）橙色节点 3 的度值较低（$k_3 = 2$），但是它作为连通两个子网节点的唯一桥梁，对网络连通性发挥了重要作用。例如，节点 1 和 2 之间的最短路径不穿过橙色节点 3，但节点 1 和 4 之间的最短路径穿过橙色节点 3。事实上，左侧子网四个节点和右侧子网五个节点之间的所有最短路径都穿过橙色节点 3。因此节点 3 的介数为 $b_3 = 4 \times 5 = 20$。

介数中心性的数值取决于网络的大小。若要比较不同网络中节点或链接的中心性，应对介数进行归一化。

> 对于节点介数可能穿过节点 i 的最大路径数是指"穿过节点 i 但不包括 i 本身"的节点对的数量。可以表达为：$\binom{N-1}{2} = \dfrac{(N-1)(N-2)}{2}$。将公式（3.3）中的 b_i 除以该因子，就可以获得节点 i 的归一化介数中心性。

NetworkX 有计算节点和链接归一化介数中心性的函数：

```
nx.betweenness_centrality(G)        # dict node ->
                                    # betweenness centrality
nx.edge_betweenness_centrality(G)   # dict links ->
                                    # betweenness centrality
```

3.2　中心性分布

在线社交媒体出现之前，社会网络研究通常建立在个人访谈和调查的基础上，这种方式在有限的时间范围内无法涵盖大量人员，因此网络通常只包含几十个节点。在这种小型网络中，区分各个节点并提出诸如"网络中最重要的节点是什么？"的问题是有意义的。但是，如今我们面对的网络规模要大得多。例如，Facebook 好友社交网络涉及 20 亿人，其中包括许多名人，如著名艺术家、体育明星、政治家、商界人士和科学家等。但是，无论他们多出名，每个名人只能链接到整个网络中的一小部分节点。

想要更好地了解大型网络中心性的分布情况，就必须采用*统计*（*statistical*）方法。这样一来，我们只需关注具有相似特征的节点和链接类别，而不必纠结于网络中的单个元素。例如，可以将所有具有相似的度中心性值的节点分组。中心性测度的统计分布可以告诉我们在所有可能的值中有多少元素（节点或链接）具有特定的中心性值。例如，图 3.2 展示了在小型网络中节点度值的分布情况。在大型网络中，统计分布可以用于识别元素类别，通过研究分布情况可以确定哪些值需要特别留意，并相应地对元素进行分类。分布范围还显示了网络元素在特定中心性度量方面的异质性。如果节点度值跨越许多数量级（从个位数到百万），则该网络在度方面具有很高的异质性。后文将进一步探讨这种异质性对网络结构和功能的影响。

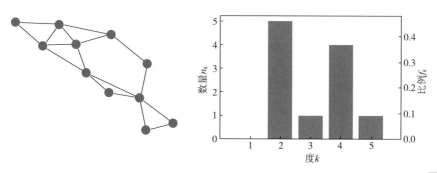

小型网络度分布直方图。生成一个包含所有节点度值的列表。直方柱的高度表示度值为 k 的节点数量 n_k。相对出现频率 f_k 定义为度值为 k 的节点数量占所有节点数量的比例。f_k 的数值也在图中显示。 **图 3.2**

本书介绍了中心性的概率分布定义及其计算方法（参见小贴士 3.1）。为了检查中心性指标的概率分布，我们重点关注了两个真实网络系统：Twitter 用户网络和维基百科数学条目网络。在 Twitter 转推网络中，节点表示用户，有向链接表示用户李四转推了张三的某些推文。在维基百科网络中，节点表示网页，链接为超链接，点击后可以从一个网页跳转到另一个网页。这两种网络均为有向网络。关于 Twitter 转推的网络案例中，包含 18,470 个节点和 48,365 条链接（平均入度 2.6）。而在维基百科的网络案例中，有 15,220 个节点和 194,103 条链接（平均入度 12.8）。这两种网络规模如此之大，但平均度值却较低，表明二者都是稀疏的，只有极少数节点对通过链接进行连接，这也是很多真实网络的共同特征（表 1.1）。

小贴士 3.1　统计分布

所谓量（例如中心性指标）的*直方图*（*histogram*）或分布（*distribution*），指的是对不同量的观测值（例如节点）数量进行计数的函数。如果我们感兴趣的量是离散的（例如整数），那么对于每个值 v，计算具有该值的观测值的数量 n_v。因此，所有值的 n_v 之和即为观测值的总数量：$\sum_v n_v = N$。将计算结果绘制为直方图，它由一系列连续的直方柱构成。每个值对应一个直方柱，每个直方柱的高度为 n_v。

要比较代表不同观测值集合的直方柱，通常将 n_v 除以观测值的总数 N，得到相对频率 $f_v = n_v / N$。无论观测值的数量为多少，所有相对频率 f_v 的总和均为 1。将节点的度值除以节点总数，即可实现度值归一化（图 3.2）。因此，相对频率 f_v 是指具有度值 v 的节点数量占所有节点数量的比例。

在包含无限多个观测值的极限中，f_v 收敛到观测值 v 的*概率*（*probability*）为 p_v。在这个极限中，直方图变成了*概率分布*（*probability distribution*）。在现实世界的网络中，节点和链接的数量都是有限的，因此不可能达到无穷大的极限，而直方图只能近似表达概率分布。但如果网络足够大，比如有数百万个节点，出于实际目的，我们可以将其视为概率分布。

虽然一些中心性指标（如节点的度值）采用整型数值，但其他指标不一定如此（例如介数中心性）。在这些情况下，我们可以将数值范围划分为不相交的区间，或形象地将其称为*数据分箱*（*bins*）（译者注：所谓数据分箱，是指将值划分到离散区间；好比将不同大小的苹果归类到几个事先布置好的箱子中，或将不同年龄的人划分到几个年龄段中），而不是对具有特定数值的观测值进行计数。然后，我们可以类似地计算归入每个区间的观测值数量。只要我们对数值的范围感兴趣，就可以使用这种数据分箱方法，即使数值是整型的。例如，个人财富直方图可以统计有多少人的年收入在 0~5 万美元、5 万~10 万美元、10 万~20 万美元等范围内。

通过互补累积分布函数或变量的简单累积分布（*cumulative distribution*）$P(x)$，可以计算观测值大于 x 的概率。若想计算 $P(x)$，可将值 x 右侧变量的所有值的相对频率（或概率）相加，即 $P(x) = \sum_{v \geq x} f_v$。当变异性范围非常大时，通常使用累积分布，就像现实世界中异构网络的几个中心性指标一样。由于变量鲜有高值，所以标准分布有一个噪声尾部。通过累积分布，可以有效地对噪声进行平均。

本书重点关注度中心性的分布情况。图 3.3 展示了两种网络的*累积度分布*（*cumulative degree distribution*）（参见小贴士 3.1）。这些曲线跨越了多个数量级，这种情况被认为分布很宽（*broad*），或存在重尾（*heavy tail*），即尾部位于分布的右侧，并延伸至变量的最大值。当指标的变异性范围较宽时，通常使用累积分布。此外，采用*双对数坐标*（*logarithmic scale*）（又称作 *log-log* 坐标，参见小贴士 3.2），可以更有效地绘制重尾分布（图 3.3），以便解析不同量级的分布形状。

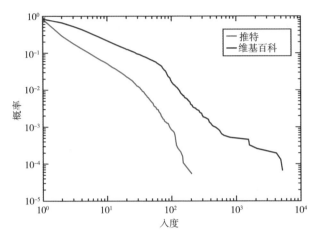

图 3.3 双对数坐标中 Twitter 和维基百科网络的累积度分布。这两种网络都是有向的，本书只显示其入度分布。**Twitter** 的最大入度为 **204**，而维基百科的最大入度为 **5,171**。因为曲线跨越了几个数量级，所以采用对数坐标进行绘制的效果更好。

小贴士 3.2 对数坐标

在绘制曲线时，如果坐标轴的数值跨度很大，则很难分辨小数值之间的差异。有一个解决方法就是采用对数坐标，即采用对数值（*logarithms*）而非原始值来绘制轴坐标。这样一来，哪怕数值范围很宽（跨越几个数量级），仍然能够有效地体现在坐标图中。此时，小数值范围内的细微差异得以放大，而大数值范围内的巨大差异得以缩小。我们采用对数坐标绘制网络中心性指标的重尾分布，因为中心性的值和概率都跨越几个数量级，所以 x 轴和 y 轴都采用对数坐标，这种图称为双对数坐标图（*log–log plots*）。

重尾度分布表明度值存在很大的异质性。尽管许多节点只有少量邻居，但也有一些节点拥有大量邻居，从而在网络中占据举足轻重的地位。这类拥有大量邻居的节点被称为*中枢节点*（*hubs*）。具有强连通性的中枢节点在自然网络、社会网络、信息网络和人造网络中比较常见，所以它们的度分布呈现出重尾度分布特征。衡量度分布广度的一种方法是计算*异质性参数*（*heterogeneity parameter*），即将跨节点的度值变异性与平均度值进行比较。

为了定义网络度分布的异质性参数 κ（希腊字母，读作"kappa"），需要引入平均平方度 $\langle k^2 \rangle$，即度的平方和的平均值：

$$\langle k^2 \rangle = \frac{k_1^2 + k_2^2 + \cdots + k_{N-1}^2 + k_N^2}{N} = \frac{\sum_i k_i^2}{N} \quad (3.4)$$

异质性参数可以定义为节点度平方的均值与网络平均度的平方的比率：

$$\kappa = \frac{\langle k^2 \rangle}{\langle k \rangle^2} \quad (3.5)$$

对于正态分布或窄分布，如果在某个值处有一个尖锐的峰值，比如 k_0，度平方的分布会集中在 k_0^2 附近。因此 $\langle k^2 \rangle \approx k_0^2$，$\langle k \rangle \approx k_0$，导致 $\kappa \approx 1$。对于具有相同平均度 k_0 的重尾分布，$\langle k^2 \rangle$ 由于中枢节点的度值较高而进一步放大，导致 $\kappa \gg 1$。

如果度分布集中在典型值周围，则表示网络不存在异质性，该参数通常接近于 1[1]。而如果度分布较宽，异质性参数将会因中枢节点的最大度值而大幅增加，进而导致较高的异质性。中枢节点越多，网络异质性越高。正如后文将要展示的，异质性在网络结构中发挥着关键作用，在某些进程的动力学中也是如此。

对于维基百科和 Twitter 转推网络这样的有向网络来说，需要同时考察入度（in-degree）分布和出度（out-degree）分布，即随机选择的节点具有给定入度或出度的概率。在这种情况下，中枢节点的定义涉及入度和出度。例如，一个网页可能有许多其他网页链接到它（高入度），但它本身可能只链接到几个网页（低出度），反之亦然。在某些有向网络中，这两个指标是相关的（correlated），高（低）入度节点也往往具有高（低）出度。第 4 章将进一步讨论有向网络和加权网络的度分布。表 3.1 列举了描述各种网络度分布的基本参数。

1　在参考文献中，另一种方式的定义是将异质性参数与 $\langle k \rangle$ 而非 1 进行比较。

表 3.1 各种网络实例中度分布的基本变量。该表统计的基本变量包括平均度、最大度和异质性参数。对于有向网络，该表列举了最大入度分布，并以此为基础计算异质性参数。

网络	节点 （N）	链接 （L）	平均度 （$\langle k \rangle$）	最大度 （k_{max}）	异质性参数 （κ）
西北大学 Facebook 网络	10,567	488,337	92.4	2,105	1.8
IMDB 电影明星网络	563,443	921,160	3.3	800	5.4
IMDB 联合 主演明星网络	252,999	1,015,187	8.0	456	4.6
美国政治 Twitter	18,470	48,365	2.6	204	8.3
Enron 电子 邮件网络	87,273	321,918	3.7	1,338	17.4
维基百科数学 网络	15,220	194,103	12.8	5,171	38.2
互联网路由器 网络	190,914	607,610	6.4	1,071	6.0
美国航空运输 网络	546	2,781	10.2	153	5.3
世界航空网络	3,179	18,617	11.7	246	5.5
酵母蛋白质 交互网络	1,870	2,277	2.4	56	2.7
秀丽隐杆线虫 生物网络	297	2,345	7.9	134	2.7
大沼泽地生态 食物网络	69	916	13.3	63	2.2

除了度，我们还可以分析其他属性的分布。实际上，度通常与其他中心性指标相关。就不同的标准而言，中枢节点通常是位于最中心的节点之一；当然也有例外，如图 3.1 所示，如果一个节点连接网络

的不同区域，无论是否具有较高的度值，它都可能具有较大的介数中心性。

图 3.4 展示了网络的累积介数分布。与度分布类似，介数分布也跨越了多个数量级。

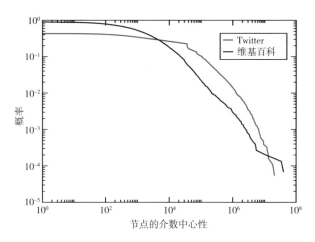

双对数坐标中 **Twitter** 和维基百科网络的介数中心性累积分布。本书将这两种网络均视为无向网络，并且只基于维基百科网络中的巨分支（包含 **98**% 的节点）来计算介数。**Twitter** 转推网络是连通的。　　　　图 **3.4**

中枢节点是网络最重要的特征之一。中枢节点作为网络结构的支柱，也是在网络上运行的各种进程的驱动因素。在接下来的章节中，我们将介绍中枢节点对网络功能产生的显著影响。

3.3　友谊悖论

如果我们要想在 N 个人中找出谁的人脉最广，而手头只有他们的电话号码，该如何去做？如果随机拨打其中一个人的电话，直接判断谁的人脉最广（方法一），那么找到目标人物的成功率是 $1/N$。如果从这 N 个人里面随机找一个人，请他来判断谁的人脉最广（方法二），似乎和方法一的成功率是一样的，但结果其实并不尽然。为了探究其中原因，不妨看一下图 3.5 中的小型社会网络示例。在这个由 7 个节点组成的网络中，具有最高连通性的节点是 Tom，他有 4 个好友。若采用方法一（随机直接判断），找到 Tom 的成功率为 $1/7 \approx 14\%$；若采用方法二（随机间接判断），找到 Tom 的成功率为 $5/21 \approx 24\%$，这明显高于方法一的成功率。我们可以得出如下结论：在朋友圈中打听找人要比自己随机找人容易得多。但这究竟是为什么呢？

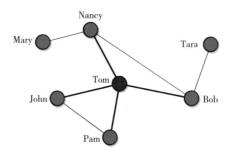

图 3.5　**友谊悖论。通过随机链接而不是随机节点进行选择，找到 Tom 比找到 Mary 容易得多，因为 Tom 有四个好友（John、Pam、Bob 和 Nancy），而 Mary 只有一个好友（Nancy）。在对链接进行随机遍历时，碰到中枢节点的可能性远远高于碰到低度值节点。**

　　大致说来，如果一个人有许多朋友，他的名字就更容易被人提及；相反，如果他的朋友很少，别人也不太会谈论他。打听某人的朋友时，实际上涉及选择链接而非单一节点。当我们寻找节点时，不论节点的度值大小，每个节点被选中的成功率都是相同的。而在寻找链接时，邻居数量越多的节点被选中的成功率越高。在图 3.5 的网络示例中，通往 Tom 的可能路径有 4 条，找到 Tom 的成功率比找到 Mary 或 Tara 要高得多，因为 Mary 和 Tara 都只有一个好友。

　　如果从邻居的圈子转移到邻居的邻居的圈子，我们找到中枢节点的成功率会增加。这是因为每一步要经过更多的链接，而其中一条链接很可能与中枢节点相连。这一性质非常具有实际应用价值，有助于识别网络的中枢节点。例如，在疫情暴发期间，接触人数最多的个体很可能是潜在的大规模传播者，对其进行隔离或接种疫苗就显得至关重要。在这种情况下，疾控人员可以随机选择一些风险人员，并联系这些人的一些密接者，因为密接者成为中枢节点的概率比风险人员本身还要大。

链接选择法和节点选择法之间的差异还有另一层特殊含义。以图 3.5 的网络中的 Nancy 为例，她有三个好友，分别是 Bob、Mary 和 Tom。他们三个人共有 8（3+1+4＝8）个好友，平均每人有 8/3 个好友。将同样的算法应用于除了 Nancy 之外的其他六个节点，会发现每个节点的邻居的邻居平均数量为 2.83（17/6=2.83）。但是，网络的平均度值为 $(1+3+3+1+4+2+2)/7=16/7=2.29$，这就出现了一个典型的现象：一个节点的邻居的平均度大于该节点的平均度。换句话说，我们的朋友比我们自己有更多的朋友，这种现象称为*友谊悖论*（*Friendship Paradox*）。

图 3.5 的例子揭示了悖论的根源。在计算节点的平均度时，每个节点的度值在总和中只出现一次。相比而言，在计算节点邻居的平均度时，我们会对所有节点应用相同的算法，因而每个节点在部分和中出现的次数和它的度值相等。在图 3.5 的例子中，Tom 的度值会被计算四次，因为他出现在四个人的好友列表中。这提高了邻居的平均度值，使其最终大于所有节点的总体平均度值。因此，友谊悖论源自抽样方式。这两个平均值是通过以不同的方式对节点的度值进行采样来计算的：所有节点的总体平均度值是均匀的，而邻居的平均度值是成比例的。

随着度分布范围的扩大，友谊悖论的影响力也随之增强。当所有节点的度值相近时，整体平均度和邻居平均度之间也趋于一致。在具有重尾分布的网络中，例如图 3.3 所示的几种网络类型（也包括典型的社交网络），由于存在具有超级连通性的中枢节点，友谊悖论效应尤为显著。

3.4　超小世界

　　如前所述，网络的中枢节点不仅容易被找到，而且也有必要找到它们。当我们试图沿着最短路径将信号从网络的一个节点传输到另一个节点时，信号可能会经过一个或多个中枢节点。这种情况在乘飞机时也很常见：当乘客想从 **A** 机场飞往 **B** 机场，而 **A** 和 **B** 之间没有直达航班时，乘客便不得不至少在某个中枢机场 **C** 进行转机，因此从 **A** 到 **B** 的旅程只需要两个航班，即 **A → C** 和 **C → B**。

　　在第 2 章中，我们已经观察到许多真实网络都是*小世界网络*，即从每个节点出发，只需经过较少的步骤即可到达任何其他节点。在存在中枢节点的网络中，我们预期任意两个节点之间的平均距离会比那些没有中枢节点但具有相同节点和链接数量的网络更短。实际上，较宽度分布的网络通常表现出*超小世界*（*ultra-small world*）性质，这意味着节点之间的距离非常短。图 3.6 绘制了 Twitter 和维基百科网络中任意两个节点之间距离的分布图，二者都呈现出明显的峰值，表明节点之间的距离变异性较小。与系统规模相比，这些峰值都相对较小（Twitter 为 5 个，维基百科为 3 个），表明它们都是超小世界。

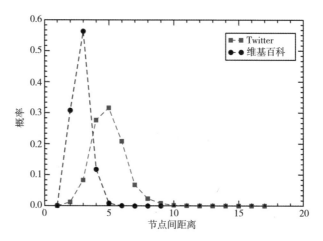

图 3.6　超小世界。在 Twitter 和维基百科网络中，节点间距离分布概率在非常低的数值处达到峰值。因为中枢节点的存在，最短路径会经由中枢节点，因而缩短了大多数节点之间的距离。本例计算距离时不考虑链接方向。

3.5　鲁棒性

如果系统中的某些部件发生故障但不影响其功能，则称该系统具有鲁棒性（*robustness*），或者说它是鲁棒的。例如，飞机的某个引擎停止工作，但它仍然能继续飞行。一般而言，鲁棒性取决于哪些组件发生故障以及故障程度。

那么，网络的鲁棒性该如何定义？节点可以代表各种实体，比如人、路由器、蛋白质、神经元、网站和机场。在这种高级表示法中，定义节点的故障并不容易，这取决于特定的网络类型。如果假设某个节点以某种方式停止工作，该问题可以变为：如果移除该节点以及该节点的所有链接，网络的结构和功能会发生何种变化？

第 2 章定义了网络连通的含义。所谓网络连通，是指所有节点都可以相互访问。如果网络未连通，则网络中有两个或更多的连通分支。连通性是网络的一个重要性质，通常会影响网络功能。例如，如果互联网不是一个连通的网络，就不可能在属于不同连通分支的路由器之间发送信号，例如电子邮件。因此，定义和衡量网络鲁棒性的方法之一，是去观察如果移除某个节点以及该节点的链接，系统的连通性会受到何种影响（图 3.7）。如果移除后系统仍然保持连通，我们可以假设它将在某种程度上继续良好地运行。如果移除导致网络分成互不相连的片段，即意味着网络结构遭受了严重破坏，那么网络功能可能会因此受损。

标准的网络鲁棒性测试步骤为：逐步移除越来越多的节点及其相邻链接，观察并记录连通性受到的影响。通过计算巨分支的相对大小可以估计节点移除后网络的中断程度，即巨分支的节点数量与初始网络中节点数量的比率。假设初始网络是连通的，巨分支与整个网络重合，此时其相对大小为 1。如果节点子集的移除没有导致网络被拆分为互不相连的片段，那么巨分支的节点数量与初始网络中节点数量的比率会随着被移除节点数量而成比例减少。然而，如果节点的移除导致网络被拆分成两个或更多个连通分支，则巨分支可能会急剧减小。

当被移除的节点所占比例接近 100% 时，剩下的少数节点很可能分布在多个小型连通分支中，因此巨分支的节点数量与初始网络中节点数量的比率接近于零。

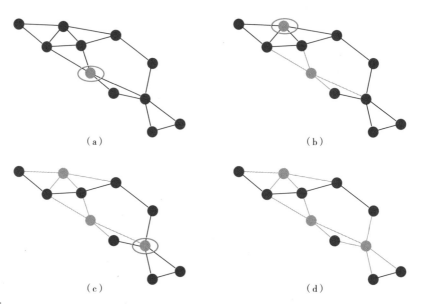

（a）　　　　　　　　　　　　　　　（b）

（c）　　　　　　　　　　　　　　　（d）

图 3.7　网络的鲁棒性测试。观察移除一系列节点及其附带链接的影响。在每张图中，移除的节点用圆圈突出显示。已移除的节点及其附带链接显示为灰色。如图（d）所示，在三个节点被移除后，网络分成三个互不相连的片。

图 3.8 展示了 Open Flights World 网络的鲁棒性测试结果。该测试过程模拟了当节点被随机移除时网络元素的*随机失效*（*random failure*）情况。从图中可以看到，巨分支的相对大小下降得非常缓慢，这是由于中枢节点的存在使得网络结构保持连通，只要有足够数量的中枢节点存活下来，系统在很大程度上仍然可以保持连通。由于节点是随机移除的，因此中枢节点发生故障的概率较低。图 3.8 还展示了当节点按度值降序被移除时的后果，即中枢节点首先成为被移除的目标。在这种情况下，系统几乎会立即遭受严重的中断，当大约 20% 的节点被移除时，系统会变得支离破碎。将高度值节点作为靶点是一种典型的*攻击*（*attack*）方式，攻击者的意图是通过移除中心节点来最大程度地实现对网络结构的破坏。因此，我们可以得出结论：拥有

中枢节点的网络对随机失效具有非常强的鲁棒性；同时它们也会因为中枢节点很容易受到攻击而表现出脆弱的一面。

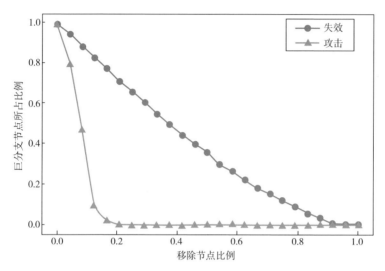

网络鲁棒性与节点移除的关系。该图展示了在 **Open Flights World** 网络中，"巨分支的节点数量与初始网络中节点数量的比率"和"从网络中移除的节点数量与初始网络中的节点数量的比率"之间的关系。该图还展示了随机移除节点（随机失效）和根据度值划分移除优先级（靶向攻击），分别会对网络结构产生什么后果。 **图 3.8**

3.6　核分解

2.1 节简要介绍了许多网络中存在的*核心–边缘结构*（*core-periphery structure*）。在分析或可视化大型网络时，有必要关注其密度较高的部分（核）。根据每个节点在网络核心–边缘结构中的位置，它们的度值可将网络分成不同的部分，我们称之为壳（*shells*）。低度值的壳对应边缘节点；当壳逐层被移除时，剩下的是一个越来越稠密的内部子网，即所谓的核。从单例节点（度值为 0 的节点）开始移除所有度值为 1 的节点，当网络中不再有这样的节点时，开始移除度值为 2 的节点。以此类推，要移除的最后一组节点就是最内层的核。

> 通常来说，*k*–核分解（*k*–*core decomposition*）算法首先移除度值为0（即 $k=0$）的节点，然后继续进行迭代，每次迭代都对应一个 *k* 值，并由下面几个简单的步骤组成：
>
> 1. 递归地移除所有度值为 *k* 的节点，直到网络中不再有度值为 *k* 的节点。
>
> 2. 已经移除掉的节点组成 *k*–壳，余下的节点组成（*k*+1）–核，因为余下节点的度值都 $\geq k+1$。
>
> 3. 如果核中没有度值小于 *k* 的节点，则算法终止；否则，继续删除这些节点，直至网络中剩下的节点度值都不小于 *k*。

当对大型网络进行可视化时，核分解有助于过滤掉边缘节点。实际上，引言中的大部分图示都没有完整地描述整个网络，而是通过排除某些边缘节点来进行部分描述。例如，在图 0.3 的政治观点转推网络中，$k=1$ 壳和 $k=2$ 壳已经被移除。图 3.9 展示了这一过滤过程。

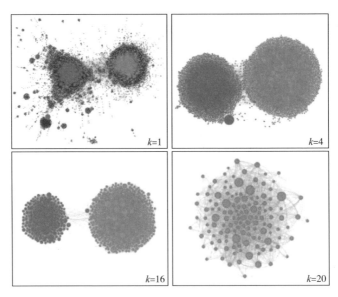

图 3.9　通过 *k*–核分解对网络进行过滤。从完整的 **Twitter** 观点转推网络（*k*=1）开始，随着 *k* 值增大，边缘节点逐渐被移除，余下的核也变得越来越小。在最内层的核里只有红色节点，它们和保守派的账户相对应。每个节点至少有 **20** 个邻居。

NetworkX 有进行核分解的函数：

```
nx.core_number(G)     # return dict with core number of each node
nx.k_shell(G,k)       # subnetwork induced by nodes in k-shell
nx.k_core(G,k)        # subnetwork induced by nodes in k-core
nx.k_core(G)          # innermost (max-degree) core subnetwork
```

3.7　本章小结

本章介绍了网络节点和链接的各种中心性指标，并重点讨论了节点度值，它是识别中枢节点的一项重要指标。

1. 节点的度：网络中与该节点关联的链接数。

2. 节点的介数：信号沿着最短路径在网络上传播的频率。

3. 使用统计工具来分析大型网络中的全局特征：直方图提供了节点或链接给定属性（例如度）分布的可视化示例。归一化直方图是对值得对比分析的指标的概率分布估计。

4. 异质性：许多真实网络的中心性指标分布具有异质性，即跨越多个数量级。尤其是度分布，它往往有一个重尾。

5. 友谊悖论：在一般的社会网络中，你的朋友比你有更多的朋友，这是因为在节点的邻居中更容易碰到中枢节点。

6. 中枢节点：高度值的节点，这类节点在网络的结构和动力学中发挥着关键作用。例如，它们缩短了节点之间的距离，使网络在抵御随机失效方面具有鲁棒性，但也容易受到有针对性的攻击。

7. 核心 – 边缘结构的分解：通过对网络进行分解来揭示其核心 – 边缘结构。分解过程的大体步骤是通过迭代过滤掉包含低度值节点的壳，并专注研究余下越来越稠密的核。

3.8 扩展阅读

节点紧密中心性和介数的概念分别由 Bavelas（1950）和 Freeman（1977）提出，并且 Brandes（2001）开发了用于计算节点介数的算法。链接介数则是由 Anthonisse 在一份未发表的技术报告中提出的，后来 Girvan 和 Newman（2002）对其做了详细介绍，并将该度量应用于检测并移除连接网络社团中的链接，从而使社团结构能够被区分和识别（参见节 6.3.1）。有关这些度量的统计分布，可以查阅 Freedman 等人（2007）的著作。

Barabási（2003）用通俗易懂的方法介绍了网络及其中枢节点结构，为后续研究提供了理论基础。此外，Albert 等人（1999）发现了第一个具有重尾度分布的大型网络，即万维网图。这一发现在网络科学领域产生了深远的影响，因为它揭示了网络中节点度分布的普遍性质。后来，许多其他的真实网络也被发现具有相同的性质（Barabási，2016）夯实了网络科学的理论基础。

Feld（1991）揭示了友谊悖论的存在，这一现象挑战了人们对社会网络的传统理解。超小世界是由 Cohen 及其同事发现的（Cohen and Havlin，2003；Cohen et al.，2002，2003），他们的工作为我们理解网络中信息传播和联系的方式提供了新的视角。早期关于网络鲁棒性的研究可以追溯到 Albert 等人（2000）的论文，解释了网络结构对抗击攻击的能力。此外，Cohen 等人（2000，2001）的经典理论为我们理解网络的鲁棒性提供了深入的见解。

另一方面，在网络可视化研究领域中，Batagelj 等人（1999）、Baur 等人（2004）和 Beiró 等人（2008）引入了 k-核分解方法，这一方法为我们更好地理解网络结构提供了强有力的工具。

课后练习

1. 在一个具有 100 个节点和 200 条链接的网络中，其节点的平均度是多少？

2. 在一个由 250 名学生组成的宿舍网络中，链接表示室友关系。宿舍中房间大多是双人间，还有一些三人间和四人间。根据以上信息回答下列问题：

   （1）该网络是不是连通的？

   （2）节点度分布的众数是多少？

   （3）最大的派系中有多少个节点？

   （4）该网络中是否存在中枢节点？

3. 如何使用 NetworkX 的函数获取网络中度中心性最大的节点及其度值？

4. 在反映员工雇佣关系的图 G 中，节点为员工的 ID，并具有姓名、部门、职位和薪资等属性。如何使用 NetworkX 获取 ID 为 5567 的员工的薪资信息？

   a. `G.node(5567)('salary')`

   b. `G[5567]['salary']`

   c. `G.node[5567]['salary']`

   d. `G(5567)('salary')`

5. 使用 NetworkX 中的以下命令绘制图 G：`nx.draw(G, node_size=node_size_list)`。如何获取 `node_size_list`，使节点的大小与其度值成比例？

   a. `node_size_list = [G[n] for n in G.nodes]`

   b. `node_size_list = G.degree()`

   c. `node_size_list = [G.degree() for n in G.nodes]`

   d. `node_size_list = [d for d in G.degree()]`

6. 在学术合作网络中，度值为 2 的节点可以反映以下哪种信息？

   a. 一位学者与另一位学者共同发表了一篇论文

   b. 一位学者与另两位学者共同撰写了一部著作

    c. 一位学者撰写了两部著作

    d. 一部著作由两位学者共同撰写

7. 关于社会网络中的节点度，以下哪个说法是正确的？

    a. 大多数节点会连接到一个大型中枢节点

    b. 可以找到具有各种度值的节点

    c. 所有节点的度值基本相同

    d. 所有节点的度值都非常高

8. 为了准确地定义紧密中心性，网络需要具备哪种性质？

9. 举例具有以下性质的网络：

    （1）具有最高度值的节点但不具有最大的紧密中心性

    （2）具有最高介数的节点但不具有最大的紧密中心性

10. 根据图 3.10 的网络回答下列问题：

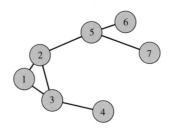

图 3.10　无向无权网络示意图。

    （1）哪个节点的度中心性最高？

    （2）哪个节点的介数中心性最高？

    （3）哪个节点的紧密中心性最高？

11. 若要构建一个具有 10 个节点且平均度为 1.8 的连通网络，为了使异质性参数最大化，这个图会是什么样子的？

12. 说明以下每个变量是否会出现重尾分布，并解释原因。

    （1）英国成年人的鞋码

    （2）美国家庭的收入

    （3）Twitter 社交网络中的节点度值

    （4）维基百科网络中的节点间距

13. 如果人们的身高遵循重尾分布，则 9 米高的人是否常见？

14. 图 3.11 描绘了 2 亿个万维网网页以及 15 亿个链接的入度分布。
    它是一个在对数 – 对数坐标中绘制的分布图，显示了具有给定入
    链数（x 轴）的页面数量（y 轴）。根据这些信息回答下列问题：

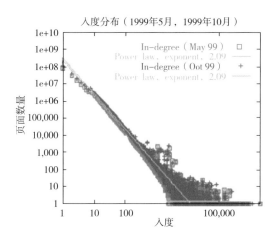

对数 – 对数坐标中万维网入度的分布图。 图 3.11

（1）大约有多少网页只有一个网页能链接到它？

（2）大约有多少网页有 10 个网页能链接到它？

（3）大约有多少网页有 100 个网页能链接到它？

15. "中枢节点"一词在日常用语中用来描述提供许多航线（直飞航
    班）的机场。将 Open Flights World 航班网络加载到 NetworkX 图中，
    并回答下列问题：

（1）每个机场平均服务的航线数量是多少？

（2）航线数量排序前五的机场分别是哪些？

（3）有多少个机场仅服务单条航线？

（4）哪个机场具有最高的紧密中心性？

（5）哪个机场具有最高的介数中心性？

（6）计算网络的异质性参数。

16. 将维基百科数学网络加载到 NetworkX 有向图中，并回答下列
    问题：

（1）计算该网络的平均入度和平均出度。

（2）哪个节点具有最高的入度？

（3）哪个节点具有最高的出度？

（4）图中，最大入度和最大出度哪个更大？其他万维网图的情况是否相同？为什么？

（5）计算该图的入度分布的异质性参数。

（6）计算该图的出度分布的异质性参数。

17. 编写 Python 函数：构建一个包含节点名称的 NetworkX 图，并返回该节点的邻居的平均度数。使用此函数来计算 Open Flights World 航班网络中每个节点的数值，并取平均值。友谊悖论在此是否成立？

18. 是否存在使节点的邻居的平均数量与平均度数匹配的网络？如果存在，它们必须具有什么性质？

19. 具有重尾度分布的网络对随机攻击或针对性攻击来说，哪类攻击让它更为脆弱？对于类似大小的网格状网络又是什么情况？

20. 如果要通过删除节点或边来破坏网络，以使其非连通或增加平均路径长度，常用的策略是攻击中枢节点。删除以下哪类节点可以实现类似的效果？

（1）具有高聚类系数的节点

（2）度数较低的节点

（3）具有高紧密中心性的节点

（4）具有高介数中心性的节点／边

21. 网络上有两个度数相等的节点，一个具有高聚类系数，另一个具有低聚类系数。在其他条件相同的情况下，选择删除哪一个节点会更轻易地破坏该网络？

22. 书中 GitHub 存储库的 `socfb-Northwestern25` 网络是美国西北大学的 Facebook 网络快照。节点是匿名用户，链接是好友关系。将该网络加载到 NetworkX 图中（使用无向无权网络），并回答下列问题：

（1）网络中有多少个节点的度值大于等于 100？

（2）节点的最大度值是多少？

（3）将节点匿名化并用数字代替，哪个节点具有最大的度值？

（4）度值的第 95 个百分位是多少（即 95% 的节点小于等于的度值）？

（5）节点的平均度值是多少？

（6）以下哪种形状最能描述该网络的度分布？

a. 均匀分布：节点的度值在最小值和最大值之间均匀分布

b. 正态分布：大多数节点的度值接近平均值，在两个方向上都迅速下降

c. 右尾分布：大多数节点的度值相对于分布范围较小

d. 左尾分布：大多数节点的度值相对于分布范围较大

4 方向和权重

链接（link）：指代两个事物或情况之间的关联，尤其是当一方的变化可能会对另一方产生影响时。

许多现实世界的网络关系呈现出有向和加权的特征。例如，在引言中我们已经探讨了食物网络，它通过有向和加权链接将物种联系在一起，这些链接所承载的信息表达了捕食关系的方向性和强度。我们熟悉的其他例子还包括：维基百科和万维网，其中超链接的权重可以通过点击流量进行衡量；各种评价型应用软件（涉及产品和服务），涵盖了从书籍到电影，从打车到听歌的方方面面；基于Twitter的社交网络，其中好友链接通过转推、引用、回复和提及等行为进行加权；Facebook也是如此，其中好友之间的互动通过评论、喜欢和转发等方式进行加权。不难发现，许多网络构建在互联网和万维网技术基础之上。通过本章的学习，读者将逐渐熟悉这些网络类型及其相关协议。

4.1 有向网络

在先前讨论过的网络中，链接的方向并不具有显著意义。社会网络常常假设友谊具有对称性，尽管实际情况并非总是如此。常见的假设是：如果张三是李四的好友，那么李四也是张三的好友。与之不同的是：在互联网中，数据包在两个路由器或两个自治系统之间进行双向传输。在大多数道路上，汽车是双向行驶的。再者，从纽约到罗马的航班有对应的从罗马到纽约的返程航班。当然，并非所有的网络都满足这种对称性，换句话说，链接具备特定的指向性，并且未必是双向的。例如，王五在 Twitter 上关注了赵六，但赵六未必也关注王五。如第 1 章所述，*有向链接*（*directed link*）具有*源*（*source*）节点和*靶*（*target*）节点，通常用箭头表示从源节点指向靶节点。具备有向链接的网络被称为*有向网络*。在无向网络中，我们可以统计节点的度；在有向网络中，每个节点有*入度*（传入链接的数量）和*出度*（传出链接的数量）之分。

通信和信息网络中的链接通常表示为有向的，如电子邮件（图 0.4）和维基百科（图 0.5）。此外，因为科学家常在前人研究的基础上进行探索，科研成果的发表常伴随着对先前研究成果的引用，由此产生的*引文网络*（*citation network*）是信息网络的一个典型案例。其中，节点代表论文，论文之间的链接被称作*引用*（*citation*），它反映了论文之间的关系——可能是共同的方法论、问题解决的不同途径、验证、改进，甚至是与前人相互对立的研究结论。图 4.1 展示了一个引文网络的示例。

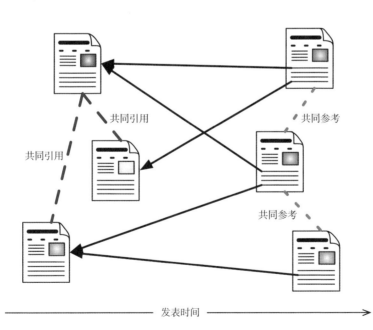

引文网络。引用*链接*用黑色实线箭头表示。引文网络中的无向*共同引用*（*co-citation*）链接和共同参考（*co-reference*）链接分别用蓝色虚线和红色虚线表示。在引文网络中，链接应始终指向早前发表的论文，而不可能引用尚未发表的论文。

图 4.1

4.2　万维网

众所周知，在万维网中如果有超链接从页面 A 指向页面 B，这并不意味着页面 B 一定存在指向页面 A 的链接。在万维网诞生之前，双向链接的思想早已存在了几十年。从技术层面看，由于需要某种类型的中心机构对链接信息进行协调和存储，所以双向链接曾经很难在万维网上找到。

4.2.1　万维网简史

20 世纪 90 年代初期，蒂姆·伯纳斯 – 李（Tim Berners-Lee）引入了一种易于实现的定向超链接模型，允许用户从一个页面链接到另一个页面，而无须担心目标页面的互惠性甚至持久性。如果目标页面不存在，用户只会体验到非连通的链接。许多人开始使用伯纳斯 – 李提出的超文本语言为万维网内容编写网页，并使用它用于万维网浏览器和服务器的通信协议来托管网站。至此，万维网诞生了。

链接是万维网成功的关键所在。每个网页均具备统一资源定位符（URL），用以实现从一个页面链接至另一个页面。在过去的二十几年间，许多机构开始创建自己的网站来展示信息、销售产品和服务，这推动了万维网的持续发展。但万维网的本质是一个网络而已，信息的生产者和消费者是不同的，大多数人并不具备创建网站所需的技能。在被称为"万维网日志"或*博客*（*blogs*）的在线日志出现之后，这一现状逐渐改变。博客提供了一种简化的方式，便于人们使用模板创建简单的网站，并生成日志（博客）内容，然后由第三方服务提供商进行托管。每个博客条目都有独特的 URL，便于从一个博客文章链接至另一个，这使得读者在博客之间可以轻松跳转。随后，博客迅速发展壮大，甚至在某些方面可以跟传统媒体分庭抗礼。最重要的是，许多用户从主要的信息消费者变成了信息生产者——这是 *Web 2.0* 革命的一个重要方面。

通过博客分享信息让人感到轻松无比，而通过 Flickr 和 YouTube
等网站分享照片、电影和各种其他媒体也十分简单。此外，人们还
可以共享链接，将个人*网摘*（*bookmarks*）发布在标签网站上，进而
在社交网站上分享。这种链接已经无处不在、耳熟能详，自然而然
地将人们链接在一起，例如 Friendster、Orkut、MySpace、LinkedIn 和
Facebook 等在线社交网络。为了进一步降低创建节点和链接的成本，
微博（*microblog*）的概念应运而生。人们可以在微博上发布非常简短
的消息，并快速将其传播给朋友。这种社交网络和博客的混合体，始
自 Twitter，并迅速被 Facebook 复制，如今早已风靡全球。

从网络的角度来看，节点的概念已经扩展到能够通过 URL 来表
示各种事物——从页面到个人，从站点到思想，从照片到歌曲，从电
影到文章。同样，链接的概念也经历了扩展，因为任何对象都可以指
向其他任何对象：推文可以链接到博客条目；维基百科文章可以引用
其他文章和外部页面；人们可以链接到朋友和喜欢的事物；地图可以
链接到照片（反之亦然）。由此可见，网络已经无处不在，并和我们
的生活密不可分。

4.2.2　万维网的工作原理

为了更好地理解万维网的工作原理以及数据采集方法，我们需
要了解它的语言和协议。万维网页面由特定版本的*超文本标记语言*
（*HTML*）编写，脚本语言（可由浏览器解释执行）用于实现页面的
交互性。除了前面提到的页面间超链接概念，关于这些语言的细节
不属于本书的讨论范畴。HTML 提供了一种便捷的途径，即通过特
殊的*锚标记*（<a>）对指向另一个页面的链接进行编码。例如，代码
`<a href = "http:// npr.org/">news</a>` 为锚文本 "news"
创建一条链接，当用户单击该链接时，浏览器将会获取位于网址 npr.
org 的页面。

在客户端（浏览器）和万维网服务器之间，获取或下载页面的
工作方式由*超文本传输协议*（*HTTP*）规范所决定。类似于其他互联

网客户端—服务器协议，HTTP 的设计十分简洁，它定义了客户端如
何请求页面以及服务器如何响应页面，图 4.2 展示了该协议的工作过
程。为了首先与服务器建立连接，客户端需要知晓服务器的*互联网协
议*（*Internet Protocol*，*IP*）地址。URL 通常指定服务器主机名和文件
路径信息。以 URL `http://npr.org/` 为例，服务器主机名是 `npr.`
`org`，文件路径为 `/` 。在本例中，由于路径是一个目录，服务器将在
该目录中查找默认文件名，例如 `index.html`。为了获得 IP 地址，
浏览器使用了一种名为*域名服务*（*Domain Name Service*，*DNS*）的协
议。这一协议能将主机名（例如 `npr.org`）转化为相应的 IP 地址（例
如 `216.35.221.76`）。

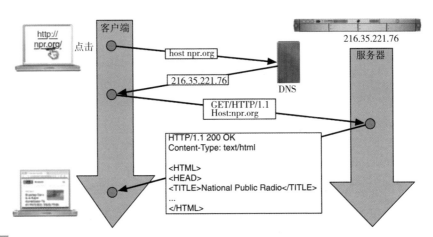

图 4.2　客户端（浏览器）和服务器如何通过 HTTP 协议进行通信，以跟随链接并访问页面的示例。垂直箭头表示时间方向。

一旦获得 IP 地址，浏览器就可以与服务器建立连接。连接建立后，
URL 中的 `http://` 部分表示浏览器使用 HTTP 协议与服务器进行对
话。为此，浏览器向服务器发送一个 HTTP 请求，并等待 HTTP 响应。
请求和响应消息都具有一定的格式，首部字段位于内容的前面，紧随
其后的是一个空行，最后是一个可选的主体部分。请求头可以包含多
行信息。最常见的请求类型是 GET，它只是请求简单地获取一个页面
（路径）。在这种情况下，请求没有主体部分，所以一旦服务器接收

到空行，就会返回响应。在其他情况下，例如 POST 请求，主体部分包含额外的内容参数。这种请求类型常用于将输入数据提交到表单中。除了请求类型和路径，头部字段还必须指定主机名，这是因为一个服务器可能会托管多个不同的网站（虚拟主机）。响应头可以包含一系列信息，比如服务器的类型、日期、返回的字节数等。例如，状态码"200"表示"成功"，而状态码"404"则表示"未找到"。响应主体则包含了所请求资源的实际内容，通常是页面的 HTML 代码。

4.2.3   万维网爬虫

任何使用 HTTP 协议向万维网服务器请求内容的程序都是万维网的客户端。浏览器作为大众熟知的网络浏览工具，使用户能够在庞大的站点和页面网络中从一个节点虚拟地移动到下一个节点。*万维网爬虫*（*web crawlers*）是自动下载网页的一种程序。由于万维网中的信息分散在由全球数百万台服务器提供服务的数十亿个页面中，因此爬虫旨在收集可以在中央位置分析和挖掘的信息。*搜索引擎*（*search engine*）是爬虫的主要应用领域之一。万维网是一个快速发展的动态实体，搜索引擎通过使用爬虫来保持实时更新，以便在添加、删除、移动和更新页面和链接时提供最新的信息。搜索引擎获取爬虫收集的信息，并创建数据结构（索引），将内容（关键字和短语）映射到包含索引的页面中。当用户提交查询时，搜索引擎可以快速检索包含关键字的页面。搜索引擎的另一项任务是确定如何对结果进行排序，以使用户能够从数百万次点击量中找到高质量的结果。实现这一点的关键方法之一是利用万维网的网络结构，具体方法将在 4.3 节中介绍。

万维网爬虫的其他用途包括：在商业智能领域，可以利用网络爬虫监控竞争对手和潜在合作者；针对数字图书馆和文献计量系统，可以利用网络爬虫使学术工作更容易上手，也更便于评估其影响；作为网络计量学工具，网络爬虫能评估机构的在线影响力；甚至还包括恶意应用程序，如垃圾邮件发送者利用爬虫来获取电子邮件地址，或收集个人信息进行网络钓鱼和身份盗用；也可用于研究目的，例如重建万维网链接图的结构。鉴于爬虫在信息网络研究方面的重要价值，本书将对其工作原理进行探讨。

爬虫是一个高度复杂的软件系统。谷歌创始人谢尔盖·布林（Sergey Brin）和劳伦斯·佩奇（Lawrence Page）认为，万维网爬虫是搜索引擎中最为复杂但也最为脆弱的组件之一。不过，爬虫的基本概念并不难理解。在其最简形式中，爬虫只是运行在万维网链接图上的广度优先搜索算法。它从一组*种子*（*seed*）页面（URL）开始，逐步递归提取链接以获取更多页面，以此类推。不过，这种简洁的描述只揭示了问题的冰山一角，爬虫在实际应用中还涉及一系列技术挑战，例如网络连接瓶颈、页面重访调度、蜘蛛陷阱（服务器自动生成无意义的 URL）、网址规范化（判断两个链接是否指向同一页面）、鲁棒性解析（解释页面中不正确的 HTML 语法）和涉及远程万维网服务器的道德规范等问题。

图 4.3 展示了爬虫的基本逻辑流程。爬虫通过维护一个未访问的 URL 队列来运行，该队列被称为*边界*（*frontier*），由种子 URL（通常是一组高质量的页面，可能来自先前的抓取结果）初始化。在每次主循环迭代中，爬虫从边界中选取下一个 URL，通过 HTTP 获取与该 URL 对应的页面。然后，解析检索到的页面，提取其中的 URL，并将新发现的 URL 添加到边界队列中。最后，爬虫将页面以及其他提取的信息（包括索引项和网络结构）存储在存储库中。当边界队列为空时，抓取过程终止。由于页面的平均出度很高（整个万维网上每页有大约 10 个或更多的链接），实际操作中很少会出现边界队列为空的情况。在抓取一定数量的页面后，抓取过程可能会终止，或者像搜索引擎一样持续进行下去。

一个典型爬虫的边界会急剧扩大，包含数百万个未访问过的链接。爬虫经常使用启发式算法，以优先排序那些可能包含高质量内容的链接。因为边界队列通常被设置为先进先出队列，所以在访问距种子距离为 n 的页面之前，爬虫会首先访问距离为 $n-1$ 或更近的页面。这种策略非常有效，正如下文所述，离种子越远，找到高质量页面的机会就越小。因此，广度优先爬虫可以快速发现许多新的高质量页面，或重新访问已知页面，以检查其是否在上次访问后发生了更新。高效的网络搜索引擎会采用多种技巧来优化抓取过程，并在成千上万台计算机上并行工作，全天候执行抓取任务。通过这种方式，网络搜索引擎每天能够抓取数百万个页面并建立索引，从而保持搜索结果的及时性和准确性。

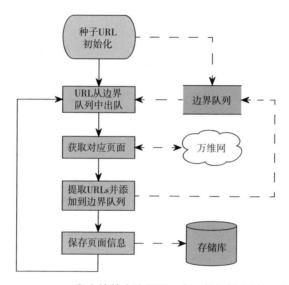

爬虫的基本流程图。主要数据操作过程用虚线表示。　**图 4.3**

4.2.4　万维网结构

万维网由页面和超链接构成，形成了一个被称为*万维网图*（*Web graph*）的网络结构。大规模爬虫揭示了关于万维网图结构的几个有趣的事实。在万维网图中，存在各种规模的（弱）连通分支，它们的大小往往呈倾斜分布，最大的连通分支占主导地位（超过所有页面的90%），同时还存在很多小连通分支。在巨分支中，可以找到最大的强连通分支。

回顾一下 2.3 节中的内容：强连通巨分支的*内向分支*（*in-component*）

是指能够抵达连通分支但是无法由连通分支抵达的页面集；而它的*外向分支*（*out-component*）是指能够由连通分支抵达但是无法抵达连通分支的页面集。当涉及万维网时，这种结构又被称作蝴蝶结（*bow-tie*）结构（图4.4）。强连通巨分支及其内向分支和外向分支的相对大小因万维网爬虫收集网络数据所使用的策略而异。

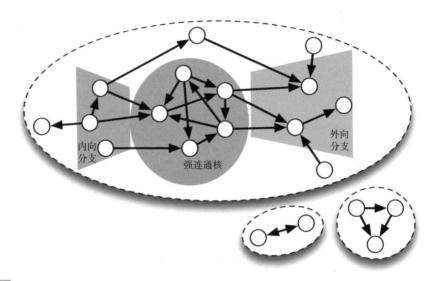

图 4.4　　**万维网图的蝴蝶结结构。连通分支由虚线椭圆突出显示，巨分支包含一个强连通巨分支（有时被称为"强连通核"）、一个内向分支和一个外向分支。**

　　一些研究小组已经统计了基于大规模爬虫的万维网度分布。平均入度（指向页面的链接数）为10~30个链接，但标准差至少大一个数量级，异质性参数 κ 较大。因此，平均入度这一指标的意义不大。实际上，入度呈现出重尾分布，并跨越了几个数量级（图4.5）。这表明在万维网中存在巨大的中枢页面集，它们占据了大部分的链接和流量。这种倾斜的入度分布体现了万维网的鲁棒性特征，它从万维网的起源时期至今一直存在。尽管万维网的历史不过几十年，但页面已经增至数亿的规模。

　　出度的分布较难分析。尽管爬虫会找到具有数千个出向链接的页面，但这种分布并不像入度分布那样跨越多个数量级。更重要的是，如果页面上有许多入向链接，通常意味着页面颇受欢迎；而如果包含很多指向其他页面的链接，通常代表着*链接农场*（*links farms*）行为，即恶意创建大量链接以提升网站的搜索排序。此外，由于爬虫通常会截断较长页面的下载以提高效率，因此出度并不是一个可靠的指标。

　　爬虫数据还可以用来研究万维网的平均路径长度。随着节点数量的增加，平均路径长度增长非常缓慢。网络规模增长几个数量级，而平均最短路径平均只会延长几步。例如，图 4.5 的网络数据取自 2012 年爬网数据，其中最大的强连通分支有 18 亿个页面，而平均路径长度小于 13。正如在第 3 章中所讨论的，因为存在中枢页面，所以形成了这种超小世界结构。

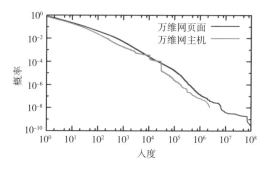

万维网的累积入度分布。该网络基于 **2012 年 8 月的大规模爬网**，它拥有 *N*=**36 亿个页面**和 *L*=**1,290 亿个链接**。图 **4.5** 还显示了主图网络的入度分布，其中：节点代表整个网站而非单个页面；链接表示两个网站的页面之间至少有一个超链接。在两种情况下，均可以观察到具有大量入向链接的中枢节点。　　**图 4.5**

　　在其他信息网络（尤其是博客和维基百科）中，我们也可以观察到和万维网相同的一些特征，比如连通分支规模和入度的重尾分布、超小世界等。

4.2.5　主题局部性

　　2.1 节将*趋同性*（*homophily*）定义为相似节点相互连接的趋势。信息网络的节点（如网页、维基百科文章和研究论文）都包括丰富的内容，即文本属性，它可用于定义和衡量两个页面或文档之间的*相似性*（*similarity*）。页面的主题可以根据内容界定，例如：分别有两组页面，第一组中的两个页面都是与体育相关的，而在第二组中，一个是体育页面，而另一个是音乐页面，那么第一组页面间的相似性要高于第二组。因此，我们可以将信息网络中的趋同性视为通过观察相邻页面的内容来推测页面内容的能力。具有相关主题的两个页面可能相互连接，或者中间存在短路径。在这种情况下，网络具有*主题局部性*（*topical locality*）。

　　我们可以通过测量在给定距离内目标页面与源页面具有相似主题的可能性来量化主题局部性（如图 4.6 所示）。然后，将这种可能性与偶然遇到相同主题页面的预期进行比较，结果取决于该主题的普遍性程度。与随机页面相比，距离源页面两个链接以内的页面和源页面具有相同主题的可能性会高出几个数量级。

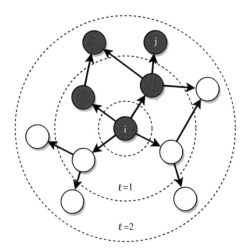

图 4.6　　主题局部性图示。与页面 i 页间距为 $\ell = 1$ 的一半页面和 $\ell = 2$ 的三分之一页面均是同一主题，用蓝色表示。

　　在实践中，量化主题局部性的一种方法是使用*文本相似性*（*text similarity*）来代表主题关联性。文本相似性是指在两个页面或文档中关键字的共现情况。共现关键字越多，它们的主题关联性就越强。*余弦相似性*（*cosine similarity*）是一种常用的文本相似性指标，详见小贴士 4.1。要量化主题局部性，我们可以围绕某个主题的种子页面，在一定距离内执行广度优先算法，测量爬取页面和种子页面之间的相似性，并计算所有种子页面和所抓取页面的相似性平均值。通过这种方法，可以绘制一个表达相似性和两个页面间距的函数关系坐标图（图 4.7）。可以看到，相邻页面比相距较远页面有更高的相似性趋势。按照常理，如果在距离某个页面较远的范围内浏览，那么遇到相关页面的可能性就较小，这一现象被称为*主题漂移*（*topic drift*）。

小贴士 4.1　余弦相似性

在信息检索和文本挖掘过程中，通常需要测量两个文档、页面、文本简介或标签云之间的相似性。将每个文档 d 表示为高维向量，其维度与词汇表中的每个词相关联：$\vec{d} = \left\{ w_{d,1}, \cdots, w_{d,n_t} \right\}$，其中 $w_{d,t}$ 是词汇 t 在文档 d 中的权重，n_t 为总词数。基于人工神经网络的深度学习技术也可进行相似的向量表示，只是每个维度对应一个抽象概念，而不是一个单词或标签。有多种方法可用于计算权重。通常，权重与词汇在文档中出现的频率成正比，出现频率较高的词汇被视为良好的描述符，一些没有意义的"干扰词"（如冠词和连词）则被删除。如果一些词汇同时出现在很多文档中，那么它们的辨识度较低，需要降低它们的权重。然后，通过计算文档 d_1 和 d_2 的词频向量夹角余弦值，即可得出文档 d_1 和 d_2 之间的相似性：

$$\cos\left(\vec{d}_1, \vec{d}_2\right) = \frac{\vec{d}_1}{\|\vec{d}_1\|} \cdot \frac{\vec{d}_2}{\|\vec{d}_2\|} = \frac{\sum_t w_{d_1,t} w_{d_2,t}}{\sqrt{\sum_t w_{d_1,t}^2} \sqrt{\sum_t w_{d_2,t}^2}}$$

如果文档 d_1 中的项也出现在文档 d_2 中，则余弦值接近于 1，反之亦然；如果两个文档中没有任何相同的词汇，则余弦值为零。需要注意的是，余弦值应根据每个向量的范数或大小进行归一化处理：

$$\|\vec{d}\| = \sqrt{\sum_t w_{d,t}^2}$$

如果文档较长，则意味着该文档中的词比较多，那么它和很多其他文档的相似性就不会太高，即大范数会导致相似性降低。

主题局部性揭示了信息网络结构和节点内容之间的关联性，我们可以通过网络结构来推断节点内容，反之亦然。如果从"良好"的种子页面开始爬取，并保持较近的距离，便很可能找到其他高质量页面。这也是搜索引擎爬虫采用广度优先搜索算法的原因之一。主题局部性还诠释了"浏览"万维网的意义所在——如果没有主题局部性，用户还会点开某个万维网链接去查找自己期望的主题吗？

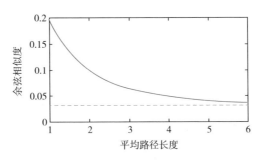

图 4.7 万维网的主题局部性（通过广度优先搜索，从 100 组种子页面中抓取尽可能多的主题来衡量）。在每次爬取过程中，我们记录种子页面和抓取页面之间的平均余弦相似性，作为它们之间平均路径长度的函数。我们可以观察到很强的主题局部性：种子页面和一条链接之外的页面之间的相似性，要比随机页面之间预期的噪声水平（虚线）高 6 倍以上。随着爬网向更远距离推进，种子页面和抓取页面之间的平均相似性逐渐衰减，直至接近噪声水平，这诠释了"主题漂移"。

我们还可以通过网络结构发现关于页面内容的其他重要迹象。例如，如果指向某个页面的全部链接都来自同一节点集，而该节点集只有出向链接而没有入向链接，则表明该页面的本地网络邻居可能存在垃圾内容。反之，如果某个页面有很多来自自一个高入度页面集的入向链接，那么这个页面的质量就值得商榷了。

4.3　PageRank

如前所述，万维网爬虫检索的页面经过搜索引擎处理后构建了搜索索引，它是一种用于列举包含任何给定单词或短语的所有页面的数据结构。当用户提交查询时，搜索引擎可以快速地列出所有与之匹配的页面。但是，可能有数百万个网页与某个查询（比如"社会网络"）相匹配，用户通常只能花时间查看一小部分页面。因此，搜索引擎的*排序算法*（*ranking algorithm*）变得极为重要。如果仅仅根据页面内容和关键字的相似性进行排序，用户可能需要查看大量低质量甚至垃圾页面。通过将页面的重要性或声誉纳入排序考虑，排序算法可以展示更可靠的搜索结果。1998 年，谢尔盖·布林和拉里·佩奇首次将*页面排序*（*PageRank*）算法融入谷歌的搜索引擎，此后其他搜索引擎也开始采用网络中心性作为排序标准。

　　PageRank 是一种通过捕获每个节点声誉或重要性来计算中心性的算法或流程，通常用于有向网络，并且将这种中心性指标命名为PageRank 值。在万维网应用中，PageRank 算法为每个页面分配一个PageRank 值。然后，搜索引擎的排序算法会使用这些值，并结合许多其他因素（如查询和页面文本之间的匹配）对搜索结果进行排序。PageRank 值较高的页面可以被视为具有较高的声誉或重要性，其在搜索结果中的排序会更高；在其他条件相同的情况下，PageRank 值越高的页面排序也越靠前。举例来说，假设有人将维基百科的"社会网络"条目内容抄袭到一个充满广告的博客页面中，虽然这两个页面在内容上可能相似，但维基百科的页面会拥有较高的 PageRank 值。因此，当用户提交查询"社会网络"时，维基百科的条目会在搜索结果的首位，而垃圾页面可能无法出现在用户的视线中。

　　PageRank 算法构想一个用户从一个随机选择的页面开始浏览，并在当前页面随机点击超链接进入下一个页面浏览，这一过程被称为万维网网络上的*随机游走*（*random walk*）或*随机冲浪*（*random surf*）。随机游走是模拟用户浏览行为的简单模型，因为他们通常不清楚所需信息的位置，也不知道哪个链接会指向目标，只能页面中每个链接被点击的概率相同。此外，用户还可能会在任何时候厌倦浏览当前页面，并开始浏览其他页面。PageRank 算法在网络中随机选择页面，然后通过从当前页面到其他页面的偶然*跳转*（*jumps*）来对用户行为进行建模。

这个随机跳转的过程也被称为*瞬移*（*teleportation*）。

　　假设有大量用户在长时间内执行这种修改后的随机游走过程（随机冲浪和跳转），我们就可以衡量每个页面的访问频率。此时，页面的 PageRank 值被定义为"在浏览某个页面所花费的时间"与"浏览所有页面所花费的总时间"的分数。图 4.8 展示了一个有向网络中的 PageRank 值计算示例。如果某个节点集有很多入向路径，那么随机游走者会更频繁地访问该节点集，该节点集从而具有较高的 PageRank 值。人们在实际应用中通常使用更高效的方法来计算 PageRank 值，详情参阅小贴士 4.2。附录 B.1 为 PageRank 算法提供了交互式演示。

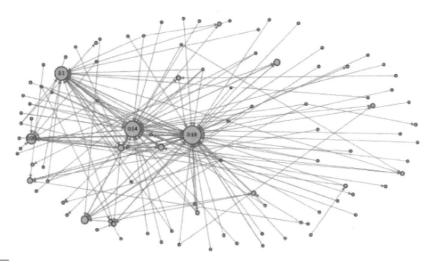

图 4.8　有向网络中的 **PageRank** 值。节点的大小与它们的 **PageRank** 值成正比，图中较大节点的排序更靠前。

小贴士 4.2　PageRank 算法

　　我们通常使用名为"*幂法*"（*power method*）的迭代算法，根据万维网的链接结构计算 PageRank 值，其基本思路是计算 PageRank 值在各个页面之间的变化情况。给定所有节点的初始 PageRank 值（简称 R 值，例如 $R_0 = 1/N$，因此所有节点的 R 值总和等于 1）。每一步都会对每个节点的 R 值进行迭代校正，直至收敛（即各个节点的 R 值平稳分布，随着迭代步骤的推进不会再发生变化）。假设随机跳转发生的概率为参数 α，称为瞬移因子，通常设置为 $\alpha \approx 0.15$。而概率 "$1-\alpha$"，也被称为*阻尼因子（damping factor）*，是与随机游走过程相关的。根据 PageRank 模型，每一步用户以概率 α 从特定链接跳转到下一个页面；或者以概率 $1-\alpha$ 随机点击当前页面的某一条链接，继续浏览其他页面。节点 i 在时间 t 的 PageRank 值是两项的总和，表示到达页面 i 的两种方式：

$$R_t(i) = \frac{\alpha}{N} + (1-\alpha) \sum_{j \in \text{pred}(i)} \frac{R_{t-1}(j)}{k_{out}(j)} \qquad (4.1)$$

其中，第一项描述了到页面 i 的瞬移，页面 i 是 N 个可能跳转到的目标之一；第二项描述了在随机游走的过程中，如何通过遍历其中一条链接到达页面 i；两项的总和涵盖了页面 i 的前驱节点集，即链接到页面 i 的页面集。每个前驱页面 j 有 $k_{out}(j)$ 条出向链接。页面 j 的 PageRank 值沿着这些出向链接均匀扩散，其中一条出向链接指向页面 j。图 4.9 展示了公式第二项所述扩散过程的其中一步（$\alpha = 0$，第三个页面）。

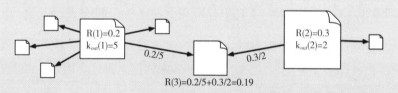

R(3)=0.2/5+0.3/2=0.19

扩散过程。

图 4.9

请注意递归（recursive）的定义：页面的 PageRank 值取决于它的邻居页面的 PageRank 值。PageRank 值是一个恒量（$\sum_i R(i) = 1$），因为它通过链接从一个页面传播到该页面的邻居页面，所以不可能被创造或销毁。事实证明，在 $\alpha > 0$ 的情况下，由于瞬移虚拟连接所有节点，PageRank 值会收敛，而且收敛速度相对较快——100 步即可完成收敛，即使在非常大的网络中也是如此。因此，与模拟修正随机游走相比，幂法可以更有效地计算 PageRank 值。

　　实际上，PageRank 值的分布与万维网上入度的分布非常相似（图 4.10）。那么为什么不直接用入度来对页面排序呢？为了回答这个问题，我们需要知道每条路径的重要性是不同的，来自热门页面的路径对指向页面的排序会产生更大的影响。换句话说，如果 **a** 页面发出链接到 **b** 页面，则 **a** 页面的重要性也会传导到 **b** 页面。如果你朋友的博客和《纽约时报》的主页都链接到你的博客，哪个选项会使你的博客更有影响力？这正是 PageRank 值和入度的重要区别之一。假设页面 **c** 和页面 **d** 有相同的入度，如果存在高 PageRank 值的页面链接到页面 **c**，则页面 **c** 的重要性必然高于页面 **d**。

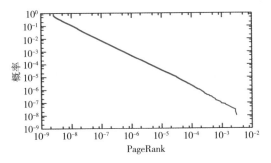

图 4.10　万维网主机图的 **PageRank** 值累积分布。我们对 **PageRank** 值进行了归一化处理，因此总和为 **1**。该网络和图 **4.5** 的网络都是基于 **2012** 年的爬网数据。

　　在这个网络主导的时代，PageRank 值在某种意义上决定了企业的存亡，许多企业的成功完全依赖于良好的搜索排序。因此，的确存在一个完整的*搜索引擎优化*（*Search Engine Optimization*，*SEO*）产业链，它致力于帮助网站提高搜索排序。大多数 SEO 公司采用搜索引擎认可的方法，比如采用描述性的页面文本以及改善网站的浏览便利性。但是，一些无良 SEO 代理可能会使用搜索引擎禁止的方法，常用伎俩是*垃圾索引*（*spamdexing*），即通过欺骗技术和滥用搜索算法来推销与内容毫不相关的商业网页。另一种垃圾索引方法是创建*链接农场*，即大量相互连接并指向目标网站的虚假网站。这种派系结构旨在欺骗 PageRank 之类的算法，以提高目标页面的排序。搜索引擎采用复杂的网络算法来抵御链接农场和其他垃圾网页的攻击。一旦发现此类滥用，搜索引擎会将相关网站从搜索索引中移除。

NetworkX 有在给定的有向网络上运行 PageRank 算法的函数，并会返回一个包含节点 PageRank 值的字典：

```
PR_dict = nx.pagerank(D)          # D is a DiGraph
```

4.4 加权网络

如前所述，无权网络中的链接具有二元性：两个节点之间要么彼此连接，要么不连接。但在真实世界中，实体之间的联系往往并非如此简单。链接通常具有一些属性，便于我们比较两种联系，并确定哪种联系更强。引言中已经介绍了一些加权网络的案例，例如：Twitter转推网络中账户可以转推彼此数次；电子邮件网络中用户之间可以互发任意数量的消息；互联网中数据包或字节数可以用来衡量物理链接上两个路由器之间的数据传输；大脑神经元网络中神经元之间的突触以不同的速率释放电信号；食物网中我们可以表征被捕食者吃掉的猎物的生物量。

我们之所以将网络视为无权的，往往只是为了在建模和分析实际世界中的复杂关系时删繁就简。以 Facebook 网络为例，我们通常将友谊链接视为是双向的。在好友之间，可能有很多共同联系人，可能会互相点赞、评论、分享和标记对方的内容。但是，对于疏远的好友，情况则不同。无权的 Facebook 好友网络只是对真实关系的极简还原，但是切莫忘记，这些平台始终在监控用户的行为，它们对与用户相关的每个链接的强度都了如指掌！其他社交网络也大同小异，例如电影合作出演网络根据两名影星共同出演过的电影数量来对链接进行加权。小贴士 5.6 进一步探讨了社会网络研究中社会关系强度的重要性。

信息网络和交通网络为我们提供了更多加权和有向网络的示例：在万维网和维基百科中，某些链接的点击频率远高于其他链接；在航空运输网络中，一些链接承载的航班数和乘客数多于其他链接。

在所有此类网络中，链接*权重*（*weights*）用来代表重要的度量单位，如消息数量、字节数、点赞量、点击量和乘客数量。相应的，度、入度和出度等节点中心性指标在加权网络中扩展为*强度*（*strength*）、*入强度*（*in-strength*）和*出强度*（*out-strength*）。

4.5 信息和误导信息

本节以*信息扩散网络*（*information diffusion networks*）为例，深入研究加权有向网络的特征。在此类网络中，节点代表人，链接代表在人与人之间传递的信息片段，如观点、概念或行为。可传播的信息单位被称为*模因*（*meme*），带说明文字的图片是互联网模因的一种具体表现。Twitter 为观察图像、电影、万维网链接、短语、话题标签和其他模因在网络中的传播提供了理想数据。每个模因使用文本字符串作为唯一标识，例如万维网链接或媒体实体可使用 URL 表示，而概念或主题可采用以 "#" 为前缀的标签。一条推文可能包含多个模因。例如，"Hoosiers are the best #GOIU iuhoosiers.com" 这条推文同时含有话题标签 #GOIU 和万维网链接 https://iuhoosiers.com/。

基于 Twitter 数据，我们可以构建多种扩散网络以捕捉模因传播的各类方式，如转推、引用推文、提及和回复。例如，当张三在推文中提及李四，李四可能会看到这条推文，因此我们可以假设该推文已经从张三传播至李四。同样，当张三回复了李四，原始消息则从李四传递至张三。以转推为例，如果张三关注了李四，张三可能会转推李四的推文，从而将其中的模因传播给张三的粉丝。*转推级联*（*retweet cascade*）描述了模因从发起者传播至所有接触该模因的用户的路径，形成了有向树状结构。然而，如图 4.11 所示，基于 Twitter 数据重建级联树并不容易。尽管如此，我们仍能轻松地观察到接触这一模因的用户群体。他们与源节点相连，形成星形网络。当底层粉丝网络已知时，便可以近似重建级联树。

同一模因可以产生多个级联树（星形网络）。如果多个用户共享同一篇新闻文章的链接或使用相同话题标签发布推文，那么将这些星状树聚集起来便得到一个树的集合——*森林*（*forest*），即所谓的扩散网络。

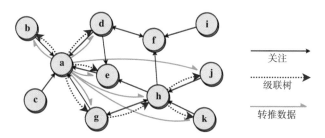

Twitter 关注和转推网络示意图。用户通常会看到他们所关注账户的推文，有时也会转推。图中，**b** 关注了 **a**，也转推了 **a** 的一条推文。**c** 也关注了 **a**，但没有转推 **a** 的推文。如果某人转推了一条推文，他的粉丝看到后也可以继续转推。如图所示：**a** 发起了一条推文，**g** 转推了这条推文；**h** 是 **g** 的粉丝，而不是 **a** 的粉丝，但是 **h** 看到 **g** 的转推，因此 **h** 也继续转推了 **a** 的这条推文。如果跟踪这些转推链，理论上就可以将 **a**（推文的发起者）作为根节点来重建转推级联树。但是，**Twitter** 并没有提供关于转推级联的数据。相反，每一条转推都直接指向该推文的发起者。因此，级联树就变成了具有相同根节点的星形网络。

图 4.11

构建扩散网络首先需要确定要分析的模因，它可能是特定话题标签（如 # 选举或 # 足球）或来自某组新闻来源的文章链接。举例来说，调查*误导信息*（*misinformation*）时，可以追踪低可信度来源传播的内容，这些内容常包含捏造的新闻、骗局、阴谋论、超党派内容、标题党或伪科学。

可以将每个话题标签相关的级联森林视为多层网络中的一层，如 1.8 节所述。由于转推发生在不同时间，所以这个多层网络属于时序网络。聚合多个级联森林，形成涵盖多个时间点（2010 年美国中期选举期间的多个时间点）和多个热门话题标签（与政治会话相关）的扩散网络。

信息是否在整个扩散网络中均匀扩散？或者在稠密和分离的节点簇中集中扩散？例如，图 0.3 展示了两极分化的结构，呈现出两个分离的社团：保守派和激进派，每个用户几乎只转推同一群组成员的推文。这些社团有时被称为*回音室*（*echo chambers*），因为用户在大多数情况下只会接触到强化自己观点的那些观点。以图 4.12 为例，回音室由易受政治误导的人组成，而传播错误信息者很少核查信息来源。我们将在第 6 章学习检测这类社团的方法。

图 4.12　**2016 年美国大选前夕转推文章的子网。*N*=52,452 个节点中的每一个节点代表一个 Twitter 账户，每一条链接代表一个转推链接，链接到来自可信度低（紫色）或核实来源（橙色）的文章。可视化的子网是完整转推网络的 *k*=5 核心（第 3.6 节）。本图片版权归 Shao 等人（2018b）所有，根据知识共享许可协议 4.0 用于本书。**

　　另一个有趣的性质是模因的*病毒式传播*（*virality*）。最简单的量化方法是测量扩散网络规模，即接触模因的用户数量。然而，鉴于网络体量巨大，其结构也颇有启发意义。例如，在影星网络中，名人粉丝转推模因可能反映了名人受欢迎的程度，而非模因本身的吸引力。如果考虑重建级联树，便可发现长转推链的深度网络表明推文本身更具吸引力。如图 4.13 所示，误导信息比真实新闻报道更具病毒式传播力。

　　扩散网络可以为我们揭示信息生产和消费的模式。在模因的加权有向转推网络中，链接权重反映信息从张三传播至李四的次数，他们分别是模因的信息生产者和消费者。若扩展至整个网络，通过节点的出强度和入强度大小来衡量用户生产和消费信息的倾向——被他人转推或向他人转推——用户可以同时扮演这两种角色。据此，我们可以通过出强度和入强度的比率来对用户进行分类——比率大于 1 表示用户为信息生产者，小于 1 则为消费者。

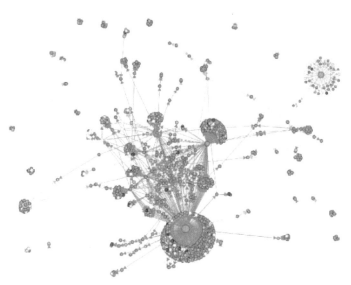

关于"白头盔"组织（一个在叙利亚内战期间活动的志愿救援组织）的两篇文章 **图4.13**
的转推网络。"白头盔"组织散布谣言，声称他们在恐怖分子阵营有人脉，还提
出了其他阴谋论。灰色和黄色链接分别描绘了其中一篇虚假信息和一篇核实来源
文章的扩散情况。从图中可以观察到，误导信息更加具有病毒式传播的特征。节
点的大小与出强度成正比，而节点的颜色则代表了机器人账户的可能性：蓝色节
点更有可能是人类，红色节点更有可能是机器人。图片来自 Hoaxy，这是一款对
Twitter 误导信息传播进行可视化的工具（网址：**hoaxy.iuni.iu.edu**）。

　　无论是专注于一个模因还是聚合所有消息，较高的出强度值都可
以作为测度其*影响力*（*influence*）的指标，因为此类用户的消息会被
广泛转推。在图 4.13 和封面图示中，节点大小都与其出强度大小成正
比，并清晰地呈现出扩散网络中那些具有影响力的节点。在评估影响
力时，我们之所以采用出强度而非粉丝网络的入强度（即粉丝数量），
是因为入度反映的是受欢迎程度而不一定是影响力。也就是说，一个
人可能拥有许多粉丝，但这些粉丝并不一定会转推。通过对转推数和
粉丝数这两个参数进行比较，我们能更全面地了解个体的影响力。

　　社交媒体无比强大，不仅可以为我们提供信息参考，也能左右我们
的决策过程，因而越来越多的资源被用于操纵这些平台。在 Twitter 上购
买假粉丝提高知名度的成本低廉且效果显著，这相当于增加节点和链接
数量以提高节点在粉丝网络中的入度，类似于利用虚假网站和虚假链接

来提高网站的 PageRank 值。也有无良网民利用*社交机器人*（*social bots*，即冒充用户的欺骗性虚假账户）来传播虚假信息，捏造草根运动或水军（*astroturf*）假象，以便欺骗真实用户和排序算法，博得公众的眼球。社交机器人还可以用于转推消息，提高消息的感知参与度和传播力。图 4.13 和本书封面展现了社交机器人如何提高误导信息的传播力并操纵舆论。图 4.14 展示了另一种网络操纵形式，即利用虚假回复和虚假提及。通过这种方式，无良网民可以将高影响力和广受欢迎的用户作为目标，让他们接触误导信息，进而将其继续传播给众多粉丝。第 7 章还会介绍另一个关于高影响力社交机器人操纵误导信息扩散网络的案例。

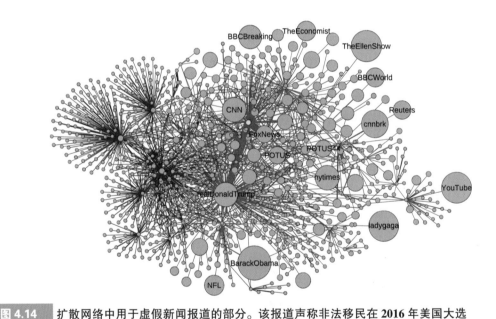

图 4.14　扩散网络中用于虚假新闻报道的部分。该报道声称非法移民在 **2016** 年美国大选中进行了大规模的选民欺诈。尽管没有提供任何证据，事实核查人员还是揭穿了这篇文章，但这篇文章仍在 **Twitter** 上被分享了超过 **1.8** 万次。在可视化的网络中：节点大小表示账户的粉丝数；链接说明这篇文章如何通过转推或引用推文（蓝色）以及回复或提及（红色）进行传播；链接的宽度表示其权重，即两个账户之间的转推、引用、回复和提及的数量。中心附近的黄色小节点是一个机器人账户，每当回复那些提及美国总统的消息时，它就会系统地在 **Twitter** 上发布误导信息。由此产生的每个提及都会生成一条加粗的红色链接，将机器人和 **@realDonaldTrump** 连接起来。本图片版权归 **Shao** 等人（**2018b**）所有，根据知识共享许可协议 **4.0** 用于本书。

4.6 共现网络

本章已经讨论了关于加权网络的几个例子，信息、通信、交通、生物，甚至社会网络通常都存在加权链接。此外，加权网络还可通过多种实体之间的关系而生成。

最简单的情况是有向网络，其中每条链接都有一个源节点和一个靶节点。想象一下，将所有源节点移动到一侧，将所有靶节点移动到另一侧，既是源节点又是靶节点的节点可以复制并显示在两侧。参考图 4.1 中的引文网络，引文链接将两种不同类型的实体连接在一起，即施引论文（源节点）和被引论文（靶节点）。我们可以在每组论文中构建一个新的网络。如果至少有一篇论文同时引用了某两篇论文，则这两篇论文之间存在*共被引*（*co-cited*）关系，共同引用量是指同时引用这两篇论文的其他论文的数量。同样，如果这两篇论文都引用了一篇或多篇其他论文，则这两篇论文之间存在*共同参考*（*co-referenced*）关系，共同参考量是这两篇论文同时引用的其他论文的数量。*共同引用*（*co-citation*）和*共同参考*（*co-reference*）网络都是无向加权网络，其中链接分别由共同引用和共同参考量进行加权。这些网络通常用于查找相关的出版物集合。

在许多情况下，两种不同类型的实体之间的关系可以由*二分网络*（*bipartite network*）表示，该网络中的每条链接会连接两个不同类型的节点。引言部分讨论过演员和他们出演的电影之间关系的例子（参见图 0.2），我们可以利用这个二分网络进一步构建一个"曾经合演过电影的演员关系网络"，并将两位演员共同合作出演电影的数量作为链接的权重。这种由二分网络生成加权网络的过程被称为*映射*（*projection*），由此生成的加权网络被称为*共现网络*（*co-occurrence network*），共现网络连接了同一类型的两个实体，只因它们与另一类型的一个或多个实体相关联地共同"出现"。其他常见例子包括：参加相同课程的学生群体；购买相同产品的客户群体；Facebook 用户共同喜欢的页面。每当用户在社交媒体平台上"喜欢"

或分享某些内容时，便在用户与对象之间创建了一条链接 [图 4.15（a）]。这些链接在数百万人中聚合，形成了用于推荐和定向广告的大规模共现网络 [图 4.15（b）]。

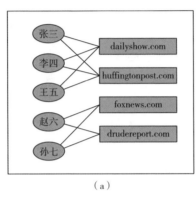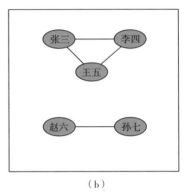

（a）　　　　　　　　　　　　　　　　（b）

图 4.15　二分网络和用户共现网络。（a）基于"喜欢"关系而构建的二分网络，（b）将"喜欢"网络映射到用户节点而得到的用户共现网络。

　　二分网络中当然可以有加权链接，例如点评系统中的权重表示用户对电影或 App 的喜爱程度。*社交标签*（*social tagging*）是另一个产生加权二分网络的来源：一个用户可以用多个标签（*tags*）来标注资源（使用 URL 作为标识）。Flickr 和 YouTube 等共享网站普及了图片、电影等媒体的社交标签，它的基本结构是*三元组*（*triple*），可用（*u,r,t*）表示，即用户 *u* 用标签 *t* 标注了资源 *r*。资源可以是媒体对象、科学出版物、网站、新闻文章等。标签可以隐含在社交媒体中。例如，许多 Twitter 用户同时分享新闻文章或博客条目，并使用标签标记他们的推文。我们可以从这样的推文中提取出三元组，每对链接和标签对应一个三元组，用户为推文作者。图 4.16（a）展示了一个三元组簇。该方法将多个用户聚合。因为是基于群体用户的分类方法，所以被称为*大众分类法*（*folksonomy*），通常在搜索和推荐网站时有显著效果。

　　我们可以通过大众分类法将三元组映射到两种节点类型上，从而构建一个二分网络。由此产生的链接仅将一种类型的节点（如标签）连接到另一种类型的节点（如资源）上。因此，我们可以认为这些链接是有向的，如图 4.16（b）所示。链接还可以具有权重，表示有多少用户使用特定标签标注特定资源 [参见图 4.16（b）]。这样做不仅保留了用户信息，还将其编码为链接的可靠性指标。

在二分网络中，我们可以基于另一类型的共同邻居进一步映射新的类型节点，从而创建共现网络。例如，在图 4.16（c）中，可以映射到资源网络上；在图 4.16（d）中，可以映射到标签网络上。虽然这些共现网络的链接方向信息丢失了，但是仍然可以通过比较两个标签如何与资源相连接来保留权重信息。

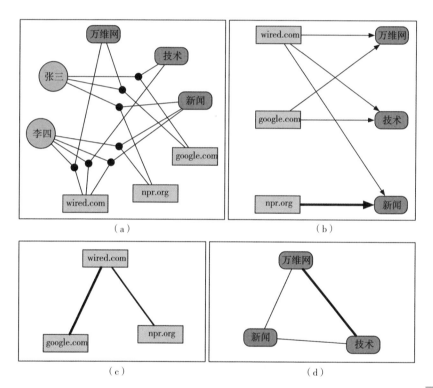

（a）

（b）

（c）

（d）

大众分类法和衍生的二分网络与共现网络示例。（a）两名用户（张三和李四）使用三个标签（新闻、万维网、技术）来注释三个资源（npr.org、wired.com、google.com）。（b）将大众分类法结果分别映射到资源和标签上，便得到了一个二分网络。链接权重对应三元组的数量或用户数量。从 npr.org 到新闻的链接具有更高的权重，因为张三和李四都同意该注释。（c）资源共现网络。资源 wired.com 和 google.com 更加相似，因为它们与万维网、技术这两个标签共同出现。（d）一个标签共现网络。万维网和技术之间的链接具有更高的权重，因为它们的资源具有相似性：这两个标签和 wired.com、google.com 这两个资源共同出现。

图 4.16

> 有一种方法是将标签表示为资源的向量 $\vec{t} = \left\{ w_{t,1}, \cdots, w_{t,n_r} \right\}$，其中 $w_{t,r}$ 代表用标签 t 标记资源 r 的人数，n_r 代表资源的总数。因此，标签向量的每个元素都是一个权重，表示资源与标签的关联，即图 4.16（b）中链接的权重。然后，我们可以计算两个标签向量之间的余弦相似性（参见小贴士 4.1），并将其作为共现链接的权重。如果以相似的方式使用这两个标签来标注资源，则权重很高；如果它们从未同时出现，则权重为 0，并且标签节点不会链接。

4.7　权重异质性

在加权网络中，链接权重承载了有关某种过程或关系的重要信息。不同权重的链接所代表的关联性可能大相径庭。为了深入研究这种差异，我们不妨考虑反映各种流量情况的加权网络。例如，交通网络包括航空网络和其他运输网络，其权重可以表示各个机场之间的乘客数量或航班数量，或各个十字路口之间的汽车流量情况；互联网的权重可以代表路由器之间的数据包或字节数；维基百科中的权重反映了不同条目之间的点击量。本节将重点关注万维网的流量，它与维基百科类似，但是涵盖了所有网站。

4.7.1　万维网流量

我们可以通过多种方式来捕获万维网流量数据，其中一种方式是利用浏览器记录用户的点击数据并将其传输到采集服务器，另一种方式是由 ISP 监控 HTTP/HTTPS 请求的数据包，其中包括目的主机和页面信息，以及源 URL [又称*引用站点*（*referer*）]。这两种方法存在一定程度的偏差，前者只能观察到使用装有流量监控软件浏览器的用户所产生的流量，而后者只能看到通过 ISP 路由器的数据包。尽管如此，这两种方法都支持大规模的万维网流量数据采集。我们可以统计单个页面之间的点击量，或者研究整个网站层次结构中由主机名识别的总流量，例如 en.wikipedia.org、google.com 和 www.indiana.edu。

通过观察万维网流量网络，我们可以研究不同网站流量（某个网站的总点击量）的分布情况，将其用节点的入强度来表示。此外，还可以研究链接流量(某个超链接的总点击量)，将其用链接权重来表示。图 4.17 中展示的节点入强度和链接权重的重尾分布表明，这两种分布都呈现出明显的异质性。可以看出，大多数网站的点击量非常有限，只有少数网站拥有大量流量。与此同时，大多数超链接几乎没有被点击，而一些超链接则吸引了大量访客。

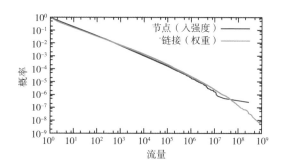

万维网流量网络中节点入强度（网站流量）和链接权重的累积分布。从 **2006** 年到 **2007** 年，印第安纳大学收集了多达约 **10** 亿次的点击量，反映了大约 **10** 万名匿名用户的上网活动。据此构建的网络包含约 **400** 万个网站和 **1,100** 万个加权有向链接。

图 **4.17**

回顾 4.3 节，PageRank 算法的思路是模拟万维网用户的上网行为。根据网络中节点的入强度，可以得到节点的排序；而根据 PageRank 算法，可以得到各个节点的另一种排序。通过比较这两种排序，我们可以研究 PageRank 算法是否能够根据万维网链接图的结构来预测流量，即随机冲浪模型能否反映真实网民总体的浏览模式。然而，答案是否定的。尽管我们观察到 PageRank 值和实际流量之间都存在重尾分布（图 4.9 和图 4.16），但它们之间的相关性非常微弱。因此，PageRank 模型中的某些简化假设显然与实际的用户上网行为不符。

　　若想探究随机冲浪模型的哪些要素最不符合实际，可以考虑节点的出强度和入强度之间的比率。除了浏览会话的开始节点和结束节点，该比率必须等于 1，因为进入某个节点的流量必然等于离开该节点的流量。然而，根据 PageRank 算法，瞬移不会偏向任何特定节点。每个节点都有同样的概率成为随机跳转的终点（即开始新的浏览会话），也有同样的概率成为随机跳转的起点（即结束当前的浏览会话）。因此，在 PageRank 模型中，即使存在瞬移，所有节点的出强度和入强度比率也非常接近于 1。我们预期会出现一个窄分布，其峰值约为 1。然而，图 4.18 展示的坐标图却呈现出截然不同的情况。图中出现了跨越多个数量级的大幅波动，表明某些节点很可能成为新浏览会话的起点，而其他节点则可能成为当前浏览会话的终点。这一情况并不让人意外，通常情况下，用户会从一些熟悉的、曾经收藏过的网站开始浏览，但大多数网站可能不那么吸引人，用户很可能停止浏览，并跳转到其他网站。因此，可以得出结论：PageRank 模型中的随机瞬移是一个不切实际的假设。

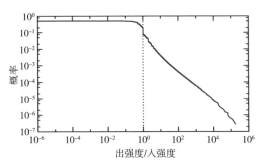

图 4.18　图 4.17 描述的万维网流量网络的节点出强度和入强度比率的累积分布。如果有些网站的强度比率 $s_{out}/s_{in} \ll 1$，说明网民更有可能在这些网站终止当前的浏览会话；如果 $s_{out}/s_{in} \gg 1$，说明网民更有可能在这些网站开始新的浏览会话。

4.7.2　链接过滤

对于稠密网络而言，无论是可视化还是具体研究都面临一定的挑战，这是因为它看起来就像一个"毛球"，其中包含了大量并不重要的链接。因此，有必要修剪加权网络中的低权重链接。特别是共现网络，权重较低的链接很可能是由噪声导致的。例如，如果我们要研究一个文档或网页的网络，其链接由文本相似性定义，即根据文本内容中关键字的共现情况来建立节点之间的链接。由于共享了通用关键词，会导致一些不相关或弱相关的文档链接到一起。此时，为更好地理解此类网络，需要找到一种合适的方法来过滤掉这种类型的链接，以获得只包括重要链接的稀疏网络。

最简单的修剪网络方法是删除权重低于特定阈值的所有链接。这种基于全局阈值的过滤方法在许多场景中都表现出良好的效果，但也有例外。考虑一条链接权重具有重尾分布的网络——这在共现网络、流量网络以及其他加权网络中非常普遍（回顾图 4.17）。由于权重呈现出很高的异质性，所以无法找到合适的阈值。在这种情况下，我们倾向于保留一些不重要的链接，或断开强度较低的节点。对于低强度节点而言，那些低权重链接可能尤为重要；而对于高强度节点来说，同样权重的链接可能并不那么重要。

为了解决这个问题，我们需要针对不同的节点使用不同的阈值。一种方法是相对于每个节点的度或强度来定义阈值。例如，只保留每个节点的权重在前 10% 的那些链接，或只保留每个节点的权重总和占其强度 80% 的最少链接。即便如此，我们仍然无法确定是否保留了所有重要的链接，或是否还保留了一些不重要的链接。更加严谨的方法是找到*网络骨干*（*network backbone*），即检测出网络中那些承载着不成比例的节点强度的链接，它们是最值得保留下来的。小贴士 4.3 描述了如何实现这一目标，图 4.19 则展示了如何从一个稠密网络中提取出它的骨干网络。

小贴士 4.3　网络骨干

在链接权重分布较宽的网络中，不宜采用全局阈值来修剪链接，但是可以根据每个节点的权重波动情况，从而识别出需要保留的链接（即承载大部分权重的链接）。假设一个节点 i 的度值为 k_i，强度为 s_i，我们使用一个零模型来评估一条链接，其中节点 i 邻接的 k_i 条链接的权重是随机分布的，限制条件为所有权重的总和等于 s_i。在这个假设下，一条链接的权重大于或等于 w_{ij} 的概率为：

$$p_{ij} = \left(1 - \frac{w_{ij}}{s_i}\right)^{k_i - 1} \tag{4.2}$$

如果链接 ij 具有权重 w_{ij}，可以根据公式（4.2）来计算该值与零模型相符的概率 p_{ij}。如果 $p_{ij} < \alpha$（α 代表所需显著性水平的参数），则保留这条链接，否则就将其删除。较低的 α 值会产生更稀疏的网络，因为要保留的链接更少。由于一条链接连接两个节点，我们可以将任一节点的强度和度值插入公式（4.2）中，以获得两个 p_{ij} 值。然后，使用两个值中的较大值或较小值，这取决于我们希望更大粒度地修剪，还是更细粒度地修剪。根据链接的过滤流程，可提取出保留了网络基本结构和全局属性的网络骨干。

4.8　本章小结

诸如维基百科和广义万维网的信息网络中存在着有向链接。同样，其他类型的网络中也存在类似的结构特征，包括生物网络（如大脑）、通信网络（包括电子邮件和互联网）、交通网络（如航班）以及社交媒体（尤其是 Twitter）等。这些网络中的链接通常会加权，以表示节点之间的交互性或相似性的强度。网络权重也可用于表示节点之间的流量，如点击量、消息数量、数据包数量、乘客人数、转推次数等。本章通过几个案例探索了有向和加权网络的特征：

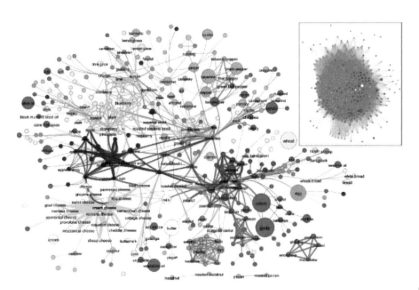

风味网络。每个节点表示一种配料，节点颜色代表美食种类，节点大小代表配方 **图 4.19**
中配料的流行程度。如果两种配料具有相同的风味成分，则它们是相互连接的，
链接宽度代表共用风味成分的数量。右上角的小插图展示了完整的网络，而主示
意图使用了小贴士 **4.3** 的方法（设定 $\alpha = 0.04$），通过显著性较高的链接来对骨
干网络进行可视化。本图片版权归 **Ahn** 等人（**2011**）所有，根据知识共享许可
协议 **4.0** 用于本书。

1. 万维网形成了一个巨大的信息网络，无限数量的页面通过超链接
    相互连接。浏览器使用 HTTP 协议来导航链接和下载页面内容，
    这些内容通常用 HTML 语言表示。HTML 语言明确了如何呈现丰
    富的内容，包括文本和嵌入式媒体。

2. 通过使用爬虫来采集数据，我们可以研究万维网和主机图的结构，
    其中每个节点分别代表一个页面或网站。万维网爬虫能够自动浏
    览万维网，得以构建大规模的网络样本。万维网具有重尾分布的
    入度和超短的路径，这是因为一些中枢页面拥有广泛的链接。在
    它的巨分支中还存在非常大的强连通分支。

3. 我们可以将文档（例如网页）表示为高维词汇向量，并通过计算
    向量之间的余弦值来测度页面间的文本相似性。通过这种方法可
    以研究主题局部性，即网络链接和页面内容之间的关系。由于作

者们倾向于相互设置友情链接，因此，万维网中存在一种聚类结构，这使得距离较近的页面具有更高的相似性和语义关联度。

4. PageRank 是一种节点中心性的测度工具，它基于万维网浏览的随机游走模型，并利用随机跳转进行修正。尽管用户在现实中并不以这种随机方式浏览网页，但是 PageRank 算法通常用于测度网页的声誉。这一算法适用于任何有向网络，并且在搜索引擎结果排序方面尤为重要，它一出现就成为谷歌的重要组成部分。

5. 当用户在社交媒体上分享内容时，例如转推链接、图片以及话题标签，信息扩散网络应运而生。由此形成的级联网络使用户能够追踪新闻、观点、信念甚至误导信息的传播。这些图的规模和结构有助于我们辨识病毒式传播的概念。通过节点的出强度和入强度，我们能够辨别信息的生产者和消费者。高强度的节点（尤其是相对于它们的度值而言）标志着更活跃或更有影响力的账户。需要警惕的是，无良网民也可以利用社交机器人来操纵这些网络。

6. 加权网络通常源自二分图。两个同类节点（例如 **a** 和 **b**）之间的链接权重，可用于测度与 **a** 和 **b** 都具有关联性的其他类型节点的数量。此类网络通常基于共现关系，例如共同引用 / 共同参考、产品推荐和单词 / 标签相似性。

7. 基于流量和共现数据的加权网络通常非常稠密，因此需要对其进行修剪以滤除低权重的链接。然而，这类网络通常具有重尾的权重分布，全局权重阈值会疏离大多数节点。通过确定局部权重阈值来识别具有统计显著性的链接，我们可以从异质性的加权网络中提取出它的骨干。

4.9　扩展阅读

万维网的发明者 Bemers-Lee 和 Fischetti 在 2000 年出版的书中介绍了万维网的愿景、设计和历史。如果想了解搜索引擎的工作原理，可以参考 Baeza-Yates 和 Ribeiro-Neto（2011）、Manning 等人（2008）关于信息检索的教材。此外，Liu（2011）的专著也介绍了关于如何从万维网链接、内容和使用网络中挖掘数据的信息，书中的第 8 章着重讨论了网络爬虫的工作原理。

对于万维网的结构和特征的研究早在 20 世纪就开始了。Albert 等人（1999）基于对美国圣母大学网站的爬网结果，首次分析了万维网的平均路径长度。当时人们普遍认为万维网包含约十亿个页面，因此作者根据平均路径长度和（子）网络规模之间的对数拟合进行推断，估计万维网的直径为 19 个链接。随后，Broder 等人（2000）公布了对万维网结构的首次系统性研究。他们在一个更大的万维网（约为 $N = 10^8$ 页）爬网中测量了平均路径长度，得到的结论与早期预测结果大体一致。随着互联网的不断扩展，Meusel 等人（2015）继续分析了更大规模的万维网爬网。

在研究万维网的结构时，Barabási 和 Albert（1999）首次验证了网页入度的重尾分布。Broder 等人（2000）随后通过更大规模的爬网结果证实了这一点，此外，他们还分析了有向万维网图的蝴蝶结结构。Serrano 等人（2007）的研究表明，最大强连通分支及其内向分支和外向分支的相对规模取决于重构万维网图的特定爬虫。

Davison（2000）通过比较随机选择的、由共同前驱（同科）节点链接的和由一个超链接连接的成对页面的内容，测度了万维网上的主题局部性。Menczer（2004）通过执行广度优先爬网扩展了这个分析过程，研究了相距一定距离内的页面内容和语义相似性是如何衰减的（图 4.7）。

Marchiori（1997）提出使用网络中心性对搜索引擎结果进行排序的方法。一年之后，Brin 和 Page（1998）推出了 Google 并介绍了如何使用 PageRank 来排序搜索结果。早在 50 年前，Seeley（1949）提出了同样的中心性测度方法，以此来衡量社会网络中个人的重要性。Kleinberg（1999）提出了基于万维网图二分表示的相关权威测度方法。Fortunato 等人（2007）的研究表明，相同入度节点的平均 PageRank

得分与入度成正比。关于 PageRank 背后的数学问题，可参考 Gleich（2015）的研究。

Dawkins（2016）提出了模因的概念，指的是可以在人与人之间传播的信息、信念或行为单位，它是当前社交媒体上传播的图片、话题标签和链接的前身。Goel 等人（2015）定义了关于模因结构病毒的定义，并提出了在 Twitter 上重构转推级联网络的方法。研究这些扩散网络时，Cha 等人（2010）发现，高度值（拥有众多粉丝）并不是影响节点影响力的唯一因素。

通过分析政治话题标签的扩散网络，Conover 等人（2011b）观察到 Twitter 上的通信网络呈现出两极分化现象，并分为相互分离的保守派社团和激进派社团。同样，Shao 等人（2018a）发现，分享误导信息和事实核查文章的社团也是彼此隔离的。社会网络中具有同质化观点的社团与持有不同观点的社团相互隔离的现象被称为"回音室"（Sunstein，2001）或"过滤气泡"（Pariser，2011）。

Ratkiewicz 等人（2011）观察到虚假新闻网站通过社交媒体传播误导信息的最早案例。误导信息在社交网络中进行病毒式传播的影响因素属于广泛调查主题（Lazer et al.，2018），其中包括新奇性（Vosoughi et al.，2018）和社交机器人的放大作用（Ferrara et al.，2016；Shao et al.，2018b）。

Meiss 等人（2008）收集了大量万维网的点击数据来重构大型万维网流量网络，揭示了 PageRank 作为万维网冲浪模型的局限性，同时也验证了链接权重的重尾分布。Meiss 等人（2010）的研究优化了模型，解释了热门起始节点的书签、回溯（或浏览器标签）和主题局部性。Serrano 等人（2009）提出了一种提取异质性权重网络骨干的方法。。Xing 和 Han（2022）提出了一种相似权网络骨干提取算法，该算法可以根据每个节点出强度或入强度的异质性来自动设定阈值。

课后练习

1. 搜索某个你感兴趣的主题的出版物，从搜索结果列表中挑选两篇论文。

　　（1）这两篇论文在引文网络中的入度分别是多少？

　　（2）针对这两篇论文中的每一篇，查看它们的施引论文列表，并计算它们之间的共同引用次数。

　　（3）在引文网络中，这两篇论文的出度分别是多少？

　　（4）下载这两篇论文并分析其参考文献列表。计算它们之间的共同参考 [也称"文献耦合"（*bibliographic coupling*）] 次数。

2. 访问主题为"网络科学"的维基百科文章。

　　（1）这个页面在维基百科网络中的出度是多少？（提示：简单起见，在这个练习中，你可以关注"参见"部分的出向链接，这部分一般都会连接到其他几篇维基百科文章；如果这部分缺失的话，可以假设 kout=0。）

　　（2）访问"网络科学"节点在维基百科网络中的后继节点，这篇文章的出向链接中有多少是相互的？

　　（3）构建"网络科学"节点的自我中心网络，并找出最大的强连通分支。[提示：自我中心网络包括一个节点（自我中心）、所有邻居以及它们之间的所有链接（参见图 2.8）。有向自我中心网络的定义与之类似，只是将邻居替换为后继节点。]

　　（4）"网络科学"的自我中心网络中哪一个节点的出度最大？哪一个节点的入度最大？

3. 接上题，如果将这些节点表示为类别列表，譬如"网络理论"，针对每对节点计算类别向量之间的余弦相似性。（提示：列表是一个向量，其中每个类别的权重均为 1；不在列表中的类别的权重均为 0。）

　　（1）样本中哪两篇文章最相似？余弦相似性为多少？

　　（2）样本中哪两篇文章最不相似？余弦相似性为多少？

（3）你的测度结果是否提供了有关主题局部性的证据？请说明理由。[提示：如果忽略链接方向，任何两个节点要么彼此相距一步（如果连接在一起），要么彼此相距两步（通过自我中心）。比较这两组节点中文章对的平均相似性。]

4. 在图 4.20 所示的小型网络中，将每个页面的 PageRank 值初始化为 $R_0 = 1/3$。根据不进行瞬移（$a = 0$）的公式（4.1）计算下一次迭代（$t = 1$）的 PageRank 值，然后继续更新数值直到收敛——假设每个节点的 PageRank 值的第三位小数不再发生变化时达到了收敛。那么，在多少次迭代后这些值能够收敛？ PageRank 值最终是多少？ [提示：确保在计算新值时使用前一次迭代的值，例如计算 $t = 1$ 的值时要使用初始值（$t = 0$）。]

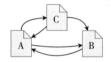

图 4.20　有向网络图示，它代表了一个包含三个页面及其超链接的小型网站。

5. 使用图 4.20 中的网络重复上一个练习题，但这次采用另一个瞬移参数。计算收敛时的值和 PageRank 值分别是多少。

6. 访问 go.iu.edu/pagerank 上的 PageRank 演示页面，插入一些节点（名称）、节点文本属性（颜色）和链接。该演示会计算 PageRank 值，可以用来测度每个节点的受欢迎程度。观察添加新节点和链接后的 PageRank 值会如何变化 [1]。

（1）列出最受欢迎的节点，并思考如何才能提高 PageRank 值。

（2）该演示的搜索功能类似于简化版的搜索引擎。尝试搜索一些颜色，说明查询和节点文本属性之间的相似性如何影响节点的排序，以及 PageRank 值是如何影响排序的。

1　对授课者的提示：这个练习在大型学习小组中更受欢迎。每个参与者都可以使用自己的笔记本电脑，用假名代替自己的名字，输入自己喜欢的颜色，并链接到朋友。

7. 从本书的 GitHub 存储库的 `enwiki_math` 文件夹下载维基百科
数据集（graphml 文件）。使用 NetworkX 将文件加载为有向网络，
然后运行 PageRank 算法来计算每篇文章的 PageRank 值。

（1）列出 PageRank 值排名前 10 的文章。

（2）比较 PageRank 值排名前 10 与入度排名前 10 的文章，看它
们是否是否相同，并解释原因。

网络模型

模型（model）：对系统或过程进行简化的描述（尤其是采用数学术语），以协助计算或预测。

如前所述，许多不同类型的真实网络具有某些共性：首先，都有短路径，只需几步，就可以从任意一个路径到达任意其他路径；其次，都有许多三角形，体现为较高的聚类系数；最后，都存在关于节点和链接变量的异质性分布，如度和权重。

接下来的研究目标是探究这些特征的起源，包括节点是如何选择它们的邻居的？中心是如何产生的？三角形是如何形成的？本章将逐一解答这些问题。

研究网络特征的起源的一种方法是建立模型，即一组用于构建网络的指令。基于我们对网络特征起源的直觉或设定模型遵守的假设条件，先根据模型方案构建网络，再与真实世界网络进行比较，两者的不同之处便解释了真实世界网络的生成机制。

本章的论述将追溯网络科学的历史发展，并介绍经典模型，对比它们的局限性。例如，某些模型可能无法复现从真实网络中观察到的特定特征，这也催生了新的、更贴近真实的模型的发展。此外，还会介绍一些简单的机制，以赋予模型网络一些基本的真实网络特征。

5.1　随机网络

假设你有一组彼此不相连的节点，那么有许多方法可以在节点对之间设置链接。有一种"平等主义"方法：在随机选择的节点对之间设置链接。以这种方式构建的网络被称为*随机*（*random*）网络或

Erdős–Rényi 网络（见小贴士 5.1）。本书用 Gilbert 提出的等效版本来构建这一模型。Gilbert 模型有两个参数：节点数量 *N* 和*链接概率*（*link probability*）*p*，它们描述了在任意随机选择的一对节点之间形成链接的可能性 [1]。

图 5.1

小贴士 5.1 保罗·埃尔德什（Paul Erdős）

Erdős–Rényi 随机网络模型以两位数学家保罗·埃尔德什和阿尔弗雷德·伦伊（Alfréd Rényi）命名。他们在 1959—1968 年联合发表了几篇堪称扛鼎之作的论文，奠定了随机网络理论的基础。

保罗·埃尔德什是一个有趣的人。他虽居无定所，但并非无家可归，而是四海为家。他会拜访学术同仁，借住在他们家中，一起解决一些数学问题。同仁人们都很高兴接待埃尔德什，因为他的拜访在专业层面富有成效，往往能够帮助他们写出备受推崇的学术著作。一旦某个定理得到证明或者某篇论文横空出世，埃尔德什就会动身去迎接新的挑战，寻找新的合作伙伴，在新的家中开始新的生活。

除了图论，埃尔德什还攻克了诸多不同类型的问题，与 500 多位学术同仁有过合作，这令他一跃成为数学协作网络的中枢节点。

---

[1] 切勿将此处的链接概率和后文 5.2 节中的重连概率相混淆，尽管二者都是用字母 *p* 表示。

Erdős–Rényi 模型与 Gilbert 模型的主要区别在于：在 Erdős–Rényi 模型中，网络的链接数量是固定的；而在 Gilbert 模型中，链接数量是可变的。如果我们根据上述框中所述流程生成多个网络，且每个网络都具有相同的节点数量和链接概率，则通常各个网络的链接数量均不相同（在平均值附近波动）。然而，当节点数量足够多时，链接数量的波动就会变得较小。

> Gilbert 设计的随机网络模型有两个参数：节点数量 N 和链接概率 p。可以通过下列流程来构建网络：
>
> 1. 选择一对节点，比如 i 和 j。
> 2. 生成一个介于 0 和 1 之间的随机数 r。如果 $r < p$，则在 i 和 j 之间添加一条链接。
> 3. 对所有节点对重复执行上述两个步骤。

在不同链接概率的情况下，随机网络会是什么样子？我们不妨想象有一大组节点，各个节点之间没有链接。当然了，整个网络系统是支离破碎的，每个节点都是单例节点（singletons），即孤立的节点。如果随机逐一添加链接（即一次添加一条链接），那么会发生什么呢？显然，越来越多的节点对将会连接起来，这些节点也会构成多个子网。在某个时间点，整个网络将会连通，这样可以沿着各种链接或链接组合，从任意一个节点到达任意另一个节点。因此，必须从"群雄割据"（网络中有多个小型子网）的配置，过渡到"一统江湖"（至少有一个大型子网包含几乎所有节点）的新配置。我们会很自然地期望各个子网的规模平稳增长，且逐渐进行过渡。但是，埃尔德什和伦伊发现这种过渡是突然发生的，也就是说，在达到特定的链接密度后会突然急剧变化。当 $\langle k \rangle = 1$ 时，即平均每个节点都有一个邻居时，一个巨分支就会出现。

图 5.2 展示了在不同的平均度的条件下，Erdős–Rényi 网络的几种配置情况。在过渡点之前，最大连通分支的规模非常小；在过渡点之后，这个连通分支的规模急剧增长，而余下节点则分布在一些小型的连通子网中。随着网络平均度的增大，巨分支会"吃掉"其余所有子

网，最终"一统天下"，巨分支会包含所有节点，将整个网络连通起来。附录 B.2 展示了巨分支的形成过程。

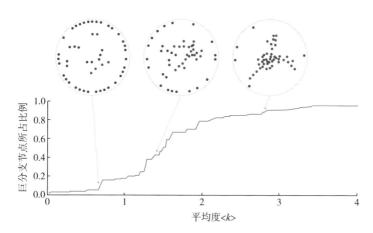

随着平均度〈*k*〉的增长，随机网络的演变示意图（对应向网络系统中随机逐一添加链接的过程）。当平均度小于 1 时，最大的连通分支（以红色突出显示）非常小。但是当〈*k*〉约等于 1 时，该连通分支会不断地"吃掉"其余的子网，急剧变大，变成连通巨分支。

图 **5.2**

5.1.1　密度

　　基于给定的链接概率来构建一个随机网络，类似于反复抛掷一枚有偏硬币，并计算得到正面朝上或反面朝上的次数。我们期望正面朝上的次数与硬币正面朝上的概率成正比，也与抛掷硬币的次数成正比。类似地，随机网络中的期望链接数量与链接概率和节点对数量成正比。

　　假设硬币正面朝上的概率为 *p*。例如，如果 *p* = 0.1，我们可以预期抛掷 10 次平均会得到 1 次正面朝上和 9 次反面朝上；如果 *p* = 0.5，抛掷结果即是正反面朝上的机会均等；如果 *p* = 0，硬币永远不会正面朝上；如果 *p* = 1，那么硬币永远不会反面朝上。每抛掷 *t* 次，出现正面朝上的期望次数为 *pt*，即出现正面的次数与总抛掷次数的比率。在随机网络模型中，"抛掷"次数对应于在 N 个节点中可能出现节点对的数量，表示为 $\binom{N}{2} = N(N-1)/2$。因此，在随机网络中，链接数量为：

$$\langle L \rangle = p \binom{N}{2} = \frac{pN(N-1)}{2} \qquad (5.1)$$

根据公式（1.6），一个网络的平均度等于节点数量除以两倍的链接数量，即期望的平均度 $\langle k \rangle$ 为：

$$\langle k \rangle = \frac{2\langle L \rangle}{N} = p(N-1) \qquad (5.2)$$

公式（5.2）表明，在 Erdős–Rényi 网络中，一个节点的期望平均度相当于实际邻居数量和拥有最多 $N-1$ 个可能邻居的比率。进一步，我们将期望链接数代入公式（1.3），或将期望平均度代入公式（1.7），即可得到随机网络的期望密度 $\langle d \rangle = p$。

直观地说，链接概率表示随机网络的密度，它是期望链接数量和最大链接数量之间的期望比率。真实网络通常是稀疏的，与庞大的节点数量相比，平均度和密度都非常小。显然对于一个随机网络而言，要想更好地描述真实网络模型，链接概率应接近 0。

5.1.2 度分布

随机网络的度分布情况如何？换句话说，一个节点有 k 个邻居的概率有多大。因为在这个模型中没有哪个节点是发挥特殊作用的，我们可以只考虑任意一个节点，例如 i。然后，我们去统计节点 i 有 0 个、1 个、2 个等邻居的概率分别是多少。在网络中其余的 $N-1$ 的节点中，每个节点都可能成为节点 i 的邻居。根据随机网络的设计理念，若想决定是否在节点 i 和任意其他节点之间放置一条链接，无须考虑在网络其他地方是否存在其他链接。不管网络的其余部分情况如何，和节点 i 有关的每对节点相互连接的可能性都为 p。

我们依旧以抛掷硬币为例，此时的新问题是：如果每次抛掷出现正面朝上的概率为 p，那么在 $N-1$ 次抛掷中出现 k 次正面的概率是多少？可以通过二项分布计算得出：

$$P(k) = \binom{N-1}{k} p^k (1-p)^{N-1-k} \qquad (5.3)$$

在节点数量 N 较大，且 $pN \approx \langle k \rangle$ 恒定的限制条件下，和许多现实世界稀疏网络类似，二项分布可以近似为具有均值 $\langle k \rangle$ 和方差 $\langle k \rangle$ 的钟形分布，平均度可以有效描述度分布。

因而，在随机网络中，度的概率分布是一条钟形曲线，突出的峰集中在平均度 $\langle k \rangle$ 周围，峰两侧的度迅速衰减 [图 5.3（a）]。大多数节点的度接近平均度，与平均度发生较大偏差的可能性很小。

在第 3 章中，我们已经看到许多真实网络的度分布与这种分布大不相同，这是因为它们具有中枢节点（即度远高于平均值的节点）。我们在图 5.3（b）中绘制了世界航空网络的度分布，它的重尾分布跨越了两个数量级；虽然许多节点只有几个邻居，但一些中枢节点却有数百个。我们在图 5.3（c）中绘制了双对数坐标下的分布，并将其与图 5.3（a）进行比较后发现，图 5.3（a）对应的是一个随机网络，其节点和链接数量与图 5.3（c）相同。显然，随机网络模型不能很好地描述分布情况。在随机网络模型中，每个节点的度大致相同，因此没有中枢节点。

5.1.3　短路径

随机网络中是否存在着短路径？我们可以用一个简单的论据来探讨这个问题。从上一节中我们已经知道这类网络中节点的度大致相等，假设均为 10，也就是说，从任意一个节点出发，都可以到达 10 个邻居，而这些邻居又各自拥有 10 个邻居。以此类推，可达节点的数量随着步数增加呈指数级增长——两步可以到达 100 个节点，三步可以到达 1,000 个节点……用不了几步就能触及网络中的每一个节点。

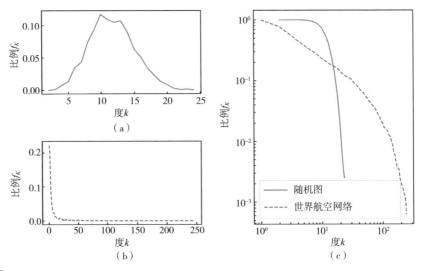

图 5.3   随机网络中度的概率分布。（a）Erdős–Rényi 随机图中的度分布，其中节点数量（N）和链接数量（L）等同于世界航空网络，即 $N = 3,179$，$L = 18,617$。（b）世界航空网络的度分布。（c）在双对数坐标中，比较（a）和（b）两种分布。

      假设网络是连通的，并且所有节点的度均为 k，那么在 $\ell = 1$ 步内可以到达 k 个节点。如果排除掉出发的根节点，那么 k 个节点都有 $k-1$ 个新邻居，所以在 $\ell = 2$ 步内可以到达 $k(k-1)$ 个节点。每个新邻居又依次到达 $k-1$ 个新邻居，因而在距根节点的 $\ell = 3$ 步内有 $k(k-1)^2$ 个节点，以此类推。我们得到的结论是：在距根节点的 ℓ 处会有多达 $k(k-1)^{\ell-1}$ 个节点。如果 k 的数值不是太小，可以近似认为 $k-1 \approx k$，并且从任意节点最多可达的节点总数近似为 k^{ℓ}（这实际上是一个高估值，因为现实中不同节点的邻居偶尔会重合，而我们假设该情况永远不会发生）。那么，从一个节点出发走多远才能到达所有其他节点呢？如果用 ℓ_{max} 表示直径，那么从任意节点出发最多 ℓ_{max} 步内可达的节点数量与节点总数 N 的匹配关系由下式给出：

$$k^{\ell_{max}} = N \tag{5.4}$$

由此可得：

$$\ell_{max} = \log_k N = \frac{\log N}{\log k} \qquad (5.5)$$

事实证明，即使把邻域重叠和 $\langle k \rangle$ 附近节点度的波动考虑在内，ℓ_{max} 也是网络直径一个很好的近似值。ℓ_{max} 与 N 的缓慢对数增长表明，即使网络规模非常大，网络内的距离也很小。

与网络规模相比，随机网络中任意节点到其他节点的最大距离（直径）很小，这意味着 Erdős–Rényi 网络确实具有短路径。为了更直观地感受可达节点数量随着与任意节点距离的增加而增长的速度，我们以身边的社交网络为例，并假设它是一个随机网络。如果取 $k=150$，即人类可以保持定期联系的平均数量（邓巴数，Dunbar's number），那么在网络中距离为 5 之处可达人数为 $150^5 \approx 750$ 亿，比现今世界人口数量还多 10 倍。因此，理论上我们可以在五步或更短的距离内接触到世界上所有的人，这与米尔格拉姆的小世界实验结果是一致的。

5.1.4 聚类系数

回顾第 2 章的内容，节点的聚类系数衡量了它的相互连接的邻居对的比例。如果节点的两个邻居之间存在链接，那么它们与该节点构成了一个闭合三角形，因此聚类系数也可以解释为以焦点节点为中心的三角形的比率，或闭合三角形的概率。

在随机网络中，无论每对节点是否有共同的邻居，它们之间存在链接的概率都是相同的，所以节点的一对邻居相连的概率为 p。当然，单个节点的聚类系数可能与 p 有一些偏差，但所有节点的平均值可以近似为 p。我们在 5.1.1 节观察到，如果通过 Erdős–Rényi 模型来描述真实的稀疏网络，p 会是一个非常小的数值。由此可见，这类网络的平均聚类系数非常小，也就是说模型以极小的概率生成三角形。相比之下，真实的社会网络是高度集聚的（2.8 节）。因此，随机网络要么过于稠密，要么过于稀疏。总而言之，若要解释真实网络中三角形比例非常高的现象，那么就需要有一个根据一些特定规则生成三角形的模型，我们将在 5.2 节和 5.5.3 节中介绍这类模型。

NetworkX 有根据 Erdős–Rényi 和 Gilbert 模型生成随机图的函数：

```
G = nx.gnm_random_graph(N,L)  # Erdős-Rényi random graph
G = nx.gnp_random_graph(N,p)  # Gilbert random graph
```

5.2　小世界模型

真实网络有别于随机网络。Erdős–Rényi 网络确实有短路径，但三角形却很少见，从而导致平均聚类系数的数值可能比实际网络中测量到的小几个数量级。

在 20 世纪 90 年代后期，Duncan J. Watts 和 Steven H. Strogatz 提出了*小世界模型*（*small world model*），也被称为 *Watts–Strogatz 模型*（*Watts-Strogatz Model*），通过它生成的网络同时具有两类特征——短路径和高集聚。他们的思路是从一个晶格状网络开始，其中所有节点都有相同数量的邻居，如图 5.4（a）中的六边形晶格所示。因为每个节点的任意一对连贯的邻居连接起来，都与该节点形成一个三角形，所以这样的网络具有较高的平均聚类系数。

> 内部节点的度 $k=6$，聚类系数 $C= 6/\binom{6}{2}=6/15=2/5$。边界节点的度较小，$k=4,3,2$，但却具有很高的聚类系数，分别为 $C=3/\binom{4}{2}=1/2$，$C=2/\binom{3}{2}=2/3$，$C=1/\binom{2}{1}=1$。因此，平均聚类系数至少为 2/5，并在无限晶格范围内收敛到 2/5（$N\to\infty$）。

此外，该网络具有较长的平均最短路径长度。例如，晶格两侧的节点需要穿过许多链接才能到达。然而，通过创建一些*捷径*（*Shortcuts*）便可大大缩短节点之间的距离，即将原本彼此远离的网络部分接合在一起的链接，如图 5.4（b）中的红色链接所示。创建过程可以通过随机选择一些初始链接、保留其中一个端点并用从所有其他节点中随机选择的节点替换另一个端点的方式来完成。从形式上看，*重连概率*（*Rewiring Probability*）为 *p* 的重新布线过程适用于网络的每条链接[1]且重连链接的数量与重连概率成正比。

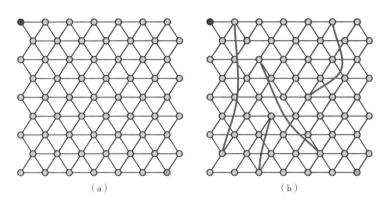

（a）　　　　　　　　　　　　　　　（b）

图 5.4

小世界网络。（a）六边形晶格，每个节点有六个邻居（边界除外）。由于三角形很多，所以节点的聚类系数很高。从一个角落到另一个角落的路径必须经过许多链接，因此平均最短路径长度很长。（b）四条链接已重新连接到随机选择的节点，这些节点通常远离原始端点。这些链接（红色）是捷径，可以通过少量的跃点到达网络的远程部分。例如，在六边形晶格上，从蓝色节点到绿色节点的最短路径为 **10** 步；而借助捷径最短只需要 **6** 步。由于只有少数三角形被重新布线过程破坏，因此聚类系数仍然很高。

> 重连链接数量为 *pL*，其中 *p* 是重连概率，*L* 是网络中的链接总数。*p*=0 对应初始晶格，*p*=1 表示产生一个随机网络。

如果重连概率趋近于 0，网络几乎不会发生变化；如果重连概率趋近于 1，网络将变为随机网络，这种情况下基本上所有链接都重新连接到随机节点，相当于在随机选择的节点对之间放置链接，此时大多数三角形被破坏并且聚类系数变得非常小；如果选择的 *p* 位于中间值，则可以实现有足够多捷径使平均最短路径显著减小的同时又不会破坏大多数三角形的均衡。在此机制下，路径与随机网络中的路径一

---

[1]　小世界网络模型中的重连概率 *p* 不同于随机网络模型中的链接概率 *p*，读者要结合所讨论模型的内容来解释变量 *p*。

样短，而平均聚类系数相对于初始晶格配置只是略有下降，可与真实的社会网络媲美。

本节在图 5.4 所示的六边形晶格基础上介绍了小世界网络的形成机制，但是任何具有高聚类系数的网络都可以被用作初始配置。在 Watts 和 Strogatz（1998）的开创性论文中，他们设想了一个环状网络，其上每个节点都连接到它的 k 个最近邻居上，图 5.5（a）展示了 $k=4$ 时的情况。此时，初始聚类系数为 $C=1/2$，每个节点的邻居在 6 个可能存在的三角形中形成了 3 个三角形，这一比例是非常高的。当某一个节点重新连接链接时，其中一个与其相连的节点保持着它们之间的链接，而这条链接的另一端被连接到了一个随机选择的节点上，这便是原始模型的构造过程。或者说，在不考虑节点度的前提下，可以通过连接两个随机节点来替换一条链接。另一种变换方式是随机链接可以被简单地添加到网络中，而无须重新连接现有的链接。

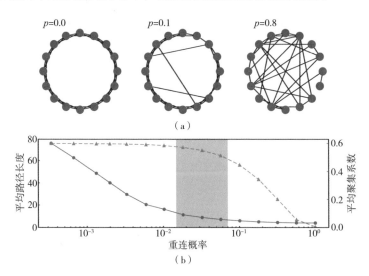

图 5.5　小世界模型。(a)在 **Watts–Strogatz** 模型网络的标准配置中，从一个环状网络（左）开始，每个节点都连接到它最近的 **4** 个邻居上，并通过重连链接逐步添加捷径。(b)平均最短路径长度和聚类系数的下降与重连概率 p 的函数关系。极小值 $p=0$ 是如图中最左边节点数量 $N=1,000$ 的格状网络；极大值 $p=1$ 是具有相同数量的节点和链接的随机网络。阴影区域突出了重连概率 p 在这个取值范围之内的特点：平均路径长度几乎与随机网络的长度一样短，而聚类系数仍然几乎与环格的一样大。

图 5.5（b）绘制了平均最短路径长度 $\langle \ell \rangle_p$ 和聚类系数 C_p 作为重连概率 p 的函数。在 $p \approx 0.01$ 和 $p \approx 0.1$ 之间存在一个重连概率的取值范围（图中灰色区域），此时 $\langle \ell \rangle_p \approx \langle \ell \rangle_1$ 和 $C_p \approx C_0$。换言之，该条件下模型的平均最短路径长度接近于同等规模的随机网络并且远低于环状网络；与此同时，聚类系数仍然接近于环状网络，并且远大于随机网络。因此，Watts-Strogatz 模型确实能够生成具有适当程度随机性的网络，该网络具有两个所需特征：短路径和高集聚。我们在附录 B.3 中提供了一个演示。

但是，该模型无法生成中枢节点。度分布从初始晶格过渡到随机网络的过程中，一开始所有节点都具有相同的度，到最后度集中在一个特征值附近，如图 5.3（a）所示。对于重连概率 p 的任意取值来说，所有节点都具有相似的度，没有节点会积累出与其他节点不成比例的链接。我们需要一些其他的模型要素来解释中枢节点的涌现。

NetworkX 有根据 Watts 和 Strogatz 的小世界模型生成图的函数：

```
G = nx.watts_strogatz_graph(N,k,p) # small-world model network
```

小贴士 5.2 度序列

网络的度序列是其节点的度列表，节点在该列表中按照它们的标签顺序排列。度序列是 N 个数（k_0，k_2，k_3，$\cdots$，k_{N-1}）的列表，其中 k_i 是节点 i 的度。需要注意的是，度序列决定了度分布，反之则不然。度序列的每个排列都会导致完全相同的度分布。而对于度分布来说，哪个节点具有什么度无关紧要，需要知道的是有多少个节点具有给定的度。

5.3　配置模型

接下来，我们将关注具有现实度分布的网络。在 5.4 节中，我们将探讨中枢节点产生的机制，但是首先要回答以下问题：我们能否构建一个节点满足特定度分布的网络？

配置模型（*configuration model*）提供了一个简单的解决方案。这个模型实际上想完成一个更加艰巨的目标：生成一个节点具有任意*度序列*（*degree sequence*）的网络，其中节点 1 具有度 k_1，节点 2 具有度 k_2，以此类推（参见小贴士 5.2）。度序列可以从我们感兴趣的特定分布中生成，也可以从真实网络的节点中获取。一旦我们重现了所有节点度的序列，也必然会重现相应的度分布。相反，许多度序列则可能对应相同的分布。例如，具有不同度序列 $(1,2,1)$ 和 $(1,1,2)$ 的两个网络具有相同的度分布。

假设我们有一组节点及其度序列，首先要做的是为每个节点分配对应于节点度的*存根*（*stubs*），如图 5.6（a）所示。存根只是一个悬空链接，以节点作为其端点之一，但尚未连接到一个邻居。然后，我们通过下面的迭代步骤构建网络：

第一步，随机选择一对存根；

第二步，将选定的存根相互连接，形成附属于存根的节点之间的链接。

重复这两个步骤直到所有存根都成对连接。显然，存根的个数必须是偶数（即目标序列中的度之和必须是偶数）。我们回顾一下为什么配置模型实现了既定的目标：如果一个节点有 k 个存根附属于它，那么它最终将有 k 个邻居节点。由于附属于每个节点的存根数等于其度，因此每个节点最终都会具有我们想要的度。如图 5.6（b—d）所示，我们可以采用配置模型创建多个网络，这些网络的度分布取决于组合在一起的存根对的序列。如果某些设定与上述约束条件相冲突，那么建模结果就不会令人满意。我们要防止节点之间具有多重链接 [图 5.6（c）] 或节点具有自环 [图 5.6（d）] 的情况在网络中出现。

在网络构造过程中，链接的形成方式是随机的，因此配置模型生成了具有规定度序列的随机网络。事实证明，这种生成随机网络的方法在网络分析中非常有用。从第3章我们了解到，较宽的度分布解释了网络的一些特殊性质和功效。当然，还有一些网络特征与度分布没有什么关系。

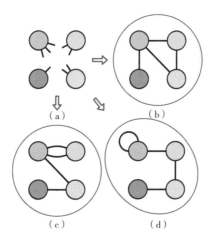

配置模型。（a）我们从与给定度序列对应的节点和存根开始。（b）、（c）、（d） 图 5.6
我们以不同的方式连接存根，从而生成具有给定度序列的不同网络。

网络的某种特定性质是否可以单独用度分布解释？为了解答这个问题，我们可以根据配置模型生成具有相同度序列的随机的或者*打乱*（*shuffled*）的网络版本。每一个配置都对初始网络*保留度的随机化*（*degree-preserving randomization*）——度序列得以保留，而其他所有方面都是完全随机的。那么，我们可以查看打乱的网络中我们感兴趣的特征是否被保留了下来。如果还在，那么这个特征就只是由度分布决定的，反之则说明还有其他决定因素。

举例来说，假如我们要研究的特征是平均聚类系数，那么一个真实社会网络的聚类结构可以由它的度分布来解释吗？我们需要做的是计算足够数量的随机配置下的聚类系数，得出它们的平均值和标准误差，并检查初始图的测度值和打乱网络的估计值是否在误差允许范围内是兼容的。如果两者是兼容的，即可推断网络中三角形的出现单纯与度方面的约束有关。如果比随机估计值大出很多——就像通常发生的那样，网络的链接模式就不可能是随机的，而是必须遵从某种有利于三角形形成的机制。

NetworkX 可以通过配置模型生成具有规定度序列的网络：

```
G = nx.configuration_model(D) # network with degree sequence D
```

小贴士 5.3　指数随机图

随机生成的、具有一些共同定量特征的网络在精细构造上存在一些不同之处，研究它们是一件非常有趣的事情。一方面，它们代表了我们在现实世界中遇到的特定网络配置的潜在替代方案。另一方面，它们使我们能够研究不同结构性质之间的相互作用。例如，我们可能会问平均聚类系数的哪些值与密度的特定值是兼容的。

指数随机图（*exponential random graphs*）是一类受约束的随机网络。我们基于一组 M 网络测度定义了一类网络，x_m，$m=1,\cdots,M$。我们对每个测度 x_m 施加一个约束：所有这类网络的平均值必须等于一个特定值，即 $\langle x_m \rangle = x_m^*$。指数随机图是在最大化随机性的同时满足这些约束的网络。事实证明，我们可以定义概率 $P(G)$，其中 G 是具有测度值 $x_1(G)$，$x_2(G)$，$\cdots$，$x_M(G)$ 的一类网络：

$$P(G) = \frac{e^{H(G)}}{Z} \tag{5.6}$$

和

$$H(G) = \sum_{m=1}^{M} \beta_m x_m(G) \tag{5.7}$$

式中，β_m 是与测度 x_m 相关的参数。函数 Z 确保 $P(G)$ 是一个概率值，因此 $\sum_G P(G) = 1$。

通过公式（5.6）中的概率值可以计算任何网络测度的平均值，特别是将 x_m 的平均值设置为其期望值来展现每一个约束条件：

$$\langle x_m \rangle = \sum_G P(G) x_m(G) = x_m^* \tag{5.8}$$

式中，求和运算遍历所有这类网络。这就产生了一组具有 M 个变量和参数 β_m 的 M 个方程，通过求解这些方程可以得到参数的值。基于以上这些变量和参数，我们指定了模型，然后可以使用该模型来计算我们感兴趣的任何变量的平均值。尽管对平均值施加了约束，但事实证明，对于一类网络的大多数指数随机图来说，任何测度的值都接近于其平均值。

Gilbert（5.1 节）提出的随机网络模型是指数随机图的一个特例，它具有单一约束，即网络必须具有给定的平均链接数。

配置模型生成了所有可能的具有给定度序列的网络，而且还可以施加其他约束。例如，我们可能有兴趣探索所有具有给定数量三角形的网络。生成具有特定特征网络的想法衍生出一大类网络模型，我们称之为*指数随机图*（*exponential random graphs*）（参见小贴士 5.3）。

5.4 择优连接

本书到目前为止探索的模型都是*静态的*（*static*），也就是说，网络的所有节点从一开始就在那里，我们所做的只是在它们之间添加（或重新建立）链接。真实网络往往是*动态的*（*dynamic*），节点和链接都会在网络中出现和消失。如果我们留意互联网、万维网、Facebook 和 Twitter 等当前流行的网络，便会发现它们的规模一直在增长。节点可能会消失（例如互联网的旧路由器或旧网页），但引入新节点的可能性更大，这就是为什么现实的动态模型通常会包含某种形式的*网络增长*（*network growth*）。动态过程起始于一个初始配置，通常是一个非常小的节点派系。然后，节点被逐个添加到网络中，每个新节点都根据某个规则附着到一定数量的老节点上，而这个规则成为模型的特征（图 5.7）。

在此之前，我们所关注的另一个问题是：它们无法解释中枢节点的存在。更准确地说，配置模型可以生成中枢节点，但只能通过*先验的（a priori）*节点度来决定——这仍然无法解释中枢节点是如何在现实世界中涌现的。随机网络和小世界模型中不会产生中枢节点，主要原因是在这两种情况下，链接规则基本上是符合平等主义的——节点完全随机选择它们的邻居。这样一来，任何一个节点都绝不可能比其他节点更具有优势并最终拥有比其他节点更多的邻居。如果我们想要复原中枢节点，那么就有必要引入一种有利于某些节点而不是其他节点的机制。这种机制被称为*择优连接（preferential attachment）*，即节点度越高，它能接收到的链接就越多。

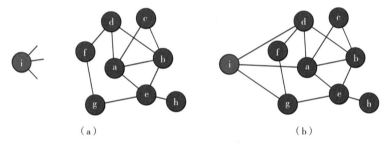

图 5.7 网络增长。网络的构建通常是动态的，新节点被添加并连接到老节点上。（a）一个具有三个存根的新节点 i 被添加到系统中；（b）每个存根根据某种规则连接到一个老节点上，同时新节点被整合到网络中。

择优连接的思路并不复杂：假设我们创建了一个新网页并希望它包含一些指向其他网页的链接，而我们有限的知识只能局限在万维网网站上数以亿计的网页中的很小一部分。但是，我们所选的这些很可能是受人欢迎的，这样一来它们就能够与许多其他网页相连接，恰恰这一点也是我们能够发现它们的原因：如果一个网页包含来自许多文档的传入链接，那么它就更有可能通过网上冲浪或搜索引擎被找到。因此，我们对于新网页连接到哪些文件上的选择，将会决定它是否会变得流行和具有较多的相连网页。与此类似，当我们写作一篇科学文章并编撰参考文献时，通常会引用其他作者经常引用的论文，这是因为我们在阅读其他文章并滚动浏览其参考文献时总会碰到它们。

在网络语境中，"流行节点"指的是度较高的节点，也就是说它有很多邻居。择优连接意味着高度值节点有很高的概率接收到新的链接，这一原则在各种背景下被冠以多种称呼并为大家所熟悉（参见小贴士 5.4）。Barabási 和 Albert 在 1999 年提出了包含择优连接准则的著名网络增长模型——*Barabási–Albert 模型*（*Barabási–Albert model*），又可称为 *BA 模型*或*择优连接模型*（*preferential attachment model*），它是增长和择优连接两种机制的简单融合。在建模中的每一步，都会添加一个新节点并将其连接到一些现有的节点上，新节点连接到老节点的概率与老节点的度成*正比*（*proportional*）。这样一来，度为 100 的节点接收新链接的可能性是值为 1 的节点的 100 倍。例如，在图 5.7 中所示的择优连接原则下，节点 **a** 从节点 **i** 接收链接的机会将是节点 **c** 的两倍。

小贴士 5.4　择优连接

择优连接的原理非常简单：拥有的越多，得到的就越多！这是一个很古老的道理，最初的出处可以在《马太福音》（25∶29）中找到："*凡有的，还要加给他，叫他有余；凡没有的，连他所有的也要夺去。*"在这个引述中，前半句总结了这个原理，后半句是它的对称说法，现在拥有的越少则未来获得的就越少，即所谓的"富人越富，穷人越穷"。因此，择优连接也被称为马太效应（*Matthew effect*）。它的另一个常见的名称是累积优势（*cumulative advantage*）。

这一原则的第一个科学应用是波利亚瓮模型（*Pólya's urn model*），其工作原理如下：一个瓮中有 X 个白球和 Y 个黑球；从瓮中随机取出一个球并放回，同时放入另一个与其具有相同颜色的球。如果 X 值比 Y 值大得多，我们更有可能取出一个白球而不是黑球。如果我们确实取出的是一个白球，那么在这一轮结束时瓮中将有 $X+1$ 个白球和 Y 个黑球，这将在下一轮给白球带来额外的优势（具有更高的概率被取出），因此白球的数量将比黑球的数量增加得更快。

择优连接被用于解释许多不同量级的重尾度分布，如开花植物每个属的物种数量、文本中（不同）单词的数量、城市人口、个人财富、科学产出、引文统计和公司规模等。George U. Yule、Herbert A. Simon、Robert K. Merton、Derek de Solla Price、Albert-Laszlo Barabási 和 Reka Alber 在研究中引入了择优连接模型。

我们从拥有 m_0 个节点的完整图开始，算法的每次迭代包括两个步骤：

1. 一个新节点 i 被添加到网络中，它上面附属了 $m \leqslant m_0$ 条新链接，因此参数 m 是网络的平均度。

2. 每条链接以下面的概率连接到老节点 j 上：

$$\Pi(i \leftrightarrow j) = \frac{k_j}{\sum_l k_l} \tag{5.9}$$

公式（5.9）中的分母是（除了 i）所有节点度之和，这么做保证了所有概率之和等于 1。

重复该过程，直到网络达到所需的节点数 N。小贴士 5.5 显示了如何在 Python 中选择具有所需概率的节点。

小贴士 5.5　具有概率分布的随机选择

通常来说，需要以正比于某个数量的概率来随机选择节点。比如，在随机网络的例子中，我们以均等的概率选择一个节点来附加一条链接，这意味着每个节点都有相同的机会被选中。在 Python 中，我们可以使用 random 模块完成这个步骤：

```
nodes = [1,2,3,4]
selected_node = random.choice(nodes)
```

在其他例子中我们则需要以不同的概率选择节点。比如，在择优连接的例子中（5.4 节），我们需要在每一步以正比于其度值的概率选择一个节点。或者在适应度模型（第 5.5.2 节）的例子中，节点选择要根据某种度值和适应度的复杂函数来权衡。幸运的是，Python 3.6 让这个操作变得易如反掌，我们所要做的就是提供第二个参数，它是一个与节点相关联的权重列表。假设我们希望根据其度值来选择一个节点（就像在择优连接中那样），我们就用它作为列表中的权重：

```
nodes = [1,2,3,4]
degrees = [3,1,2,2]
selected_node = random.choices(nodes,degrees)
```

节点 1（$k=3$）被选中的可能性是节点 2（$k=1$）的三倍。random.choices ()函数允许我们根据任何给定的权重集从总体中随机选择。权重可以是分布中的概率，但这不是必需的——它们不需要总和为 1，而且也不必是整数。需要注意的是，确保总体和权重序列要对齐（*aligned*）：总体中的第 i 个元素必须对应权重序列中的第 i 个元素。

从构造上来看，所有节点在一开始都具有相等的度。当新的节点和链接被添加到系统中时，节点度会增加。但是，最老的节点从一开始就在系统中，它们可以随时接收链接，这与较晚入局的节点形成了对比。所以，老节点的度值超过了新节点的度值，这使得前者更有可能在未来吸引到新的链接；或者说择优连接机制选择了牺牲后者。这种富者越富（*rich-gets-richer*）的动力学在度分布中产生了所需的异质性，使得最老的节点成为网络的中枢节点。图 5.8（a）和图 5.8（c）向我们展示了一个用 BA 模型构建的网络以及它的度分布。我们观察到了重尾分布，这证实了中枢节点的存在。附录 B.4 展示了该模型。

到这里你可能想知道，对于中枢节点的涌现来说，是否增长机制就能解释一切而无须遵从择优连接机制？毕竟，无论连接的原则是什么，初始节点将有更多的时间来收集链接。举例来说，假设每个新节点可以随机选择任意节点作为邻居而不考虑其度值多大，并像之前那样期望节点越老它们的度值就越大。这种情况固然会出现，但是在图

5.8（b）、5.8（c）中可以看到，节点彼此之间的度值并没有太大的不同，并且相应的度分布也没有重尾。所以我们得出结论：增长机制和随机节点选取的结合并没有发挥预想的作用，中枢节点的涌向还是需要依赖择优连接机制。事实上，实证研究已经证实了择优连接机制在许多真实网络增长过程中发挥的作用。

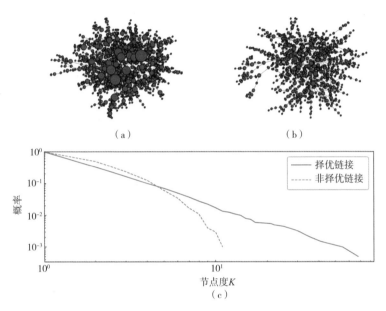

（a）   （b）

（c）

图 5.8　　择优连接。（a）使用 **BA** 模型生成的网络。它有 $N = 2,000$ 个节点，平均度 $\langle k \rangle = 2$。一个节点的大小与它的度成正比，所以大的节点表示中枢节点。（b）通过类似的增长模型生成的网络，但它是随机而非择优连接的，所以网络没有中枢节点。（c）对比（a）和（b）中网络的累积度分布。**BA** 模型产生较宽的分布，而非择优连接导致分布更窄且没有中枢节点。

　　NetworkX 有根据 BA 模型生成图的函数：

```
G = nx.barabasi_albert_graph(N,m)  #BA model network
```

5.5　其他择优模型

BA 模型采用的是*线性*（*linear*）择优连接机制，连接概率与靶节点的度成严格的正比关系。假如放宽这条规则，让连接概率随着度的某种能力的变化而变化，则可称之为*非线性择优连接*（*non-linear preferential attachment*）。

扩展基于非线性择优连接机制的 BA 模型与原先相比大体相同，只是老节点 j 从新节点 i 接收链接的概率由公式（5.9）变为：

$$\Pi_\alpha(i \leftrightarrow j) = \frac{k_j^\alpha}{\sum_l k_l^\alpha} \qquad (5.10)$$

式中，指数 α 是一个参数，当 $\alpha=1$ 时复原为标准的 BA 模型，当 $\alpha \neq 1$ 时会有两种不同的场景：

1. 如果 $\alpha<1$，则连接概率不会像 BA 模型中那样快速地随着节点度值的增长而增长，高度值节点相对于其他节点的优势没有那么大，结果就是度分布没有重尾，中枢节点消失！

2. 如果 $\alpha>1$，高度值节点比低度值节点更快地积累新链接，最终其中一个节点将连接到所有其他节点的一小部分。当 $\alpha>2$ 时效果更加明显，我们会观察到赢家通吃（*winner-takes-all*）效应：单个节点可能连接到所有其他节点，而这些节点的度值大致相同并且都很低。

通过指数级增长，要么得到一个没有中枢节点的网络（亚线性择优连接），要么网络具有一个超级中枢节点（超线性择优连接）。无论以哪种方式收场，非线性择优连接都无法生成在现实世界网络中观察到的中枢节点；线性择优连接是唯一的出路。这从根本上暴露了 BA 模型的脆弱性，因为连接概率和度之间必须严格成比例的关系显得不切实际。幸运的是，网络中隐藏着诱发线性择优连接的自然连接机制。

除了依赖线性择优连接，BA 模型还有其他限制：

● 生成固定模式的度分布。无论选择何种模型参数，图 5.8（c）中的择优连接曲线的斜率都是相同的，而真实度分布可能衰减得更快或更慢。

● 中枢节点是网络中那些最早存在的节点，新节点在度方面无法超越它们。

● 网络中不会出现很多三角形，因此平均聚类系数远低于许多真实网络。

● 仅添加节点和链接，而在实际网络中两者还可以被删除。

● 由于每个节点都连接到较早存在的节点上，因此网络由一个单个的连通分支组成，但是许多真实网络有多个分支。

为了克服这些限制，下面将介绍一些更加复杂的网络增长模型。

5.5.1 吸引力模型

择优连接有一个缺陷：如果一个节点没有邻居会发生什么？它的度值为 0，因此它得到链接的概率也为 0，也就是说这个节点未来也不会有邻居！如果我们将没有邻居的节点作为增长的起始核心，BA 模型就会崩溃，因为新节点无法连接到任意旧节点上。BA 模型标准的初始配置由一个完整的图构成，每个节点都有邻居，因此不会出现这个问题。但在理想的情况下，模型应该能够应付不同的初始条件。如果我们考虑有向网络的情况，并假设连接概率仅取决于入度，那么无论初始配置如何，这个问题都会出现。由于自带传出链接并只能接受来自新节点的接入链接，每个新节点的初始入度为零，导致它们无法接收到接入链接。

我们可以通过一个简单的方法解决这个问题；稍微修改一下规则，让连接概率与度值并不严格成正比。这个思路最初是由 Derek de Solla Price 在引文网络的背景下提出，节点接收链接不仅与它的度值有关，也涉及它具有的内在吸引力。在*吸引力模型（attractiveness model）*中，连接概率*正比于度值与一个恒定吸引力的总和*。

> 吸引力模型是在原始 BA 模型的基础上略微修改得到的版本，老节点 j 从新节点 i 接收链接的概率被替换为：
>
> $$\Pi(i \leftrightarrow j) = \frac{A+k_j}{\sum_l (A+k_l)} \qquad (5.11)$$
>
> 式中，A 是吸引力参数，可以取任意正值。在 $A=0$ 的情况下生成 BA 模型。

对于吸引力参数 A 的任意取值，该模型都能构建起具有重尾度分布的网络，分布的斜率取决于 A。与 BA 模型的不同之处在于，吸引力模型能够匹配多个真实网络的度分布。

5.5.2 适应度模型

正如在 5.4 节中看到的，BA 模型的中枢节点也是最早存在的节点，而这个特点与现实是不符的。比如在网站上，可能有一些网页远在其他网页之后建立，但最终却更受欢迎并吸引了更多的超链接。以 Google 为例，它创建于 1998 年，当时已经有数百万个网站，但它最终成为最受欢迎的网站中枢。与此类似，科学文献中那些被引用次数最多的论文并不是最古老的论文，时不时地有一些新的开创性论文会超过许多早期发表的文献。

发生这种情况是因为节点（网站、论文、社交媒体用户等）有它们自身的吸引力，这可能会提高它们产生链接的速度，从而使它们比更老的节点更具优势。这种吸引力只是部分地、间接地反映在它们的节点度上。上一节中描述的模型吸引力参数对于所有节点都是相同的，它不允许我们区分节点以及它们在度值增长率方面的差异。因此，在吸引力模型中，中枢节点依然是最老的节点，这与 BA 模型的结果一致。

为了增加新节点成为中枢节点的可能性，Bianconi 和 Barabási 提出了*适应度模型*（*fitness model*），它允许每个节点都有自己的吸引力，称之为*适应度*（*fitness*）。适应度的值是节点的内在特征，它们不会随时间而改变。连接概率与靶节点的度值和适应度的*乘积*（*product*）

成正比。

> 适应度模型类似于 BA 模型，但每个节点 i 被分配了一个适应度值 $\eta_i > 0$，它由某个分布 $\rho(\eta)$ 生成。然后在每一步，来自新节点 i 的每个新链接都以如下概率连接到老节点 j：
>
> $$\Pi(i \leftrightarrow j) = \frac{\eta_j k_j}{\sum_l \eta_l k_l} \qquad (5.12)$$
>
> 如果所有节点都具有相同的适应度，则该模型将简化为 BA 模型，这是因为常数 η 是在公式（5.12）的分子和分母之间可以抵消的因素，最终得到了择优连接的标准表达式。
>
> 如果适应度分布 $\rho(\eta)$ 具有无限支持（*infinite support*），即 η 可以取任意大的值，则存在胜者通吃效应，最高适应度的节点与大多数模式相关联。如果适应度分布 $\rho(\eta)$ 只有有限支持（*finite support*），即 η 有一个有限的最大值，那么模型的度分布就有一个重尾。这种情况的一个例子是单位区间内的均匀分布。在 Python 中，使用 random( ) 函数可以绘制均匀分布的适应度值。

适应度模型生成的网络具有两个属性。首先，只要适应度值是有界的，网络就有多个中枢节点。其次，高适应度允许节点与所有对等节点竞争，无论其存在时间和状态如何，这是因为节点以由其个体适应度决定的速率增加其度值。因此，具有最大适应度值的节点最终达到最大度值，无论它们是何时被引入系统中的。

5.5.3　随机游走模型

使用 BA 模型构建的网络具有非常低的聚类系数。回想一下，为了拥有许多三角形，链接必须将具有至少一个公共邻居的节点对连接起来。例如，如果节点 **b** 和 **c** 都连接到 **a**，则 **b** 和 **c** 之间的链接将闭合三角形 **abc**（图 5.9）。然而，在 BA 模型中，节点接收链接的概率与其节点度成正比，而与新邻居对是否具有共同邻居无关——这就是很少形成三角形的原因。为了增加三角形的产生，有必要引入一种有利于在具有共同邻居的节点之间创建链接的机制。

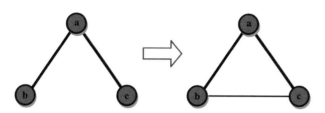

图 5.9

强三元闭包。个体 **a** 与 **b**、**c** 有强连接，用粗链接表示。根据 **Granovetter** 的强三元闭包原理（小贴士 **5.6**），**b** 和 **c** 之间必须或最终至少存在一个弱连接。

通过添加链接形成三角形的现象被称为*三元闭包*（*triadic closure*），它是解释社会网络中链接形成的主要机制（小贴士 5.6）。不难设想，我们认识的许多人都是由熟人介绍给我们的。该机制有几种模型实现场景，在这里我们讨论一个非常直观的模型，称为*随机游走模型*（*random walk model*）。它的思路是：除了创建随机联系，我们还将节点连接到其新邻居的邻居——在社会网络中，就是连接到新朋友的朋友。

随机游走模型可以从任何小型网络开始，算法的每次迭代都包括以下步骤：

1. 一个新节点 i 被添加到网络中，并附加了 $m>1$ 个新链接。

2. 第一条链接被接通到随机选择的老节点 j。

3. 每个其他链接以概率 p 连接到 j 的随机选择的邻居，或以概率 $1-p$ 连接到另一个随机选择的节点。

参数 p 是三元闭包的概率，因为通过设置 i 和 j 的邻居（比如 l）之间的链接，我们闭合了三角形 (i,j,l)。如果 $p=0$，则没有三元闭包，新节点完全随机选择它们的邻居；当 $p=1$ 时，除第一个链接之外的所有链接都连接到最初选择的老节点的邻居，从而闭合了三角形。

小贴士5.6   三元闭包和弱关联的强度

1973年，社会学家马克·S.格兰诺维特（Mark S. Granovetter）发表了一篇题为《弱关联的力量》的论文，该论文后来成为社会学中被引用次数最多的文章。它阐述了社会网络三个基本特征之间的紧密关系：三角形、链接权重和社团。

格兰诺维特介绍了社会网络中链接如何形成*强三元闭包*（*strong triadic closure*）的原理。假设有三个人 **a**、**b**、**c**，**a** 与 **b** 和 **c** 有强（高权重）联系，那么 **b** 和 **c** 很可能是朋友，或者他们最终会成为朋友，这取决于很多因素。如果 **b**、**c** 和 **a** 相处的时间很多，他们很可能最终会通过 **a** 相遇。此外，由于 **a** 是双方的好朋友，因此 **b** 和 **c** 将倾向于相互信任。最后，如果 **b** 和 **c** 一直互相忽视，这可能是群组压力的来源。强三元闭包规定 **b** 和 **c** 之间必须存在链接，因此 **a**、**b** 和 **c** 将形成一个三角形（图5.9）。这正式确定了三角形和链接权重之间的关系。

因为家庭纽带、工作关系等原因，社会团体是一个人们相互之间有很多互动的圈子（我们将在第6章讨论社团）。格兰诺维特认为，社会网络中具有高权重的链接反映了个体之间的*强关联*（*strong ties*），它们最有可能在同一个社团中被发现；而低权重的链接，即*弱关联*（*weak ties*），往往位于社团之间。直觉告诉我们，这是因为不同圈子里的人接触有限。格兰诺维特提出了一个论点来支持他的理论。假设属于不同社团的两个个体 **a** 和 **b** 之间有很强的联系，他们每个人都可能与自己社团的其他成员有很强的联系。如果 **a** 是 **c** 的亲密朋友，根据强三元闭包理论，因为 **ab** 和 **ac** 是强关联，所以 **b** 和 **c** 之间也必然会有联系。但是，连接两个社团的链接几乎不可能是三角形的边，否则说明社团并没有很好地区分开来，所以 **ab** 一定是弱关联。反过来说，由于同一个社团内部的成员之间有很多强关联，所以社团内有很多三角形。这个论点表明，社团和链接权重之间以及社团和三角形之间存在相互作用。尽管权重较低，但弱关联对于社会网络的结构来说至关重要，因为它们将社团彼此连接起来，从而使信息能够在网络中传播。

随机游走模型如图 5.10 所示，它创建了具有许多三角形的网络，三角形的数量可以通过参数 p 来调节。当 $p=1$ 时，网络获得最大的三角形密度。如果 p 不太小，三元闭包过程会导致模型生成重尾的度分布。选择老节点的邻居就是选择网络的一条链接。你可能还记得在3.3 节中，如果我们随机选择一条链接，那么该链接的端点具有给定度值的概率与度值成正比。因此，就像在择优连接中一样，老节点将收到与它们的度值成正比概率的链接。

随机游走模型中使用的机制比择优连接模型更加直观，因为它不假设新节点知道老节点的度值。该模型只是以随机方式探索网络，并且节点被"发现"的频率与其度值成正比。换句话说，*三元闭包过程隐含地诱发了择优连接机制*。从这个角度看，它基本上等同于*链接选择*（*link selection*），即随机选择一条链接并将新节点附加到链接的端点之一。不同之处在于，在三元闭包中新节点是附加到所选链接的两个端点（但在两种情况下得到的度分布是相似的）上的。因此，生成较宽的度分布所必需的链接概率和度之间的严格比例，可以由基于随机选择的简单机制来实现。

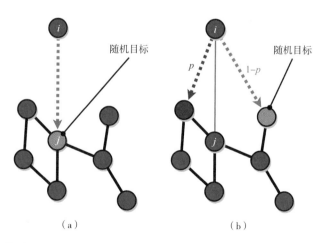

随机游走模型。（a）一个新节点 i 连接到一个随机选择的节点 j。（b）i 带来的每个额外链接都以概率 p 附加到 j 的邻居上，这导致了三角形的形成；否则，链接将附加到随机选择的节点上。

图 5.10

最后，当p大到足以产生足够高的三角形密度时，随机游走模型会产生具有社团结构的网络，我们将在第6章讨论这个问题。在网络科学文献中，三角形和社团之间的关系已经非常明确(参见小贴士5.6)。

5.5.4　复制模型

在社会网络中，三元闭包意味着一个人*复制*(*copies*)其他人的联系人。这种复制机制也可以发生在其他环境中，例如：

● 基因复制是在分子进化中产生新的遗传物质的过程。对于蛋白质—蛋白质相互作用网络来说，每个节点代表一个基因表达的蛋白质。当一个基因被复制时，新的基因/蛋白质节点将和网络中的初始节点一样，与相同的蛋白质相互作用。因此，新节点将会复制初始节点的链接。

● 学者们经常在所阅读的出版物的参考文献列表中发现新文章，并在自己的论文中引用它们。这样做时，他们(部分)复制了其他出版物的引用。

● 在线浏览时，网站内容创建者可能会发现相关的网页，例如提供资源列表的权威来源或中枢网页。通过把新创建的网页链接到这些相关网页的方式，作者复制了指向后者的超链接。

以上这些场景可由*复制模型*(*copy model*)加以体现。它类似于前面讨论过的随机游走模型：一个新节点要么以某个概率连接到一个随机选择的老节点上，要么连接到邻近节点上。但是，复制模型中没有三元闭包，新节点不会同时连接到一个节点及其(部分)邻居，因此，我们会获得具有中枢节点但是三角形较少的网络。

5.5.5　秩模型

择优连接意味着节点知道其他节点的重要性，因为它需要在网络增长期间了解其他节点的度值，并以此估计链接概率并正确分配链接。那么，是否可以在不知道节点度值的情况下进行这个操作？在5.5.3节和 5.5.4 节中，我们已经看到三元闭包和链接选择 / 复制是可行的策略，本节将再介绍一种不同的方法。

在现实环境中，人们可以感知到事物的*相对价值*（*relative value*）而不是绝对价值。我们可以满怀信心地说，比尔·盖茨比本书的任何一位作者都富有，尽管我们忽略了他的确切财富数额。*秩模型*（*rank model*）的基本思路如下：我们能够根据特定变量（例如度值或存在时间）对网络节点进行排序，这样比把准确估计的变量值作为依据更加可信。

秩模型可以从任何带有 m_0 个节点的小图起步，选择一种节点性质的测度值（例如度值、存在时间或某种适应度）来对节点进行排序。算法的每次迭代都包括以下步骤：

1. 所有节点都根据我们感兴趣的性质进行排序，给节点分配一个秩，例如 $R = 1, 2$，节点 l 的秩为 R_l。

2. 一个新节点 i 被添加到网络中，并附加了 $m \leqslant m_0$ 个新链接。

3. i 的每条新链接都以如下概率连接到老节点 j：

$$\Pi(i \leftrightarrow j) = \frac{R_j^{-\alpha}}{\sum_l R_l^{-\alpha}} \qquad （5.13）$$

式中，指数 $\alpha > 0$ 是一个参数。

如果排序性质取决于加入网络的新节点的链接，则节点可能必须在每次迭代中重新排序。

我们让节点根据它们的一种属性来排序，比如说度值。然后，我们选择节点来接收新链接，其概率与它们秩的逆幂成正比。排序靠前的节点将最有可能收到链接，其次是排序第二、第三的节点，以此类推。链接概率如何随秩下降由一个指数参数确定。

排序靠前的节点（秩小）比排序靠后的节点（秩大）更有可能收到新链接。如果用于排序的变量是度值，这意味着度值高的节点比度值低的节点具有更多机会吸引到新链接，就像在 BA 模型中那样。但是，实际的链接概率值是不同的，因为它们取决于秩而不是度值。

　　事实证明，对于用来排序节点的任何性质和指数参数的任何值来说，秩模型都能生成具有重尾度分布的网络。通过调整指数，可以改变度分布的形状，并重现在许多现实世界网络中观察到的经验分布。

　　即使节点只拥有系统的部分信息，秩模型生成的网络中也会出现中枢节点——新节点只知道一小部分老节点的存在。这反映了一个熟悉的场景：想象一下，你正在撰写一篇维基百科文章并希望链接到相关的新闻文章，你可能会使用搜索引擎来识别要链接的网页。搜索引擎显示的是按照你所查询内容的相关性所排序的网页，因此你最可能链接的是排在最前面的网页，然后以一半的概率链接到排序第二的网页，以三分之一的概率链接排序第三的网页，以此类推。你甚至可能不会费心去看全搜索结果的第一页。你的文章将是一个新的维基百科节点，根据与秩模型非常类似的过程链接到老节点，这也解释了为什么万维网上会有流行的中枢节点出现。

5.6　本章小结

　　网络模型能够帮助我们理解真实网络结构特征的形成机制。网络模型的基本要素是决定节点之间如何建立起依附关系的原则。以下为本章所介绍的各个模型的学习要点。

1. 在 Erdős–Rényi 模型生成的随机网络中，每个节点都有相同的概率成为任意其他节点的邻居。这些网络的路径很短，但是三角形很少，也不存在中枢节点。

2. 小世界模型修改了具有较高平均聚类系数的初始晶格结构，它在节点之间建立了一些随机捷径。少量捷径就能够显著降低节点之间的距离，由此产生了小世界性质，而这时网络的聚类系数依旧很高。当然，这个模型也不能产生中枢节点。

3. 配置模型能够生成具有任意预定度序列的网络，因此该结构是"手动"强加的，并不能通过模型来解释。配置模型通常被当作一种基准，用来检查网络的任意性质是单独与其度分布有关还是与其他的什么因素有关。在原始系统和由配置模型创建的、具有相同度序列的随机网络中，融入我们感兴趣的性质，就可以实现这个目的。

4. 现实网络模型包括网络的增长，因为节点和链接会随着时间的推移而添加到图中。这与许多现实世界的网络演变是一致的，例如互联网、万维网等。

5. 择优连接是解释中枢节点出现的关键机制：一个节点的度值越高，它与其他节点相连的概率就越高。

6. Barabási–Albert 模型结合了网络增长和择优连接两种机制，产生了具有重尾度分布的网络，并解释了中枢节点为什么会出现。

7. 一些包括随机选择的简单过程可以隐含地诱发择优连接机制，例如三元闭包和链接选择。

8. 为了克服 Barabási–Albert 模型的局限性，我们引入了诸如吸引力、适应度、三元闭包和秩等要素来构建一些模型。

5.7 扩展阅读

随机图模型最早由 Erdős 和 Rényi（1959）以及 Gilbert（1959）提出。尽管该模型在 Solomonoff 和 Rapoport（1951）所发表的一篇较早的论文中也有提到，但是很多文献经常错误地将 Gilbert 模型归功于 Erdős 和 Rényi。Dunbar（1992）提出了"邓巴数"的概念，即人类能够保持的普通联系的平均数量。在网络科学领域，这些模型是探索网络生成的基石。

随着时间的推移，网络科学得以不断演进，涌现出很多经典模型。Watts 和 Strogatz（1998）提出了小世界模型，它在解释网络中短路径和高集聚性方面具有重要意义。Molloy 和 Reed（1995）提出了配置模型，为研究具有特定度分布的网络提供了方法。Holland 和 Leinhardt

（1981）引入了指数随机图，为描述社会网络等异质性网络提供了框架。

Barabási 和 Albert 提出了择优连接模型，因此，该模型通常被称为 Barabási–Albert 模型或 BA模型（Barabási and Albert，1999）。在此之前，其他学者也曾提出过类似的模型，其中最接近的早期模型出现在 Price（1976）的论文中。Krapivsky 等人（2000）、Krapivsky 和 Redner（2001）研究了非线性择优连接，拓展了这一模型。Dorogovtsev 等人（2000）将吸引力添加到择优连接中，进一步丰富了该研究领域。Bianconi 和 Barabási（2001）提出了适应度模型，为理解网络增长机制提供了更多思考的角度。

Granovetter（1973）撰写了开创性论文《弱关系的力量》（*The Strength of Weak Ties*），引领了新的研究分支。随机游走模型则是由 Vazquez（2003）引入的，在描述信息传播和扩散方面具有重要作用。复制模型则是由 Kleinberg 等人（1999）在早期对万维网图进行研究时提出的想法，该模型解释了网络的生长和结构演化。还有几位学者提出了基因复制模型，包括 Wagner（1994）、Bhan 等人（2002）、Sole 等人（2002）以及 Vazquez 等人（2003a）。最后，排名模型由 Fortunato 等人（2006）开发，用于研究网络中节点的重要性和排名。

课后练习

1. Erdős 和 Rényi 的随机图与 Gilbert 的随机图有什么区别？

2. 若要构建一个包含 1,000 个节点和 3,000 条边的随机图，链接概率 p 的值应为多少？

3. 若要构建一个包含 50 个节点的随机网络，并且平均节点度 $\langle k \rangle$ 为 10。在这种情况下，p 的近似值应为多少？

4. 在一个含有 50 个节点和平均节点度 $\langle k \rangle = 10$ 的随机网络中，以下哪个值最接近其平均路径长度？

   a. 1.5

   b. 2.0

   c. 2.25

   d. 2.5

5. 在平均度 $\langle k \rangle = 10$ 的随机网络族中，为了生成一个平均路径长度 $\langle \ell \rangle = 3.0$ 的网络，可能需要多少个节点？（提示：如果采用猜检策略，要确保 $\langle k \rangle$ 对所有规模的网络都保持一致，而且每一个网络要有一个不同的 p 值。）

   a. 60

   b. 100

   c. 250

   d. 500

6. 构建一个含有 1,000 个节点且 $p = 0.002$ 的随机网络。绘制该网络的度分布，并回答以下问题：

   （1）网络中最大的度是多少？

   （2）度分布的众数是多少？

   （3）网络是否连通？若不连通，巨分支中有多少节点？

   （4）平均聚类系数是多少？请将其与链接概率 p 进行比较。

   （5）网络的直径是多少？

7. 从 N 个节点并且不含链接的不连通网络开始，依次添加一条链接连接尚未相互连接的两个节点，直到获得一个完整的网络。这一过程需要多少个步骤？

8. 接上题，假设每个步骤中最大连通分支的大小得以记录下来，那么在添加连边时最大连通分支大小的序列通常是怎样的？

   a. 随着链接的增加，最大连通分支会在开始时缓慢增长，然后在序列末尾快速增长

   b. 开始时缓慢增长，达到阈值后短时间内迅速增长，之后再次缓慢增长

   c. 自始至终以恒定速率增长

d. 开始时迅速增长，随后增长速率逐渐下降直到结束

e. 增长和下降的过程随机发生

9. 重现图 5.2 的绘图过程，其中网络具有 1,000 个节点（提示：使用 NetworkX 的函数生成随机网络）。采用介于 [0,0.005] 之间的 25 个等间距链接概率值，根据每个值生成 20 个不同的网络，然后计算巨分支的相对大小，并在图中标注平均值和标准差。

10. 为什么随机网络模型不适用于社会网络？

a. 随机网络通常不连通

b. 随机网络具有短的平均最短路径长度

c. 随机网络中节点度的异质性很高

d. 随机网络具有低的聚类系数

11. 在一个类似于图 5.5（a）的环状晶格中共有 100 个节点，每个节点与其 4 个最近的邻居相连（两边各 2 个）。这个网络的平均聚类系数是多少？答案与网络规模是否有关？（提示：给定对称性，足够计算任何节点的聚类系数。）

12. Watts–Strogatz 模型在捕获现实社会网络中的哪种性质时不同于 Erdős–Rényi 随机图？

a. 更短的平均路径长度

b. 更长的平均路径长度

c. 更低的聚类系数

d. 更高的聚类系数

13. 计算根据不同重连概率 p 值构建的 Watts–Strogatz 网络的平均最短路径 $\langle \ell \rangle$ 和平均聚类系数 C，据此重新制作图 5.5（b）的图表。在 0 到 1 之间选取 20 个等间距的 p 值，针对每个 p 值构建 20 个网络并分别计算 $\langle \ell \rangle$ 和 C 的平均值。为了在同一个 y 轴上绘制这两条曲线，可以将它们除以 $p=0$ 时的对应数值来进行归一化处理。

14. 分别根据重连概率 $p = 0.0\ 001, 0.001, 0.01, 0.1, 1$，构建含有 1,000 个节点且 $k = 4$ 的 Watts–Strogatz 网络。将它们绘制在同一

张图表中，并计算和比较它们的度分布。

15. 在美国机场网络（USAN）的基础上，使用配置模型创建它的随机化版本（RUSAN）。为了实现这一目的，需获取网络的度序列，并使用 NetworkX 的 `configuration_model()` 函数。执行以下任务：

（1）验证 RUSAN 的度分布与 USAN 相同。

（2）比较 USAN 和 RUSAN 的平均最短路径，并解释数值上的差异。

（3）比较 USAN 和 RUSAN 的平均聚类系数，并解释数值上的差异。

16. 以下哪个特征会在 BA 模型中出现，但不会在具有相同节点数和边数的随机网络中出现？

a. 节点度大于 1

b. 中枢节点的度是一般节点的数倍

c. 更短的平均路径长度

d. 更长的平均路径长度

17. 构建一个含有 1,000 个节点且 $m = 3$ 的 BA 网络，并完成以下任务：

（1）在双对数坐标中绘制网络的度分布。

（2）t 导出平均度，将其与 m 进行比较，并解释结果。

（3）计算平均聚类系数。

（4）验证图是否连通。

（5）计算平均最短路径。

18. 接上题，使用相同的节点数和边数构建一个 Erdős–Rényi 随机图，并完成以下任务：

（1）导出度分布并在同一个双对数坐标系中将其与 BA 网络进行比较。

（2）计算平均聚类系数和平均最短路径长度，并将其与 BA 网络进行比较，并解释结果。

19. 吸引力模型和适应度模型的基本观点是节点具有内在的吸引力，

这与它们的度无关。那么这两种模型有什么区别？

20. 在适应度模型中，假设节点的吸引力与度一致，由此产生的网络会有什么样的度分布？（提示：参见 5.5 节中的非线性择优链接部分。）

21. 说明 BA 模型生成的网络中三角形很少的原因。

22. 在你使用的在线社交网络的链接中，有多少是强关联？有多少是弱关联？

23. 链接选择包括选取一条链接并将新节点连接到其中一个端点。假设将新节点连接到两个端点，那么它与随机游走模型相比有何区别？这两种模型生成的网络有什么区别？

24. 若要建立一个含有大量四边形（长度为 4 的圈）的网络，能否基于你对三元闭包的了解，提出一个激励四边形形成的机制？

25. 在两个不同版本的秩模型中，一个模型的节点根据年龄（添加到网络中经过的时间）进行排序，另一个模型的节点根据度进行排序。这两种模型生成的网络是否有区别？如果有，区别是什么？

26. 本书 GitHub 存储库的 socfb-Northwestern25 网络是西北大学的 Facebook 网络快照，节点表示匿名用户，链接表示好友关系。加载该网络到 NetworkX 图中，使用适当的图类来表示无向无权网络。测量节点和链接的数量之后，使用 nx.gnm_random_graph() 函数创建一个单独的随机网络，使该网络具有与 Facebook 图相同的节点和链接数量，并回答以下问题：

（1）随机网络中，度值的第 95 个百分位（95% 的节点小于等于的度值）是多少？

（2）一些网络性质在每次生成的随机网络中会存在些许差异。下面这句话是否正确：若给出固定的参数 N 和 L，那么使用 nx.gnm_random_graph() 函数生成的所有随机网络都会有相同的平均度。

（3）以下哪种形态符合该随机网络的度分布？

a. 均匀分布：节点的度值在最小值和最大值之间均匀分布

b. 正态分布：大多数节点的度值接近平均值，在两个方向上都迅速下降

c. 右尾分布：大多数节点的度值相对于分布范围较小

d. 左尾分布：大多数节点的度值相对于分布范围较大

（4）随机抽样 1,000 对节点，估算该随机网络的平均最短路径长度。

（5）这个随机网络的平均聚类系数是多少？

6 社团

簇（cluster）：一组相似的事物或人，它们位置毗邻或扎堆出现。

当你观察网络的布局时，可能会马上注意到节点按*社团*（*communities*）分组的现象，即所谓的*簇*（*clusters*）或*模块*（*modules*）——节点集内部的连接密度相对来说高于它们之间的连接密度（见图 6.1）。

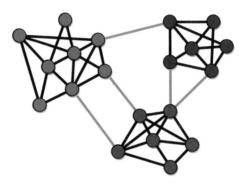

图 6.1 一个包含了三个社团的网络。通过节点颜色加以区分。

社团让我们知道网络是如何组织起来的，以及它具备了什么样的功能。例如：大脑中稠密的连接神经元簇的放电模式通常是同步的；在蛋白质－蛋白质相互作用网络中，连接（相互作用）的蛋白质组通常与生物体内的特定生物学功能相关；有时，我们可以通过观察未知基因在基因控制网络中所属的簇，推断其在复杂疾病中的作用；在万维网上（正如我们在 4.2.5 节中所讨论的），具有许多相互指向超链接的网页簇通常标识了同一个主题。在社会网络中（如 2.1 节所述），朋友社团共享重要特征，例如政治信仰。社会团体可以对公众舆论产生重大影响。例如，当我们观察 Twitter 上带有政治色彩的模因的扩散网络时（图 0.3），我们会立即注意到人们被划分到两个彼此不怎么互动的独特社团中。

在图 6.2 所示的美国政治模因转推网络中，我们再次观察到两个几乎完全分离的社团。通过调查其中一些用户，我们发现这两个簇与政治上的右翼和左翼倾向是一致的。如 4.5 节所述，这种情况有时被称为*回声室*（*echo chamber*）或*过滤气泡*（*filter bubble*），表明一个人只愿接触那些具有相似观点和信仰的人，从而形成了自己的信息茧房。虽然我们在现实生活中拥有如自己这般的朋友是很正常的，但通过在线社交网络和社交媒体，我们更容易过滤掉不同的见解，因为我们被鼓励与那些和自己类似或已经具有共同好友的人建立联系。同时，我们还有一些工具可以轻松地屏蔽掉那些我们不愿与之为伍的人，而这在现实生活中是难以做到的。从理论上讲，当观点不受质疑时，偏见便会得到强化，两极分化可能随之而来。

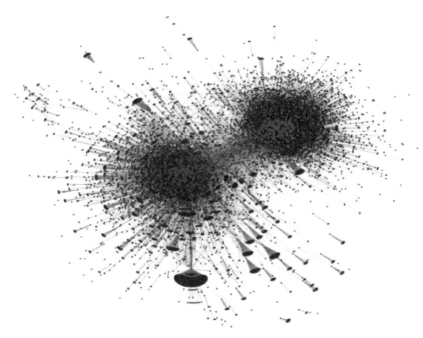

2010 年美国大选之前 Twitter 上的政治话题标签转推网络。彩色节点是分类为自由派（蓝色）或保守派（红色）的用户样本。两个节点之间的链接表示两个相应用户之一被另一个转推。　　　**图 6.2**

通过了解网络的社团结构，我们可以根据节点在它们自己簇中的位置来对其进行分类。如果节点的邻居都属于同一个簇，那么可以说这些节点作为群组的核心完全嵌入到了簇中，它们没有与其他群组的成员混在一起。位于社团边界的节点在其群组内外都有邻居，充当了网络不同部分之间"守门人"的角色——正因如此，它们对网络中发生的扩散过程发挥着重要作用。如果我们想阻止谣言或假新闻在社交网络中扩散，阻止传染病在接触网络中传播，或者确保关键信息到达所有社团，就需要对这些"守门人"节点严加控制。

鉴于社团在理解网络和单个节点功能方面的重要性，如何能够检测出网络中的社团就变得至关重要。有时，社团非常明显，我们需要做的就是将节点布置在一个平面上，以便连接的节点彼此靠近，这也正是第 1 章中*力导向布局*算法背后的思路。例如，在图 6.2 中，由于社团中的人（自由派或保守派）彼此紧密相连，他们最终在网络布局中聚集在一起。然而，许多我们感兴趣的网络要比那些活灵活现的网络大得多。即使在许多小型系统中，可视化也无法用来识别簇。因此，有必要开发能够自动发现社团的算法，这个算法可以基于网络结构知识，也可以是其他可能的输入信息（比如说我们想要得到的簇数量）。

在网络中识别社团是一个真正意义上的跨学科主题，因此它有不同的名称：*社团检测*（*community detection*）、*社团发现*（*community discovery*）和*聚类*（*clustering*）[1]等。将节点分组到社团被认为是一项*无监督*（*unsupervised*）的分类任务，因为我们没有精确的先验知识或结果分区应该是什么样子的示例。事实上，社团没有唯一的定义。根据自然的直觉，同一个社团的节点之间的链接应该比不同社团的更多。换句话说，社团内（跨社团）的链接密度应该高于（低于）整体网络密度 [参考公式（1.3）]。该标准可以采用许多不同的方式在数学上

1　在节 2.8 中引入聚类系数时，提到了术语聚类（*clustering*）。本章仅使用该术语指代社团结构。

具象化。这也是我们能在科学文献中发现许多聚类技术的原因。

　　本章简要介绍了社团问题及其最流行的解决方案。首先，定义一些基本元素：主要变量、社团的经典定义和分区的高级属性。然后，讨论两个相关的问题——网络分区和数据聚类，它们为该主题贡献了许多工具和技术。最后，介绍一些被广泛采用的算法，以及测试聚类技术的标准程序。

6.1　基本定义

6.1.1　社团变量

　　社团通常是连接的子网。图 6.3 中绿色节点构成了一个社团，品红色节点虽然在外部但是连接到这个社团，剩余的网络节点显示为黑色。蓝色链接将社团连接到网络的其余部分。我们将在本章中使用的关键社团变量包括：

* 社团内节点的*内部度*（*internal degree*）和*外部度*（*external degree*）——分别指社团内部和外部的邻居数量。在图 6.3 中，绿色节点的内部度值是它连接到黑色链接的数量，外部度值则是蓝色链接的数量。

* 社团*内部链接*（*internal links*）数——连接社团中两个节点的链接数（图 6.3 灰色椭圆中的黑色链接）。

* *社团度*（*community degree*）——社团中节点的度值之和（图 6.3 中每个绿色节点的邻居数之和）。

* *内部链接密度*（*internal link density*）——内部链接数与任意两个社团节点之间可能存在的最大链接数之比。这个概念与第 1 章中定义的密度相同，但针对的是社团子网。

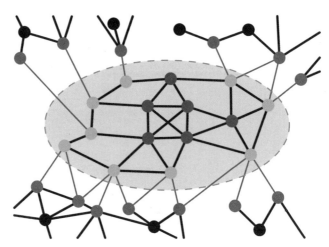

图 6.3　社团（灰色椭圆形内部）及其近邻的示意图。经 **Elsevier** 许可，转载自 **Fortunato** 和 **Hric**（2016）。

对于一个社团 C 来说。

- C 中的节点数和内部链接数分别为 N_C 和 L_C。

- 节点 i 的内部度 k_i^{int} 和外部度 k_i^{ext} 分别是连接 i 到 C 中节点和网络其余部分的链接数。由于 i 的每个邻居必须要么在 C 内部要么在其外部，因此 i 的度值为 $k_i = k_i^{int} + k_i^{ext}$。如果 $k_i^{ext} = 0$ 且 $k_i^{int} > 0$，则 i 仅在 C 内有邻居，并且 i 是 C 的内部节点（图 6.3 中的深绿色节点）。如果对于节点 $i \in C$，有 $k_i^{ext} > 0$ 且 $k_i^{int} > 0$，则 i 在 C 的内部和外部都有邻居，并且 i 是 C 的边界节点（图 6.3 中的亮绿色节点）。如果 $k_i^{int} = 0$，则该节点脱离了 C，因为它在社团内没有邻居（图中的黑色节点）。

- 内部链接密度为：

$$\delta_C^{int} = \frac{L_C}{\dbinom{N_C}{2}} = \frac{2L_C}{N_C(N_C-1)} \tag{6.1}$$

需要注意的是，由于假设网络是无向的，对于 C 内部的节点和链接来说公式（6.1）等价于公式（1.3）；具有 N_C 个节点的社团可能具有的最大内部链接数为 $\binom{N_C}{2}$。

- *社团度*（*community degree*）或*体积*（*volume*）是 C 中节点度的总和：

$$k_C = \sum_{i \in C} k_i \qquad (6.2)$$

以上所有定义都适用于无向和无权网络，针对加权网络的扩展只需要将度替换为强度。例如，一个节点的内部度变成了*内部强度*（*internal strength*），即它与社团中节点之间链接的权重之和。对于有向网络，我们需要区分接入链接和传出链接。虽然相关扩展实施起来相当简单，但是它们的用处尚不明确。

6.1.2 社团定义

图 6.1 是传统的网络社团结构图，它强调了两个事实：第一，社团具有高*凝聚度*（*cohesion*），即它们有许多内部链接，因此节点看似"粘在一起"；第二，社团具有高*分离度*（*separation*），即它们通过很少的链接相互连接。因此，社团结构可以基于凝聚度来定义，也可以同时考虑凝聚度和分离度的相互作用。

仅基于凝聚度的定义将社团视为其自身的系统，而不考虑网络的其余部分。这种类型的社团是第 1 章中定义为完整子网的*团*（*clique*），其节点均相互连接（图 6.4）。一般来说，社团并不像团那么稠密。此外，在一个团内，所有节点都具有相同的内部度，而在真实的网络社团中，一些节点比其他节点更重要，正如异质链接模式所反映的那样。

为了让社团的定义更加实用，我们应该同时考虑候选子网的内部凝聚度及其与网络其余部分的分离度。常见的想法是，社团是一个子网，*其内部链接的数量大于外部链接的数量*。基于这个思路我们做出如下定义：

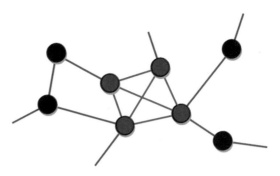

图 6.4 网络的一部分。其包括一个 4 节点派系，由蓝色节点和红色链接标识。

- *强社团*（*strong community*）中每个节点的邻居比在网络的其余部分中的多。换句话说，强社团中每个节点的内部度都超过了它的外部度。

- *弱社团*（*weak community*）是中所有节点的内部度之和超过其外部度之和。

强社团必然也是弱社团：如果内部度和外部度之间的不平等关系对每个节点成立，那么它必须对所有节点的总和成立。但相反的情况通常不成立：如果内部度和外部度之间的不平等关系对于所有节点的总和成立，那么在一个或多个节点上可能不成立。

这些定义的一个缺点是，它们将所考察的社团与网络的其余部分分开，后者被视为单个对象。但是，网络的其余部分可以依次分区为多个社团。如果一个子网 *C* 是一个像模像样的社团，我们会希望它的每个节点都更紧密地连接到 *C* 中的其他节点，而不是连接到分区的任意其他子网中的节点。这个概念促生了对强社团和弱社团的定义：

- 强社团中每个节点在该社团内部的邻居比任意其他社团都多。

- 弱社团内部节点的内部度之和超过了它们在每个其他社团中的外部度之和。节点在其自身以外的社团中的外部度，等于其在该社团中的邻居数。

早先对于强（弱）社团的定义并不太严格。如图 6.5 所示，子网在不那么严格的意义上可以被视为强社团，即使它所有节点的内部度都小于它们各自的外部度。

　　社团的传统定义依赖于以各种方式计算（内部和外部）链接。但是，链接的数量通常会随着社团规模的增长而增加。因此，不同社团的内部度和外部度之间的比较因其规模而存在偏差。理想情况下，我们想从概率的视角来进行比较：如果子网中的节点比不同子网中的节点更可能连接，我们将该子网称为社团。概率消除了对社团规模的依赖，让定义过程不再那么麻烦。那么，如何确定链接概率呢？为此，我们需要一个模型来说明链接是如何在具有社团结构的网络中形成的。6.3.4 节和 6.4.1 节介绍了定义和检测社团的概率模型。

　　实际上，大多数网络聚类方法不需要对社团进行精确定义。但是，在检查最终结果的可靠性时，预先定义社团标准可能很有用。

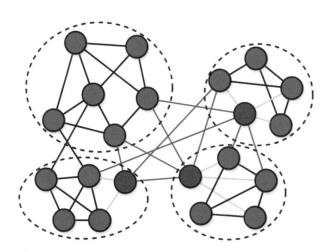

强社团和弱社团。根据我们给出的两个定义，虚线轮廓中的四个子网是弱社团。　**图6.5**
根据不太严格的定义，它们也是强社团，因为每个节点的内部度超过了连接该节点与其他所有社团的链接数量。然而，其中三个子网不是严格意义上的强社团，因为一些节点（蓝色）的外部度大于内部度（这些节点的内部链接和外部链接分别用黄色和品红色表示）。改编自 Fortunato 和 Hric（2016）。

6.1.3　分区

　　分区（*partition*）是指将网络划分或分组为社团，以便每个节点仅属于一个社团。所有可能分区的数量被称为贝尔数（*Bell number*），它随着网络节点数量的增加而呈指数级增长。例如，一个有 15 个节点的网络有高达 1,382,958,545 个可能的分区。对于节点数量较多的网络来说，通过遍历所有节点来选择网络的最佳分区是无法实现的。事实上，聚类算法通常只探索所有分区的一小部分空间，最有可能找到有意义的解决方案。

　　许多真实网络中的社团重叠（*overlap*）在一起，即它们共享一些节点。例如，在社会网络中，个体可以同时属于不同的圈子，如家人、朋友和同事。图 6.6 显示了一个具有重叠社团的网络示例。将网络划分为重叠社团的过程被称为覆盖（*cover*）。由于簇可以通过多种方式重叠，网络可能覆盖的数量远远高于已经十分巨大的分区数量。

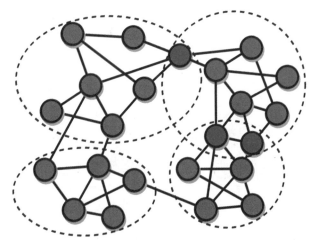

图 6.6　重叠的社团。我们将网络划分为由虚线包围的四个社团。其中三个社团共享节点，以蓝色表示。改编自 **Fortunato** 和 **Hric**（2016）。

　　当网络有多个层级的组织时，分区可以是*分层的*（*hierarchical*）。在这种情况下，簇依次呈现为社团结构，其内部有较小的社团，而其中可能又涵盖更小的社团，以此类推（见图6.7）。例如，在跨国公司员工的协作网络中，我们希望区分在同一分支机构工作的员工簇，而在每个分支机构中，我们又可能会看到进一步细分的部门。在这种情况下，层次结构的每一层都有意义，一个好的聚类方法应该能够发掘这些信息。

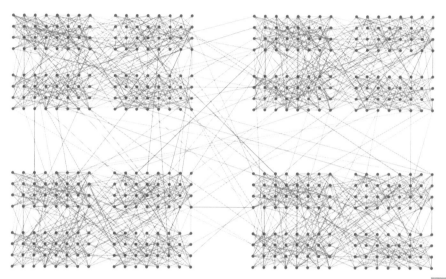

具有分层社团的网络。我们可以观察到两个分层的社团结构：四个大簇，每个簇有 **128** 个节点；还有 **16** 个小簇，每个簇有 **32** 个节点。较小的簇完全包含在较大的簇中。

图 6.7

　　真实网络的分区通常是*异质的*（*heterogeneous*），因为一些社团属性可能会在簇之间存在很大差异。社团规模通常存在很大差异。在万维网中，社团大致对应涉及相同或相似主题的网页或网站。由于某些主题比其他主题更普遍或更受欢迎，万维网上存在拥有数百万网页的簇，也存在只有几百或数千个网页的簇。凝聚力的变化幅度也很大。如果我们通过 6.1.1 节介绍的内部社团链接密度来测度它，就会发现在一些真实网络中这个数量跨越了数量级，这意味着一些簇比其他簇更具凝聚性，反映了节点组相互"吸引"和相互连接的可变能力。当然，这也可能是社团形成过程的动态特性所导致的：一些社团已经充分发展，因为它们的节点已经存在了足够长的时间；而另一些社团可能仍在发展，比方说它们的许多成员是最近才引入的。

6.2　相关问题

6.2.1　网络分区

我们已经知道社团通常彼此分离，识别明显分离的子网是*网络分区*（*network partitioning*）的目标。不管子网中有多少条链接，这里的重点是分离。网络分区算法通常不适合检测社团。尽管如此，一些分区技术还是被用于检测社团，并且通常与其他流程结合使用，所以我们有必要熟悉这个问题。

网络分区的动机来自重要的实际问题。一个典型的例子是并行计算，其目标是将任务分配给处理器，这样处理不同任务的处理器群组之间的通信链接数量就会减少，从而加快计算速度。网络分区已应用于解决各种领域的问题：偏微分方程和稀疏线性方程组的求解、图像处理、流体动力学、道路网络、移动通信网络、空中交通管制等。

分区问题包括将网络划分为给定数量的子网或给定规模的簇，以使连接不同子网中节点的链接总数最小化。在图 6.8 的示例中，我们想得到两个规模相等的簇，这种情况也被称为*图对分*（*graph bisection*）问题。将子网连接在一起的链接集合被称为*割集*（*cut set*），去除它们就意味着将簇彼此分开，它们的数量被称为*割集规模*（*cut size*）。这就是为什么该任务在文献中也被称为*最小割问题*（*minimum cut problem*）。

那么，为什么要事先指定分区的簇数？毕竟，我们可以通过分区过程确定一个簇的最佳数量。但这不是一个选项，因为它提供了一个无效的解：由于我们想要将割集规模最小化，因此最有可能的分区只有一个簇，即整个网络，这会导致割集规模为 0。下一个问题是，为什么我们必须指定簇的大小。原因依然是为了避免无效的、信息不充分的解。例如，如果网络有一个叶节点（一个度值为 1 的节点），则由一侧的叶节点和另一侧的网络其余部分组成的二分（*bipartition*）的割集规模为 1，因为有一个单独的链接将簇分开。这样的解无法反驳但也毫无意义。网络分区的主要焦点是寻找平衡的解（即簇规模与图 6.8 中大致相同的分区）。在图对分的情况下，如果网络的节点数为奇数，则一个簇将比另一个簇多出一个节点。

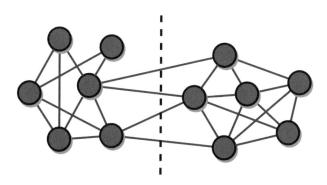

图对分。图中的网络有 **12** 个节点。目标是将其分为两部分，每部分具有相同数量的节点，以使连接这些部分的链接数量最少。解决方案由垂直虚线表示，它将两个部分分开，最小割集规模为 **4** 条链接。

图 6.8

解决图对分问题的第一个也是最常用的方法之一是 *Kemighan–Lin* 算法（*Kemighan–Lin algorithm*）。它基于一个非常简单的思路：给定网络初始的图对分，我们在簇之间交换节点对，让割集规模最大限度地下降，同时保证簇的规模不变。

我们从网络的任意分区 *P* 开始，将网络分为簇 A 和簇 B。例如，可以随机选择一半的节点并将它们放在一个簇中，其余的放在另一个簇中。算法的每次迭代都包括以下步骤：

1. 对于每对节点（*i, j*）、*i* ∈ *A* 和 *j* ∈ *B*，计算当前分区与通过交换 *i* 和 *j* 获得的分区之间的割集规模变化。

> 2. 选择并交换产生割集规模最大限度下降的节点对 i^* 和 j^*。这对节点被锁定，在这次迭代中它们不会再被触及。
>
> 3. 重复第 1 步和第 2 步，直到没有更多未锁定节点的交换导致割集规模下降。这会产生一个新的分区 P'，将作为下一次迭代的起始配置。
>
> 当连续迭代后得到的分区的割集规模相同时该过程结束，这意味着算法不能再改进结果。通过在簇对之间交换节点，Kemighan–Lin 算法可以很容易地扩展到具有两个以上簇的分区。

Kemighan–Lin 算法提供的解决方案取决于初始分区的选择。初始分区的质量越差，即它的割集规模越大，则最终的解越差，达到收敛的时间越长。为了获得更好的结果，我们可以考虑多个随机分区，并选择割集规模最小的一个作为初始分区。另一个限制是 Kemighan–Lin 算法是一种贪心算法（*greedy algorithm*），它试图在每一步最小化割集规模。贪婪策略的一个缺点是它们可能会陷入局部最优（*local optima*），即具有次优割集规模的解，因此任何局部交换都会导致更差的解。该算法的高级版本通过偶尔交换一对节点来缓解这个限制，从而增加割集规模。接受这样的移动可能有助于避免次优解的出现，并更接近割集规模的绝对最小值。

Kemighan–Lin 算法作为一种后处理技术被广泛应用，以改进其他方法提供的分区。这样的分区可以用作算法的起点，可能会返回具有较小割集规模的解。

通过网络分区识别的簇的分离效果良好，但不一定具有凝聚性。根据我们早先给出的被广泛接受的高阶定义，它们可能不是好的社团。此外，网络分区需要指定要找到的簇数量。虽然这也是许多社团检测方法的一个特征，但最好能够直接从数据中推断出这个数字。

NetworkX 有使用 Kemighan–Lin 算法对网络进行图对分的函数：

```
# minimum cut bisection: returns a pair of sets of nodes
partition = nx.community.kernighan_lin_bisection(G)
```

6.2.2 数据聚类

网络中的社团倾向于以某种方式将彼此相似的节点分组，它涉及相同或相关主题的论文或网站、在同一领域或部门工作的人、具有相同或相似细胞功能的蛋白质等。社团检测是更一般的*数据聚类*（*data clustering*）问题的特殊版本，即基于某种相似性概念将数据元素分组到簇中，使得同一簇中的元素彼此之间的相似性高于它们与不同簇中的元素之间的相似性。数据聚类提供了一组有价值的概念和工具，它们也经常用于网络簇。

数据聚类的算法主要有两类：*层次聚类*（*hierarchical clustering*）提供一系列嵌套的分区；*分区聚类*（*partitional clustering*）只产生一个分区。层次聚类在网络社团检测中的使用比分区聚类更加频繁，所以我们在这里简要讨论一下层次聚类。

层次聚类的主要成分是节点之间的*相似性测度*（*similarity measure*）。这种测度可以从节点的特定属性中得出。例如，在社会网络中，可以根据两个人的兴趣所在表明他们的个人资料有多接近。如果节点可以嵌入到几何空间中（通常可以通过适当的变换来实现），则可以将一对节点对应的点之间的距离作为它们的相异性测度，所以更接近彼此的点代表更相似的节点。相似性测度也可以仅从网络的结构中得出。一个经典的例子是*结构等价*（*structural equivalence*），它表示一对节点的邻域之间的相似性。

结构等价的一对节点 i 和 j 的相似性 S_{ij}^{SE} 可以定义为：

$$S_{ij}^{SE} = \frac{i\text{和}j\text{共享的邻居数}}{\text{仅与}i\text{，仅与}j\text{或仅与两者相邻的节点总数}} \qquad (6.3)$$

如果 i 和 j 的邻居分别是 (v_1, v_2, v_3) 和 (v_1, v_2, v_4, v_5)，那么 $S_{ij}^{SE} = 2/5 = 0.4$，因为在 5 个不同的邻居中 $(v_1, v_2, v_3, v_4, v_5)$ 共有 2 个共同的邻居（v_1 和 v_2）；如果一对节点 i 和 j 没有共同的邻居，则 $S_{ij}^{SE} = 0$；如果它们有相同的邻居集合，则 $S_{ij}^{SE} = 1$。我们强调 i 和 j 不需要是邻居，S_{ij}^{SE} 可以为任意一对节点计算其相似性。

下一步是定义两*群组*节点之间的相似性。这可以通过多种方式完成，最常用的方法包括*单一连接*（*single linkage*）、*完全连接*（*complete linkage*）和*平均连接*（*average linkage*）。在这些计算流程中，两群组之间的相似性是通过节点对的相似性得分来确定的，其中每一对由每组中的一个节点组成。

> 给定一个节点相似性测度 S 和网络中的两个群组节点 G_1 和 G_2，G_1 和 G_2 之间的相似性计算如下。首先，使用 $i \in G_1$ 和 $j \in G_2$ 测度所有节点对 (i, j) 的相似性 S_{ij}。然后，相似性 $S_{G_1 G_2}$ 可以通过成对相似性的集合并结合下面这些简单的方法来定义。
>
> - 单一连接使用最大成对相似性：$S_{G_1 G_2} = \max_{i,j} S_{ij}$
> - 完全连接使用最小成对相似性：$S_{G_1 G_2} = \min_{i,j} S_{ij}$
> - 平均连接使用平均成对相似性：$S_{G_1 G_2} = \langle S_{ij} \rangle_{i,j}$

如果分区是通过迭代合并节点群组生成的，则层次聚类技术是*凝聚的*（*agglomerative*）；如果分区是通过迭代拆分节点群组生成的，则层次聚类技术是*分裂的*（*divisive*）。这里我们专注于文献中惯用的凝聚过程，6.3.1 节将会介绍分裂层次聚类的示例。

凝聚层次聚类从普通分区的 N 个群组开始，其中每个群组由单独一个节点组成。在每一步中，具有最大相似性的群组对被合并。重复此过程，直到所有节点都在同一群组中。由于在每一步中群组的数量都会减少一个，因此该过程会产生一系列 N 个分区，这些分区可以通过*系统树图*（*dendrogram*）或*层次树*（*hierarchical tree*）来表示。图 6.9 显示了一个小型网络分区的系统树图。在底部，我们有树的叶子，它们是由标签指示的各个节点。往上走，成对的簇被合并，每次合并用一条连接两条垂直线的水平线表示，每条垂直线代表一个簇，其节点可以一直沿着垂直线向下全部识别。为了挑出其中一个分区，我们用一条水平线割断系统树图，如图 6.9 所示。由断口处的垂直线表示分区的簇。高断口产生少量较大的群组，而低断口产生大量较小的群组。分区在构造上是分层的：如果我们采用任意两个分区，在系统树图中较高分区的每个簇都是较低分区簇的合并。

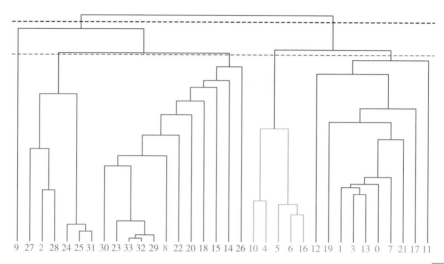

9 27 2 28 24 25 31 30 23 33 32 29 8 22 20 18 15 14 26 10 4 5 6 16 12 19 1 3 13 0 7 21 17 11

Zachary 空手道俱乐部网络的层次分区系统树图。该图描绘了层次聚类的过程 **图 6.9**
（见 6.4 节），通过水平割断挑选出网络的分区。例如，黑色和红色虚线分别对
应分成两个和五个簇的分区，每个簇包括被切断分支之处"悬挂"着的节点。如
文本中所述，颜色代表真实和推断的簇。

　　层次聚类有许多重要的限制。首先，它提供与节点一样多的分
区，但没有提供一个标准来确定哪些分区对所研究的网络是有意义
的。其次，结果通常取决于相似性测度和用于计算群组相似性的标准。
最后，算法运行得非常慢，根本无法应用于具有数百万或更多节点的
网络。

6.3　社团检测

　　社团检测方法有很多，它们通常根据识别簇的策略进行分类。本
书介绍四种流行的方法：桥移除、模块性优化、标签传播和随机块建
模。在下一节中，我们将展示如何测试社团检测算法的性能。

6.3.1 桥移除

严格来说，桥（*bridge*）是一条链接，它的移除会将连通的网络分成两部分。本书对这个术语的界定比较宽松：将连接两个社团的任意链接都称为桥。如果我们能够找到所有的桥，自然就可以检测到簇。就是说，只需移除桥，社团就会相互非连通！然后，就可以不费吹灰之力地在不连通的图中找到连通分支，问题也就迎刃而解了。这就是 *Girvan-Newman* 算法和其他几种社团检测方法的基本思路。

任何基于桥移除的算法的关键是我们有能力识别和测度出它们。对于 Girvan-Newman 算法来说，这个测度方法是链接介数（参见 3.1.3 节）。回想一下，链接介性告诉我们节点对之间有多少条最短路径通过了一条链接。我们预计桥的链接介数比簇内部链接的更高，即连接不同社团中节点对的许多最短路径必然穿过桥（见图 6.10）。相比之下，一般情况下内部链接的介数要低得多，这是由于内部链接密度较高，有许多可替代的最短路径穿过社团，因此其中任何一条都不太可能是优先路径。

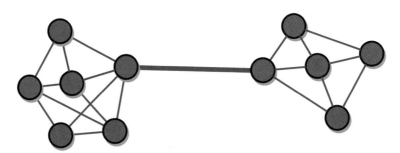

图 6.10　链接介数和桥。如果链接是桥，则链接介数通常很高。图中，中间的链接是一座桥，它具有比其他所有链接更高的介数，连接两个社团中的每个节点的最短路径都必须经过它。

Girvan-Newman 算法通过迭代来识别并移除具有最大介数的链接，这导致网络逐渐分解为不连通的碎片。

> 我们首先计算所有链接的介数，算法的每次迭代都包含两个步骤：
>
> 　1.删除具有最大介数的链接；在平局的情况下，随机挑选其中之一。
>
> 　2.重新计算剩余链接的介数。
>
> 当所有链接都被移除并且节点被孤立时，该过程结束。

在每次迭代中，必须重新计算所有链接的介数。这对于获得有意义的结果至关重要，但会让计算过程非常缓慢。具有强社团结构的网络很快会分裂成不连通的社团，重新计算步骤只需要在连通分支内部（包括最后删除的链接在内）执行，因为所有其他链接的介数保持不变。这样做可以显著减少重新计算介数的负担。

Girvan-Newman 算法生成一组 N 个分区——从包含整个网络的单个簇组成的分区，到每个节点都是单例节点并形成自己社团的分区。在每个分区中，簇对应网络的连通分支。每当删除一条链接时，网络连通分支就会分裂，簇的数量会增加一个。所有分区都是分层的，因为删除链接会将簇分成更小的碎片，这些碎片又被分成更小的碎片，以此类推。这是分裂层次聚类的一个例子，与凝聚层次聚类恰恰相反（参见 6.2.2 节）。对于凝聚层次聚类来说，该方法提供的完整分区集可以用系统树图表示。在图 6.9 中，我们展示了 Girvan-Newman 算法在 Zachary 空手道俱乐部网络上检测到的分区，它代表了俱乐部成员之间的社交互动。这是社团检测的经典基准，我们在 6.4 节中进行了描述。网络的自然分区为两个社团，由系统树图底部节点标签的不同颜色表示。该算法发现的两个簇（对应黑色水平割断）与网络的自然分区吻合，仅节点 2 和 8 被错误地分类。

NetworkX 有 Girvan-Newman 算法的函数：

```
# returns a list of hierachical partions
partitions = nx.community.girvan_newman(G)
```

由于该方法速度很慢，因此不适用于节点数超过 10,000 个的大型网络。鉴于算法的瓶颈是重新计算链接介数，已经有学者提出了更快的方法来解决这个问题。例如，不再基于所有可能的节点对来确定最短路径数量并精确计算链接介数，而是仅使用一部分节点对的样本来获得链接介数的近似值。实际上，我们关心的是链接的秩序而不是它们确切的介数值。学者们还提出了其他识别桥的测度方法，计算成本大大低于介数。

该算法还有一个各种层次聚类技术都存在的缺点（参见 6.2.2 节）：有多少个节点就可能有多少个分区，那么哪些分区是有意义的？为了回答这个问题，在下一节中我们将介绍一种表示分区质量的测度方法，它可以从系统树图中选择最佳分区。

6.3.2　模块性优化

我们如何判断一个分区有多"好"？一种自然的途径是测量分区的子网与社团的相似程度。例如，我们可以计算每个子网的内部链接密度，看看它是否足够高，但这样的策略可能会导致错误的结果。以一个随机网络为例（参见 5.1 节）：我们不希望在其中找到社团，因为节点之间是随机连接的，所以没有一组节点更倾向于彼此链接而不是链接到外部的节点。这是一个比较成熟的社团检测原则：*随机网络不存在社团*！这个说法与链接密度无关。无论其内部链接密度如何，随机子网都不会成为一个好的社团，因此我们需要一种更好的方法来测度社团分区的质量。

分区的*模块性*（*modularity*）不是以绝对值方式而是根据*随机基线*（*random baseline*）来评估社团分区的质量，即折算那些可能归因于原始网络随机化产生的内部链接。简单来说，模块性是所有簇内部链接数量与随机网络中预期值之间的差异。本定义中采用的基线是 5.3 节中讨论的保留度的随机化——具有相同节点数的网络，每个节点都保持原始网络中的度值。如果原始网络是一个随机图，它将具有与其随机化相似的特征，并且模块性较低。具体而言，如果每个簇的内部链接数在网络的随机版本中接近其期望值，则该网络的社团结构与具有相同度序列的随机网络的社团结构兼容，即模块性较低。相反，如果簇内的链接数量远大于其预期的随机值，那么内部链接的这种集中不太可能是随机过程的结果，模块性可以达到很高的值（图6.11）。小贴士6.1给出了无向网络和无权网络中模块性的正式定义。假定一个网络分区为一组社团，其模块性的值[公式（6.4）]可以用下面的NetworkX函数计算：

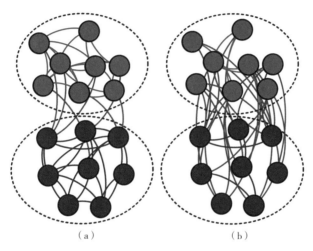

（a）　　　　　　　　　　　　（b）

网络模块性。（a）的网络具有清晰可见的社团结构，包括两个簇，其节点以蓝色和红色突出显示，模块性很高。（b）显示了保留度的随机化网络。随机化网络与原始网络相比，其内部（蓝色和红色）链接更少，子网之间的链接更多（灰色），可见随机化过程破坏了网络的社团结构，因此同一分区的模块性更低。经 **Elsevier** 许可，转载自 **Fortunato** 和 **Hric**（**2016**）。　　　**图6.11**

```
# returns the modularity of the input partition
modularity = nx.community.quality.modularity (G,partition)
```

小贴士 6.1　模块性

　　无向网络和无权网络中分区的模块性被定义为：

$$Q = \frac{1}{L} \sum_C \left(L_C - \frac{k_C^2}{4L} \right) \qquad (6.4)$$

式中，求和运算遍历分区的所有簇，L_C是簇 C 中的内部链接数，k_C是 C 中节点的总度值[公式（6.2）]，L是网络中的链接数。

　　求和的每个元素是簇 C 中内部链接数与其在保留度的随机化网络中期望值之间的差值。为了计算预期值，我们认为随机链接是通过匹配随机选择的存根对形成的（参见 5.3 节）。附加到 C 中节点的存根总数是簇的总度值，在每个随机化中都是 k_C，因为每个节点都保留了它的度值。随机选择其中一个存根的概率是 $k_C/2L$，$2L$ 是网络的存根总数（每条链接产生两个存根）。对于连接同一簇 C 中的两个节点的随机链接，必须从 C 中选择两个存根。为了得到更接近的粗略估计值，从 C 中随机选择一对存根的概率是选择每个存根概率的乘积：$\dfrac{k_C}{2L} \cdot \dfrac{k_C}{2L} = \dfrac{k_C^2}{4L^2}$（这种情况类似于计算在两次独立抛硬币中两次抽出正面的概率：$\dfrac{1}{2} \cdot \dfrac{1}{2} = \dfrac{1}{4}$）。最后，由于总共有 L 条链接，并且每条链接以概率 $k_C^2/4L^2$ 连接 C 中的两个节点，内部链接的期望值为 $L \cdot k_C^2/4L^2 = k_C^2/4L$。

　　任意网络的分区在单个簇中会得到 $Q=0$。这是因为公式（6.4）中的求和可简化为一个单项，即 $L_C=L$，此时 $k_C=2L$ 是网络的总度值。此外，对于任意网络的任意分区而言，$Q<1$，因为它不能大于 $\left(\sum\limits_C L_C\right)/L$。当所有链接都在内部时，才会出现 $Q=1$ 的极端情况。另外，模块性可以取负值。考虑到分区可以是 N 个单例节点：每个被加数的第一项为 0，因为没有将节点连接到自身的链接，所以 Q 是对负数的求和。对于大多数网络来说，模块性有一个非平凡的最大值：$0 < Q_{max} < 1$。

　　该定义可以直接扩展到有向网络和加权网络中的分区。

　　有向网络分区的模块性表达式为：

$$Q_d = \frac{1}{L} \sum_C \left(L_C - \frac{k_C^{in} k_C^{out}}{L} \right) \tag{6.5}$$

式中，L_C 为簇 C 中的有向链接总数，k_C^{in} 和 k_C^{out} 分别为 C 中节点的总入度和总出度。

对于加权网络，则有：

$$Q_w = \frac{1}{W} \sum_C \left(W_C - \frac{s_C^2}{4W} \right) \qquad (6.6)$$

式中，W 是网络链接的总权重，W_C 是 C 中内部链接的总权重，s_C 是 C 中节点的总强度 [即 C 中节点强度的总和，见公式（1.8）]。

对于链接既是有向又是加权的网络，则有：

$$Q_{dw} = \frac{1}{W} \sum_C \left(W_C - \frac{s_C^{in} s_C^{out}}{W} \right) \qquad (6.7)$$

式中，s_C^{in} 和 s_C^{out} 分别是 C 中节点的总入强度和总出强度。

模块性最初是为了对 Girvan–Newman 算法提供的分区进行排序而引入的，据此可以选择出最好的分区。例如，图 6.9 的系统树图中的最大模块性的数值，是通过将 Zachary 空手道俱乐部网络分区为与红色虚线对应的五个簇，并由垂直线的颜色表示。由于模块性测度的是任意分区的质量，我们鼓励将其与其他技术结合使用。我们所要做的就是搜索具有最大可能模块性的分区。这是一大类网络聚类算法*模块性优化*（*modularity optimization*）的基本思路。回顾 6.1.3 节，一个网络可能的分区数量是巨大的，因此不可能对分区空间进行完全的探索，即使对于小型网络也是如此。好的算法通常将搜索限制在分区的一个很小的子集范围内。

一种简单的模块性最大化技术是凝聚算法，它从每个节点是其自身簇的分区开始，然后迭代地合并产生让模块性最大程度增加的簇对。该方法探索由系统树图表示的分区层次结构。初始分区为具有负模块性的单例节点，然后模块性稳步增加，直到达到正峰值，最后下降到 0，这时所有节点都在同一个社团中。峰值对应的分区是算法找到的最优解。该方法是一种贪婪算法，它试图在每个步骤中最大化模块性。因而，很可能会卡在具有次优模块性的解上。该算法还倾向于生成不平衡的分区，其中一些簇比其他簇大得多——这通常是不现实的，并且会大大减慢该方法的速度。针对算法的简单修改可以有效缓解这个问题，例如合并大小相当的群组或一次合并两个以上的群组。

NetworkX 有快速版本的贪婪模块性优化的函数：

```
# returns the maximum modularity partition
partition = nx.community.greedy_modularity_communities(G)
```

最流行的模块性优化方法是 *Louvain* 算法（*Louvain algorithm*）。如图 6.12 所示，这个算法的本质也是凝聚过程，其中社团迭代转变为超节点。

> 该算法再次从单例节点开始分区，每次迭代由两个步骤组成。
>
> 1.遍历节点：将每个节点放入邻居社团中，由此产生相对于当前分区的最大模块性增量 ΔQ。迭代访问所有节点，直到不再可能通过移动节点到不同的社团来增加 Q。
>
> 2. 将网络转化为加权超网络；步骤 1 的分区中的每个社团都被替换为超节点，它们之间的链接带有与相应群组中连接节点的链接数相对应的权重，同一社团中连接节点的链接表示为对应超节点到自身的自环，权重等于内部链接的数量。
>
> 由于我们最终关心的是对实际节点进行聚类而不是对超节点进行聚类，因此总是相对于原始网络计算模块性。当分区中没有进一步的簇分组增加模块性时，该过程停止，并返回具有最大模块性的分区。

Louvain 算法也是一种贪婪算法，因此它通常无法找到非常接近最优模块性的分区。此外，结果取决于访问节点的顺序。从好的方面来说，该算法速度非常快，因为在第一次迭代之后，连续的变换非常迅速地缩小了网络，并且通常只生成少数几个分区，而较小的网络让计算更加快速，所以该方法在实际中得到了广泛应用。例如，图 0.2（b）中所示的簇就是以这种方式找到的。Louvain 算法可用于检测具有数百万个节点和链接的大型网络中的社团。

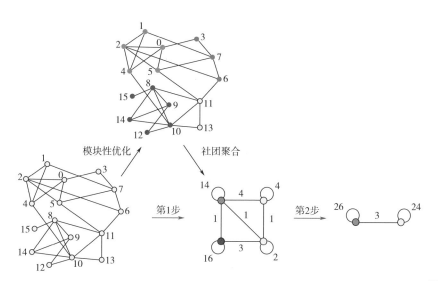

Louvain 算法。我们从左图开始展示了该方法的两次迭代过程。每次迭代包括两个步骤：首先，将每个节点分配给相邻社团，从而产生最大（正）模块性增益，直到无法进一步增加。然后，通过将簇转化为超节点，将网络转化为更小的加权图，两个不同社团之间的每组链接转化为对应超节点之间的单个加权链接，每个社团中的内部链接转化为对应超节点的自环。超链接上的权重使我们能够更快地计算原始网络分区的模块性变化，这些分区对应由超级节点表示的群组的合并。经 **Blondel** 等人（2008）许可转载，版权为物理研究所有。

图 6.12

在编写本书时（译者注：2019 年），NetworkX 中还没有 Louvain 算法的计算程序，但是可以通过导入 community 模块来获得同样的结果：[1]

```
# download community module at
# github.com/taynaud/python-louvain
import community
# returns the partition with largest modularity
partition_dict = community.best_partition(G)
```

虽然模块性方法很受欢迎，但是这种测度面临一些重要限制，削弱了它在实际应用中的可行性。例如，网络越大则其最大模块性越大，因此它不能用于比较不同系统中的分区质量。此外，令人惊讶的是，随机网络分区的最大模块性可能会达到相当大的数值，这是因为该测度是相

---

1 python−louvain. readthedocs. io

对于随机的基线来定义的：如果网络本身是随机的，我们预计它与基线的偏差会很小；但是，该测度只是从实际数量中减去每个社团的预期内部链接数量 [公式（6.4）]，并没有考虑期望值周围的随机波动，这就可能会夸大模块性。最后，最大模块性不一定对应最佳分区。这是因为该测度有一个内在的*分辨率限制*（*resolution limit*），让它无法检测到小社团。

具体来说，分辨率限制取决于网络中的链接总数：度值小于 $\sqrt{2L}$ 的社团无法被模块性优化方法识别出来，可能并入了其他簇。

图 6.13 展示了这个问题的极端后果。由于派系是我们能得到的最具凝聚力的子网，其所有的内部链接都真实存在，所以图中的网络自然分区为对应派系的 16 个社团。然而，网络中还存在模块性更大的分区，例如图 6.13 中的虚线轮廓表示的 8 个簇。解决这个问题的一种方法是，在模块性定义中引入一个参数来调整方法的分辨率 [公式（6.4）]，它的值决定了可检测到的社团的规模，从非常小到非常大。这种称为*多分辨率模块性优化*（*multiresolution modularity optimization*）

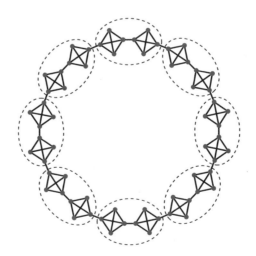

图 6.13 模块性优化的分辨率限制。网络由 **4 节点派系**组成，形成了一个环状结构，每个派系通过单条链接连接到其他两个。可以预见，以社团为派系的分区模块性将达到峰值，该分区模块性 $Q \approx 0.795$。但是，事实证明组合成对的派系（由虚线轮廓表示）的分区具有更高的模块性 $Q \approx 0.804$。经 **Elsevier** 许可，转载自 **Fortunato** 和 **Hric**（**2016**）。

的策略在计算上的要求很高，因为模块性必须针对参数的多种选择进行优化。此外，我们需要一个标准来决定分辨率参数如何取值才能更适合一个给定的网络。虽然存在这些缺点，多分辨率模块性优化仍然得到了广泛的应用。

6.3.3　标签传播

标签传播算法（*label propagation algorithm*）是一种简单而快速的社团检测方法。它出发点是"邻居节点通常属于同一个社团"，即大多数链接是在社团内部的，由此产生了凝聚且分离的社团（如 6.1.2 节所述）。在每一步，算法都会检查每个节点，并将它分配到其大多数邻居所在的社团。该过程最终收敛到一个稳定的分区，其中每个节点都具有与其大多数邻居相同的社团成员资格。

> 标签传播方法从单例节点的分区开始，每个节点都被赋予了不同的标签。该过程遵循两个迭代步骤。
>
> 1. 以随机顺序对所有节点执行扫描，每个节点获取它的大多数邻居共享的标签；如果没有唯一的多数，则随机选择多数标签之一。
> 2. 如果每个节点都有它的邻居的多数标签（稳态），则停止；否则，重复步骤 1。
>
> 社团被定义为在稳态下具有相同标签的节点群组。

在此过程中，标签在网络中得以传播：大多数标签最终消失，一些标签占据主导地位。由于网络的分区在每次扫描期间都会发生变化，因此需要多次扫描才能达到稳态。然而，该算法通常在少量迭代后收敛，完全与网络规模无关。

在最终的分区中，每个节点在自己的社团中拥有比在任何其他社团更多的邻居。根据 6.1.2 节中给出的不太严格的定义，每个簇都是一个稳健的社团。但是，依然存在的问题是，该算法没有提供唯一的解决方案——结果取决于在每次扫描中访问节点的顺序（顺序可设置为随机以避免偏差），同样取决于计算中使用的随机数序列。不同的分区也是过程中遇到的许多联系的结果，可以再次根据随机数的顺序以不同的方式打破这些联系。尽管存在这些不稳定性，但在真实网络中通过标签传播发现的分区往往彼此相似。为了获得更稳健的结果，可以从程序运行中获得合成的解决方案。

该方法的优势在于，它不需要有关社团数量和规模的任何信息，也没有任何参数。该技术易于实现且速度非常快，具有数百万个节点和链接的网络也可进行分区。如果某些节点的社团标签是已知的，则它们可以用作初始分区中的种子。例如，此方法可为 Twitter 扩散网络中的节点分配颜色，如图 0.3 所示。

NetworkX 有标签传播算法的函数：

```
Partition = nx.community.asyn_lpa_communities(G)
```

6.3.4　随机块建模

假设你有一个网络，并且知道它是由一组参数来定义，并通过某个模型来生成的。如果参数值是固定的，模型就会生成一类网络；如果参数是未知的，我们可以寻找能够让网络模型与我们的图最相似的参数值。这类似于我们将一条直线拟合到一组数据点并推断斜率参数。例如，如果我们的网络是一个随机图，那么我们可能会想知道链接概率如何取值才能够产生与之最为相似的图。

如果我们对揭示网络的社团结构感兴趣，那么可以考虑使用社团生成网络模型。这样，一旦找到了最佳拟合模型，模型中的社团就是我们希望检测的簇的最佳近似值。最为常用的社团生成网络模型是*随机块模型*（*stochastic block model*，*SBM*）。基本思想是将节点分成群组，两个节点连接的概率由它们所属的群组决定。

从形式上看，假设一个网络的 N 个节点被分成 q 个群组，$1, \cdots, q$。节点 i 在群组 g_i 中。节点 i 和 j 连接的概率完全取决于它们的群组成员：$P(i \leftrightarrow j) = p_{g_i g_j}$。因此，对于任意一对群组 g_1 和 g_2，g_1 中的任意节点与 g_2 中的任意节点之间的连接概率是相同的，并

形成了一个 $q \times q$ 阶矩阵，称为随机块矩阵（*stochastic block matrix*）（图 6.14）。对于有向图来说，矩阵通常是不对称的。这里我们关注无向网络，它的矩阵是对称的。随机块矩阵的对角线元素 $p_{gg}(g=1,\cdots,q)$ 是块 g 中节点相邻的概率，而非对角线元素则给出了不同块之间的链接概率。

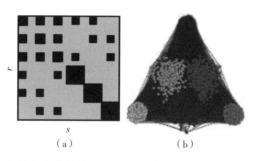

（a）　　　　　　　（b）

随机块模型。（a）具有六个块的 **SBM** 正方形的大小与对应群组之间的链接概率值成正比。（b）使用矩阵的链接概率生成具有 **1,000** 个节点的网络。这些群组由颜色标识。经美国物理学会许可，转载 Peixoto（2012）的图。　**图 6.14**

如果同一群组内节点连接的概率高于不同群组内节点之间连接的概率，则该模型产生的网络具有凝聚且分离的社团。该模型还可以生成各种其他类型的群组结构。

如果 $\forall r,s=1,\cdots,q$ 且 $r \neq s$，则有 $p_{rr} > p_{rs}$，那么我们复原了社团结构。当 $p_{rr} < p_{rs}$ 时，我们得到分离的结构（*disassortative structure*），此时链接更有可能出现在块之间而不是它们内部。在 $p_{rr}=0$ 的特殊情况下，$\forall r$ 让我们得到多部网络（*multipartite networks*），此时只有块之间存在链接。如果 $q=2$ 且 $p_{11} \gg p_{12} \gg p_{22}$，我们将得到核心 – 边缘结构（*core-periphery structure*）：第一个块（核心）中节点之间的连接相对良好，并且它们与边缘节点集之间的交互非常少。最后，如果所有概率相等（$\forall r,s: p_{rs}=p$），我们将复原经典的随机网络：任意两个节点连接的概率相同，不存在群组结构。

　　定义模型后，我们必须将其拟合到我们的网络中。对于一个给定的网络分区，SBM 再现了节点之间的链接位置，其标准过程是最大化再现的似然值。这个似然值可以通过分析来计算，它告诉我们具有给定分区的 SBM 能够有多准确地模拟我们的网络。最后一步是找到产生最大似然值的分区。小贴士 6.2 解释了似然性并提出用贪心算法来找到一个将其最大化的分区。像所有的贪心算法一样，该方法给出的是次优解。为了改进结果，可在不同的随机初始条件下多次运行算法，并在所有运行中选择似然值最高的分区。

小贴士 6.2　将随机块模型拟合到一个网络

　　标准 SBM 模型在描述大多数真实网络的群组结构方面做得很差，因为它忽略了节点度的异质性。因此，我们引入*度修正随机块模型*（*degree-corrected stochastic block model*，*DCSBM*），其中节点度与网络中真实度值匹配。DCSBM 基于一个给定的分区 g 重现网络 G，G 的节点被划分到 q 个群组中，这个事件的概率可由对数似然值来表示：

$$\mathcal{L}(G|g) = \sum_{r,s=1}^{q} L_{rs} \log\left(\frac{L_{rs}}{k_r k_s}\right) \tag{6.8}$$

　　其中，L_{rs} 是从群组 r 转移到群组 s 的链接数量，$k_r(k_s)$ 是 $r(s)$ 中节点的度值之和，并且求和运算遍历 g 中的所有群组对（包括当 $r=s$ 时）。

　　公式（6.8）中的分区为 q 个群组的似然值最大化，可以通过简单的贪心算法来实现。起点是随机分区的 q 个簇，算法的每次迭代包括两个步骤：

　　1.反复将一个节点从一个群组移动到另一个群组，在每个节点只能移动一次的约束条件下，在每个步骤中选择最大程度增加似然值（如果不可能增加的话，则最低程度地减少似然值）的移动。

　　2.当所有节点都已移动后，检查系统在步骤 1 中从开始到结束所经历的分区，并选择具有最高似然值的分区。

　　当两次连续迭代的似然值相等时（即不能进一步增加），算法终止。

这种方法最重要的限制是需要预先指定群组的数量，而这对于实际网络来说通常是未知的。事实证明，在整个可能分区的集合上将似然值直接最大化，会产生一个归于单例节点的平凡划分。幸运的是，有些方法可以预先估计簇的数量，或者将 SBM 进一步细化。

6.4 方法评估

我们如何知道社团检测方法是"好"的？我们如何判断两种方法中的哪一种更好？这样的问题很棘手，因为并不存在一个网络分区正确与否的基准。评估算法的一种常见方式是检查它是否能够在*基准图*（*benchmark graphs*，即已知具有"天然"社团结构的网络，中找到社团。这里有两类基准：一是通过某些模型生成的人造网络；二是基于系统历史或节点属性定义社团的真实网络。

6.4.1 人工基准

随机块模型（6.3.4 节）通常用于生成人工基准图。NetworkX 有可以做到这一点的函数：

```
# network with communities with sizes in the list S
# and stochastic block matrix P
G = nx.generators.stochastic_block_model(S, P)
```

SBM 的一个特殊版本是*植入分区模型*（*planted partition model*）。它是原始 SBM 的简化版本，只有两个链接概率：同一社团中两个节点连接的概率和不同社团中两个节点连接的概率。

在 6.3.4 节中，我们了解了具有 q 个群组的标准 SBM 的特征是 $q{\times}q$ 阶随机块矩阵，其中 p_{rs} 表示在群组 r 中任意节点和群组 s 中任意节点之间存在链接的概率。在植入分区模型中，当 $r=s$ 时，

$p_{rs} = p_{int}$；当 $r \neq s$ 时，$p_{rs} = p_{ext}$。如果 $p_{int} > p_{ext}$，则两个节点在同一群组中连接的机会要高于它们在不同群组中连接的机会，这意味着这些群体是社团。该模型进一步假设所有社团具有相同大小的 N/q。给定 p_{int}，p_{ext} 和 q 的值，我们可以计算一个节点内部和外部的期望度值，分别为 $\langle k^{int} \rangle = p_{int}\left(\dfrac{N}{q}-1\right)$ 和 $\langle k^{ext} \rangle = p_{ext}\dfrac{N}{q}(q-1)$。群组中任何其他 $\dfrac{N}{q}-1$ 个节点成为 i 的邻居的概率 p_{int} 相同，并且在其他群组中任何 $\dfrac{N}{q}(q-1)$ 个节点成为 i 的邻居的概率 p_{ext} 也相同。期望（总）度值为 $\langle k \rangle = \langle k^{int} \rangle + \langle k^{ext} \rangle = p_{int}\left(\dfrac{N}{q}-1\right) + p_{ext}\dfrac{N}{q}(q-1)$。

NetworkX 有根据植入分区模型生成网络的函数：

```
# network with q,communities of nc nodes each
# and link probabilities P_int and p_ext
G = nx.generators.planted_partition_graph(q,nc,p_int,p_ext)
```

植入分区模型的具体实现被称为 *GN 基准*（*GN benchmark*），它早已被科学界用作标准验证工具。其中，网络规模、节点度以及社团数量和规模被设置为特定的值。

为了得出 GN 基准，我们设置 $N = 128$，$q = 4$ 和 $\langle k \rangle = 16$。这意味着 $31p_{int} + 96p_{ext} = 16$，因此 p_{int} 和 p_{ext} 不是独立参数。一旦我们固定了 p_{int}，p_{ext} 的值就由它们的这个数量关系来决定。知道 p_{int} 和 p_{ext} 之后，网络的构建过程类似于 Erdős–Rényi 随机图（5.1 节）所采用的过程：我们遍历所有节点对，并根据节点是否在同一个社团，以概率 p_{int} 或 p_{ext} 连接每个节点。

外部度越高，内部度越低，社团检测难度就越大。图 6.15 依次显示了三个检测难度越来越大的 GN 基准网络。

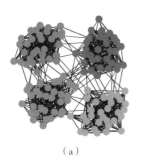 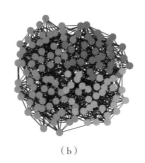 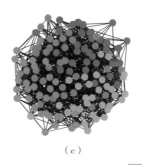

（a） （b） （c）

三个具有期望度值的 **GN** 基准网络。（a）$\langle k^{ext} \rangle = 1$，$\langle k^{int} \rangle = 15$，（b）$\langle k^{ext} \rangle = 5$，$\langle k^{int} \rangle = 11$，和（c）$\langle k^{ext} \rangle = \langle k^{int} \rangle = 8$。四个群组在网络（c）中很难区分。在这种情况下，社团检测方法无法将许多节点分配给正确的群组。

图 6.15

> $\langle k^{ext} \rangle$ 值较低时，社团能被很好地分离，大多数算法都可以检测到它们。算法表现随着 $\langle k^{ext} \rangle$ 值的增加而下降：越来越多的节点最终在不同群组中具有类似数量的邻居，并且可能被错误分类。只要 $p_{int} > p_{ext}$，一个好的算法在理论上应该可以识别出社团。当 $p_{int} = p_{ext} = 16/127$ 时，$\langle k^{ext} \rangle \approx 12$，那么当 $\langle k^{ext} \rangle$ 低于此值时，应该可以检测到社团。然而，由于链接位置的随机波动，可检测性阈值要低得多，大约为 9。当 $9 \leqslant \langle k^{ext} \rangle \leqslant 12$ 时，这些波动使网络基本上与随机图没有区别。

尽管很实用，但是 GN 基准并不能够很好地替代具有社团结构的真实网络。一个问题是，我们假设所有节点的度值大致相等，而实际网络的度分布通常是高度异质性的（3.2 节）。另一个限制是，真实网络中的社团通常具有完全不同的规模，而基于植入分区模型的基准只能产生相同规模的群组。更高级的 *LFR 基准*（*LFR benchmark*）产生的网络具有满足重尾分布的度和社团规模（如图 6.16 所示），所以它现在经常用于评估社团检测算法。

在评估社团检测方法时，*负面测试*（*negative tests*）尤为重要。为实现这个目的，可以采用没有社团结构的网络作为基准。随机网络就是很好的例子，检测其中社团的算法在应用中不太可靠。在此情况下，我们期望得到有意义的分区是单例节点和整个网络是单个簇的分区。任何其他划分都表明该方法无法将实际社团与随机波动产生的且高度集中的子网区分开来。

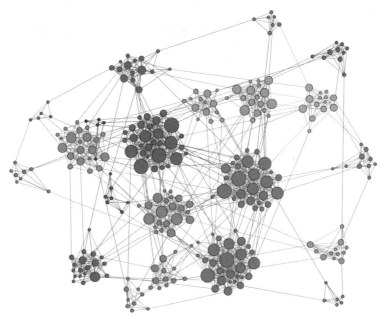

图 6.16 **LFR 基准。**节点大小与度值成正比。节点度和社团规模分布广泛，解释了大多数具有社团结构的真实网络中所观察到的异质性。

6.4.2 真实基准

在具有社团的真实网络中，最著名的例子是 Zachary 空手道俱乐部网络。如图 6.17 所示，该网络包括 34 个节点，对应空手道俱乐部的成员，他们被跟踪观察了 3 年之久。俱乐部活动之外进行互动的个人具有链接。有一次，教练和空手道俱乐部主席之间的冲突导致俱乐部分裂为两个独立的群组，其成员分别支持教练和主席。基于网络结构的俱乐部群组的意义在于：大多数成员都连接到两个中枢节点中的一个，显示出他们与主席或教练的密切联系。可靠的聚类技术应该能够识别出网络的二分。事实上，Zachary 空手道俱乐部网络对社团检测算法并不构成严峻挑战，其中许多算法能够正确地将节点分类。

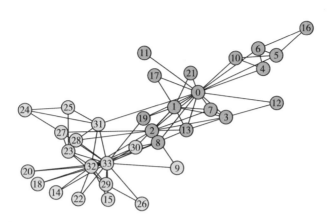

Zachary 空手道俱乐部网络。不同的颜色表示俱乐部教练（节点 0）和主席（33）各自的追随者，他们最终形成了两个独立的群组。

图 6.17

NetworkX 有可以生成 Zachary 空手道俱乐部网络的函数：

```
G = nx.karate_club_graph ()
```

对于许多其他网络来说，其节点可以根据属性进行分类，并用于测试社团检测算法的准确性。例如：在许多社交网络中，用户可以决定加入一些群组；在引文网络中，论文可以根据其发表地点进行分组；互联网路由器可以按国家分类。这样的群组并不总与通过聚类方法找到的社团匹配，从而出现了一个新的问题：结构聚类是否必须对应基于属性的群组？答案取决于网络和属性。检测网络中的社团是一种发现隐藏属性的方法，这些属性决定了图的表现形式。如果具有相同或相似属性的节点之间存在强关联，则可以通过社团检测来揭示其属性。如果属性在网络的构建中不发挥作用，那么它们对聚类方法来说仍然是不可见的。

6.4.3　分区相似性

验证过程所需的最后一个要素是*分区相似性*（*partition similarity*）测度，它用于分辨算法结果与作为基准的网络自然分区之间的相似程度。分区相似性测度的方法有很多，它们可以根据估计相似性的标准进行分类。

一种常见的测度方法是*正确被检节点比例*（*fraction of correctly detected nodes*）。如果在被检测到的分区中，一个节点和同一社团中至少半数的其他节点也在基准分区中的同一社团内，则说明该节点被正确分类。需要注意的是，如果被检测到的分区是由基准分区中两个或更多群组合并所获得的社团，则这些簇的所有节点都被认为是错误分类。如果将正确分类的节点数除以网络中的节点数，就可以得到一个大于 0 且小于 1 的比例。这种测度方法有一个问题，即将节点标记为正确或错误分类的方式未免有些武断。

一个更好的办法是计算两个分区之间的相似性，即根据给定的两个分区中的一个，推断另一个分区所需的额外信息量。这是对簇之间必须移动节点的信息统计，以实现从一个分区转换到另一个分区的目的。如果分区相似，则从一个分区到另一个分区只需要很少的信息。需要的额外信息越多，分区就越不相似。小贴士 6.3 阐释了*归一化互信息*（*normalized mutual information*）的方法——一种基于信息的相似性测度。尽管归一化互信息被广泛采用，但是它也有一些限制。检测到的分区如果包括很多簇，即使它们不一定更接近基准分区，也可能会产生一个更大的值，可能会对算法的相对性能造成错误的认知。当然，我们可以采用其他的分区相似性测度，不过任何方法都有其优点和缺点。

小贴士 6.3　归一化互信息

一些测度分区之间相似性的方法借鉴了信息论中的概念。将随机选择的节点属于分区 X 的簇 x 的概率设定为 $P(x) = N_x / N$，其中 N_x 是 x 的大小。随机选择的节点同时属于分区 X 的簇 x 和分区 Y 的簇 y 的概率为 $P(x,y) = \dfrac{N_{xy}}{N}$，其中 N_{xy} 是簇 x 和 y 共有的节点数。分区 X 和 Y 的归一化互信息定义为：

$$\text{NMI}(X,Y) = \frac{2H(X) - 2H(X|Y)}{H(X) + H(Y)} \qquad (6.9)$$

其中，$H(X) = -\sum_x P(x) \log P(x)$ 是 X 的香农熵（Shannon entropy），$H(X|Y) = \sum_{x,y} P(x,y) \log\left[P(y)/P(x,y)\right]$ 是给定 Y 的 X 的条件熵（conditional entropy）。求和过程遍历分区 X 的所有簇 x，以及 X 和 Y 的所有簇对 x 和 y。当且仅当两个分区相同时，NMI $= 1$；而如果它们是独立的，则这个期望值为 0，正如计算两个随机分区时那样。

6.5　本章小结

社团在网络的结构和功能中发挥着关键作用。它揭示了节点之间的相似性，展示了网络是如何组织的，让我们能够发掘节点在其社团和整个网络中的作用，并影响着网络上的动力学过程，所以社团检测是网络分析中的核心问题。

1. 社团不是定义明确的对象。从形而上学的视角出发，它们是有凝聚力且明显分离的子网，即它们内部有很多链接而它们之间的链接并不多。许多聚类算法不需要对社团做出精确的定义。

2. 一个网络可能分区为社团的数量是巨大的，即使对于一个小图来说也是如此，因此难以检索到所有的社团。

3. 随机网络没有社团。它可用于测试社团检测算法是否可以区分信号和噪声。

4. 网络分区搜索的是明显分离的子网。这些子网不一定具有凝聚力，因此它们可能对应社团，也可能并不对应。尽管有这个限制，而且必须将簇的数量事先确定，网络分区工具依然有助于对社团的检测。

5. 层次聚类方法根据节点的相似性对它们进行分组。该方法有一个明显的缺点：在由程序交付的完整层次结构（系统树图）中，缺乏一个选择有意义的分区的标准。

6. 桥移除方法的思路是消除社团之间的链接，以便社团得以非连通并被识别。与其他层次聚类方法一样，除非提供额外的标准，否则桥移除无法对其找到的层次分区进行排序。

7. 模块性优化方法搜索具有最大模块性得分的分区。该方法通过比较内部链接数量与网络随机化后的期望数量来测度分区的质量。分数越大，随机性越小，因此聚类越显著。Louvain 方法是一种贪婪的模块性优化技术，凭借计算速度快而得以广泛使用。模块性优化有两个限制：一是原本没有群组结构的网络也可能检测出具有相当大模块性的分区；二是该方法难以发现小社团。

8. 标签传播方法将节点分配给社团，使每个节点在各自的社团中拥有比任何其他社团更多的邻居。

9. 随机块模型生成具有群组结构的网络。通过将随机块模型拟合到网络的方式来复原网络中的社团。具体来讲，该方法通过最大化模型再现网络的似然值，但是过程同样需要将群组的数量（可通过适当的流程来估计）作为输入项。

10. 我们可以评估社团检测算法，即测试它们是否可以复原基准网络的已知社团结构。流行的 GN 和 LFR 人造基准网络源自特殊的随机块模型。具有群组属性的真实网络对测试是否有用取决于节点属性是不是社团结构起源的一种因素。分区相似性测度用于评估算法检测到的社团与基准网络中的相似程度。

6.6　扩展阅读

在深入研究这一主题时，建议读者查阅 Porter 等人（2009）、Fortunato（2010）、Fortunato 和 Hric（2016）所著的综述性文章。此外，关于社会网络分析中社团定义的全面介绍可以在 Wasserman 和 Faust（1994）的著作中找到。如果对社团网络的经典案例感兴趣，推荐阅读 Zachary（1977）关于空手道俱乐部网络分析的论文。

强社团的概念起初由 Luccio 和 Sami（1969）提出。后来，Radicchi 等人（2004）引入了弱社团的概念，以此放宽了对强社团的要求。此外，Hu 等人（2008）提出了关于强社团和弱社团更为宽松的概念，让社团的定义变得更具灵活性。

在网络分区方面，Bichot 和 Siarry（2013）的著作极具参考价值。最初的 Kemighan–Lin 算法是由 Kemighan 和 Lin（1970）提出的。关于数据聚类的更多信息，可以查阅 Jain 等人（1999）、Xu 和 Wunsch（2008）的相关研究成果。

Girvan 和 Newman（2002）提出了著名的 Girvan–Newman 算法，用于检测网络中的社团结构。随后，Newman 和 Girvan（2004）定义了模块性，并且 Newman（2004a）提出了贪婪优化模块性的方法。Clauset 等人（2004）提出了 Newman 贪婪技术的快速版本，进一步提高了社团检测的效率。此外，Blondel 等人（2008）开发了 Louvain 方法，这也是一种常用的社团检测算法。

Guimera 等人（2004）发现随机图的分区可以获得较高的模块性得分。Fortunato 和 Barthelemy（2007）揭示了模块性最大化的分辨率限制，为社团定义提供了更多的洞察。Newman（2004b）将模块性扩展到加权网络，而 Arenas 等人（2007）进一步将定义扩展到具有方向性的网络中。

Reichardt 和 Bomholdt（2006）、Arenas 等人（2008）提出了多分辨率模块性优化方法，允许在不同尺度下研究社团结构。Raghavan 等人（2007）开发了标签传播方法，并将其应用于社团检测。此外，Fienberg 和 Wasserman（1981）、Holland 等人（1983）提出了早期的随机块模型。Karrer 和 Newman（2011）、Peixoto（2014）提出了拟合随机块模型到网络并推断出社团的现代方法。

Condon 和 Karp（2001）提出了植入分区模型的方法，然后 Girvan 和 Newman（2002）提出了基于该模型的 GN 基准。Lancichinetti 等人（2008）又提出了 LFR 基准，之后 Lancichinetti 和 Fortunato（2009）比较分析了 LFR 基准上的多个算法。此外，Yang 和 Leskovec（2012）

以及 Hric 等（2014）发现结构性社团和基于属性的社团之间存在断裂现象。Meila（2007）对分区相似度的测量进行了综述研究，Girvan 和 Newman（2002）、Fred 和 Jain（2003）分别提出了节点正确检测的比例和归一化互信息概念，用于评估社团检测的性能。

课后练习

1. 强社团也是弱社团，但是反过来未必成立。请举例说明一个既是弱社团但不是强社团的情况。

2. 弱社团指的是社团内部的链接数应该多于社团外部的链接数。然而，要使子网络 C 成为弱社团，其内部链接数 L_C 不一定要超过外部链接数 k_C^{ext}。实际条件是什么？请提供一个弱社团的例子，使其满足 $L_C < k_C^{ext}$。

3. 将具有 N 个节点的网络分区为 $N-1$ 个群组，且满足包含一个节点对和单例节点的组合。这样的分区共有多少个？

4. 假设网络是由 N 个节点组成的巨大派系，其中 N 为偶数。这个网络图对分问题有什么解决办法？产生的二分的割集规模有多大？

5. 在图对分中，最小化两个簇之间的割集规模意味着最大化簇内部的链接数。因此，在处理二分时，网络分区似乎等同社团检测。解释为什么这种说法是错的，并举例说明。

6. 根据 Kernighan–Lin 算法找出 Zachary 空手道俱乐部网络最佳的图对分，可以使用 NetworkX 的 `kernighan_lin_bisection()` 函数。将得到的二分与网络的自然分区进行比较，并展示它们的异同之处。

7. 在凝聚层次聚类产生的每一个系统树图中，一条水平线表示两个群组节点的合并。如果网络有 N 个节点，那么系统树图中可能出现的水平线总数是多少？

8. 在 Zachary 空手道俱乐部网络中，比较两种社团检测方法。首先，使用 NetworkX 的 community.girvan_newman() 函数来实现 Girvan–Newman 算法，验证 5 个簇中的分区 P_{NG} 具有最高的模块性。然后，使用 community.greedy_modularity_communities() 函数实现贪婪模块性优化。由此得到的分区 P_G 中有多少个社团？哪个分区具有最高的模块性？是 P_{NG} 还是 P_G？

9. 二分网络由 A 和 B 两类节点组成，链接只连接不同类的节点。参考图 6.18 的示例，其中红色和蓝色表示节点分类。证明该二分网络分区的模块性为 –1/2，这也是模块性能够达到的最低值。

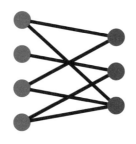

二分图的缩略示例。　图 6.18

10. 在一个由 N 个节点组成的派系中，证明它的任何二分都有负的模块性。然后进一步证明模块性对于将派系划分为多个簇的任何分区都是负的。提示：让两个群组分别有 N_A 和 $N_B = N - N_A$ 个节点，结果对任何 N_A 的取值都成立。

11. 计算图 6.13 中派系环的两类分区的模块性：一类是每个派系作为一个社团；另一类是一对派系作为一个社团。

12. 假设 A 和 B 是网络分区中两个 $q > 2$ 的簇，它们的度分别为 k_A 和 k_B，$k_A \approx k_B = k^*$。L_A^{int}，L_B^{int} 和 L_{AB} 分别是簇 A 内部、簇 B 内部和簇 A 与 B 之间的链接数量。计算该分区与合并 A 和 B 的分区之间的模块性差异（提示：由于模块性是对各个簇的求和，可以忽略除 A 和 B 之外的所有簇对两个分区的贡献，这些簇对两个分区都是相同的，在差异中相互抵消）。关于 k^* 的哪种条件，会使合并 A 和 B 的分区比分开它们的模块性更高？模块性的分辨率限制由此条件产生，并适用于由至少一条链接连接的簇对（$L_{AB} > 0$）。

13. 在 Zachary 空手道俱乐部网络上应用标签传播算法。使用 NetworkX 的 `asyn_lpa_communities()` 函数，并比较这一结果与网络自然分区的差异。

14. 假设 $q \times q$ 矩阵的随机块模型仅在对角线上有非零元素，那么可以对该模型生成的网络得出什么结论？

15. 编写一段程序，根据输入的预期外部度 $\langle k^{ext} \rangle$ 的值，生成一个 GN 基准网络。请按照以下步骤进行：

（1）为相同群组的节点分配标签：节点 0 到节点 31 的标签为 c_1，节点 32 到节点 63 的标签为 c_2，节点 64 到节点 95 的标签为 c_3，节点 96 到节点 127 的标签为 c_4。

（2）计算概率 $p_{ext} = \langle k^{ext} \rangle / 96$ 和 $p_{int} = \left(16 - \langle k^{ext} \rangle \right) / 31$。

（3）遍历所有节点对。如果两个节点有相同的标签（即它们在同一个群组中）则以概率 p_{int} 添加链接；否则，以概率 p_{ext} 添加链接。

16. 接上题，在 GN 基准上测试 Louvain 算法（提示：如 6.3.2 节所示，安装并从 `python-louvain` 包中导入 `community` 模块）。根据习题 6.16 中描述的过程构建基准，使用 GN 基准的预期外部度 $\langle k^{ext} \rangle = 2$、4、6、8、10、12、14。对于每个值，生成 10 个不同的基准配置，并在每个配置上应用 Louvain 算法。使用正确被检节点比例（在 6.4 节中定义）计算每个分区与基准植入分区的相似性。计算 10 次以上的实验相似性平均值和标准差，将平均值作为 $\langle k^{ext} \rangle$ 的函数，将标准差作为误差线，并绘制图表。在这一过程中你观察到了什么？解释原因。

17. 创建具有 $N = 1,000$ 个节点和 $L = 5,000$、10,000、15000、20,000、25,000、30,000 个链接的 Erdős–Rényi 随机网络，并将 Louvain 算法应用于每个网络。检查所得分区的模块性值，确定它们是否接近于 0；将社团数量作为随机网络平均度的函数绘制图表，从曲线走势上可以得到什么结论？

18. 在由 N 个节点组成的网络中，使用归一化互信息方法计算网络作为单一社团的分区与单例分区的相似性。计算结果是否取决于网络的结构？即随机网络和完全网络是否会得出不同的计算结果？

19. 当网络规模大到无法快速地进行社团分析时，我们可能会基于节点样本和它们之间的所有链接来构建一个子网络。节点采样方法多种多样：*随机采样*以相同的概率来抽取节点样本，并不考虑网络结构；*滚雪球采样*从一个或几个节点开始，依次添加其邻居节点，直到包含足够多的节点为止，它可以用广度优先搜索算法实现。以本书 GitHub 存储库的 IMDB 联合主演明星网络数据集为例，使用这两种采样方法构建两个包含 $N = 1,000$ 个节点的子网络。

    （1）比较这两个子网络的密度是否相同，并解释原因。

    （2）比较这两个子网络的平均路径长度是否相同，并解释原因。

    （3）比较这两个子网络的度分布是否相同，并解释原因。

20. 根据本书 GitHub 存储库的 IMDB 联合主演明星网络数据集，对图 0.2（b）所示的网络进行社团分析。在男演员和女演员之间有哪些主要的社团对应关系（如流派、年代、语言或国籍）？哪些算法效果较好？它们是否产生一致的结果？（提示 1：由于网络规模很大，可以考虑从节点样本的子网络开始分析。提示 2：从数据文件中可以找到电影明星们的 ID 信息，然后到 imdb.com 搜索更多的信息，例如玛丽莲·梦露的 ID 为 nm0000054，她的细节信息在 imdb.com/name/nm0000054 上。）

21. 分析 Enron 电子邮件网络的社团结构（该数据集可在本书 GitHub 存储库的 email-Enron 文件夹中找到），并识别出图 0.4 右侧的模块。（提示：将网络视为无向的。由于网络规模很大，因此应该将焦点放在图 0.4 所示的核心部分上，即使用 3.6 节提到的 NetworkXk_core() 函数删除自环，设定 $k = 43$。）

22. 分析维基百科数学网络的社团结构（该数据集可在本书 GitHub 存储库的 enwiki_math 文件夹中找到），分析在图 0.5 中观察到的不同社团的主题。（提示：将网络视为无向的。由于网络规模很大，将焦点放在 $k = 30$ 的核心部分上。可以在读取 `enwiki_math.graphml` 文件后使用节点属性"title"找到文章标题。）

23. 分析互联网路由器网络的社团结构（该数据集可在本书 GitHub 存储库的 `tech-RL-caida` 文件夹中找到）。使用 Louvain 算法检测图 0.6 中不同颜色表示的社团，并研究具有最大中枢节点的社团，即该社团的平均度是多少？（提示：由于网络规模非常大，首先要进行核分解，然后找到一个合适的 k 值，让网络核心能够保留几千个节点。）

动力学 7

动力学（dynamics）：在系统或过程中刺激增长、发展或变化的力量或性质。

在 2016 年美国大选的前四天，一个阴谋网站发布了一则虚假新闻报道，称其中一名总统候选人的工作人员从事撒旦仪式。假新闻主要在 Twitter 上反对该候选人的支持者中进行病毒式传播，因为他们愿意接受这个捏造的故事来强化自己的信念。被称为"社交机器人"的自动化账户也通过扩大其影响范围来促进传播。这只是竞选期间流传的数千条虚假新闻的其中一例，由此导致了一场真正意义上的"舆论传染病"，一些专家甚至认为这最终影响了选举的结果。

科学家们正在研究是什么因素让人们和社交媒体平台容易受到这种舆论的操纵。网络科学家尤其重视这些现象，因为在线社交网络的结构决定了某些消息具有病毒一样的特质。例如，图 7.1 显示了上述虚假报道扩散网络的一部分，我们立即注意到一些节点（包括社交机器人）具有特别重要的影响。

误导信息（*misinformation*）传播是信息扩散的一种特殊情况，也是发生在网络上的一类动态过程。本章关注信息扩散之外的重要网络过程，包括传染病、意见形成和搜索。在每种情况下，我们都会关注其动力学（*dynamics*），即随着时间的推移网络上发生了什么——信息和疾病如何跨越链接传播，节点属性如何受到它们的互动影响，以及人们如何搜索或导航网络。我们在本章提出了几种探究这些动力学的模型。

7.1　观点、信息与影响

网络对于观点和信息在社会社团中的传播方式产生了重要影响。我们经常通过朋友接触新事物，例如我们发现一款新的智能手机的原因可能是最好的朋友刚刚买了它，或者因为一个朋友的告知或转发了一篇文章而帮助我们了解到美国外交政策的最新消息。

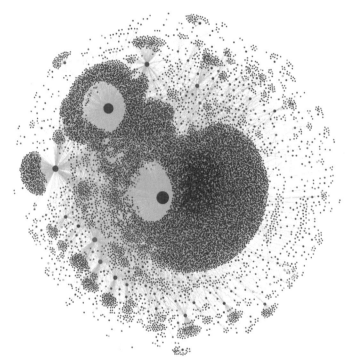

图 7.1　网络上的病毒式扩散。一篇题为《精神烹饪》的新闻报道的病毒式扩散网络核心：克林顿竞选团队主席参加了一个奇怪的神秘仪式，在 2016 年美国大选前四天由阴谋网站 InfoWars 发布并在超过 30,000 条推文中分享。节点代表 Twitter 账户，两个节点之间的链接表明其中一个账户转推了另一个包含该文章的推文。节点大小表示账户的影响，由分享文章的账户被转推的次数（出度强度）来测度。节点颜色代表账户是自动操作的可能性：蓝色可能是人类；红色可能是机器人；黄色节点无法评估，因为它们已被挂起。回顾第 4 章，Twitter 不提供数据来重建转推树，所有转推都指向原始推文。此处显示的转推网络结合了多个级联过程（每个星型网络源自不同的推文），它们都共享同一篇文章。图片由 Shao 等人（2018b）提供，该网络的交互式版本可在线获得（iunetsci.github.io/HoaxyBots/）。

事实上，我们所做的很多事情都直接或间接地由我们的社交关系决定。当我们采取某种行为、做出决定、接受创新，或塑造我们的文化、政治和宗教观点时，社会影响是一个关键因素。因此，对社交网络中观点和信息的传播方式进行建模是网络科学的一类关键应用。因为这些过程类似于通过个体之间的接触而传播的疾病，所以它们也被称为社交传染（*social contagion*）。事实上，社交传染通常被建模为传染病的传播。

在任何影响传播模型中，假设最初激活了一定数量的节点，即影响者（*influencers*），表明它们具有新的观点、创新和行为。然后，每个不活跃的节点会根据一些规则被激活（或不被激活），这些规则取决于活跃邻居的存在以及其他条件和参数，如图 7.2 所示。这个过程会产生影响级联（*influence cascades*）的结果，即按网络中节点子集的顺序激活节点。级联过程的范围可以是少数节点，也可以是涉及网络大部分的全局级联（*global cascades*）。有时，几个节点最终会影响整个网络，形成星火燎原之势。在 4.5 节中讨论了级联网络的结构，为了进一步理解这些级联过程如何随着时间展开，本章将讨论基于阈值（*thresholds*）和独立级联（*independent cascades*）的两大类社交传染模型。

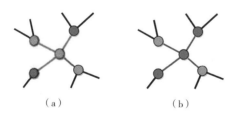

（a） （b）

社会影响在网络上的扩散。（a）不活跃的中心（灰色）节点有两个活跃（红色）邻居和两个不活跃（灰色）邻居，（b）中心节点由于其活跃邻居的影响而变得活跃。　　图 7.2

7.1.1 阈值模型

阈值模型的原理很简单：一个节点只有在其活跃邻居对其施加的影响超过某个值后才会被激活。在最基本的*线性阈值模型*（*linear threshold model*）中，对节点的影响应定义为其活动邻居的贡献总和，其中每个邻居的贡献由将其连接到节点的链接权重给出，连接越强则邻居的影响越高。如果影响超过了特定阈值，那么该节点将被激活，表明它接受了同样的观点、信息或行为。

在线性阈值模型中，对节点 i 的影响表示为：

$$I(i) = \sum_{j:active} w_{ji} \qquad (7.1)$$

在公式（7.1）中，求和范围仅是 i 的活跃邻居；如果节点 j 不是其邻居，则不存在连接到 i 的链接，即 $W_{ji} = 0$。激活 i 的条件为：

$$I(i) \geq \theta_i \qquad (7.2)$$

式中，θ_i 是进程开始之前分配给节点 i 的特定阈值。这样的阈值表示个体受到影响的趋势，通常因人而异。如果图是无权的，则公式（7.2）简化为：

$$n_i^{on} \geq \theta_i \qquad (7.3)$$

式中，n_i^{on} 是 i 的活跃邻居数量。在这种情况下，如果这个数量高于节点的阈值，则该节点被激活，否则保持不活跃的状态。如果所有节点的阈值 θ 相等，则公式（7.3）变成了一个简单的条件，即任何不活跃节点必须至少有 θ 个活跃邻居才能变得活跃。

该模型的工作原理如下：首先，我们选择好网络，它可以来自真实数据，也可以来自第 5 章介绍的图生成模型，为了简单起见，我们假设图不加权；其次，我们为所有节点分配一个阈值，比如在某个间隔内生成随机数；再次，激活给定数量的节点，它们同样也可以是随机选择的；最后，我们进行迭代步骤，让不活跃节点通过其邻居的激活而变得活跃。

模型动力学的每次迭代都包含以下操作：

1. 所有活跃节点一直保持活跃状态。

2. 如果某个不活跃节点的活跃邻居数量等于或高于其阈值，则这个不活跃节点被激活。

重复这些步骤，直到无法激活更多的节点。

节点顺序不应影响网络动力学模型的结果。当实施节点更新规则时，有两种方法可以确保这一点。在实施异步（asynchronous）更新时，节点在每次迭代中以不同的随机顺序进行评估。这是为了避免由于始终遵循相同的顺序而可能导致的偏差。在同步（synchronous）实现中，每个节点在每次迭代中的新激活状态是由前一次迭代中其他节点的激活值确定的，迭代结束时对所有节点进行更新，在这种情况下顺序无关紧要。

学者们还提出了许多线性阈值模型的变体。在占比阈值（fractional threshold）模型中，我们考虑的是活跃邻居所占的比例而不是数量。在这个模型中，为了激活一个阈值为 1/2 的节点，其至少一半的邻居必须是活跃的。图 7.3 显示了模型的动力学是如何在一个简单的网络上展开的：一个节点的激活触发了级联过程，最终导致所有其他节点的激活。

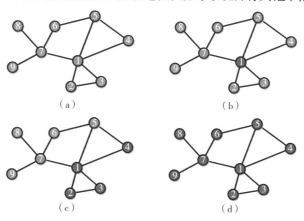

影响扩散的占比阈值模型。所有节点的激活阈值为 1/2。（a）最初，所有节点都处于不活跃状态；（b）节点 1 被激活；（c）节点 2、3 和 4 有两个邻居，其中一个是活跃的节点 1，因此它们都被激活；（d）在节点 4 被激活后，节点 5 的 3 个邻居中有 2 个是活跃的，因此它变得活跃（因为 2/3 ≥ 1/2）。基于同样的原因，节点 6、7、8 和 9 随后被激活。

图 7.3

在占比阈值模型中，激活条件为：

$$\frac{n_i^{on}}{k_i} \geqslant \theta_i \tag{7.4}$$

其中，k_i 是节点 i 的度值。公式（7.4）左侧的比率是 i 的活跃邻居所占比例。如果所有节点都具有相等的阈值 θ，则条件是不活跃节点需要至少有 θ 比例的活跃邻居才能被激活。

如果网络是稀疏的，能否触发全局级联过程取决于其结构。关键驱动因素是*易受攻击的节点*（vulnerable nodes），即可以由单个活跃邻居激活的节点。

根据公式（7.4）可知，如果 $k_i \leqslant 1/\theta_i$，即节点 i 的度值小于或等于其阈值的倒数，则该节点易受攻击。

为了实现全局级联过程，易受攻击的节点数量必须足够大。中枢节点通常是非常有效的影响者：邻居的数量越多，它们当中度值足够低的节点就越有可能是脆弱的。然而，成为中枢并不总是节点具有影响的充分条件。影响者在网络中的位置也很重要：网络边缘的级联过程很难经由核心发挥作用。

从网络结构来看，另一个对级联规模产生重要影响的因素是社团之间的密度和分离度——稠密的社团内部有利于级联传播，而级联过程在社团间的传播则会受到阻碍。簇边界的作用就像墙一样，因为一个节点不太可能在不同的社团中有多个活跃的邻居。

了解网络结构让我们能够控制级联规模。在图 7.3 的示例中，如果初始影响者是节点 7，则其邻居节点 6、8 和 9 将变得活跃，但是级联过程会止步于此，因为节点 1 和 5 的活跃邻居之比分别为 1/5 和 1/3，均低于 1/2。如果我们能够设法激活节点 2，则节点 3 也将变得活跃，进而用节点 2、3 和 7 激活节点 1，从而使得级联过程可以传播到整个网络。在这种情况下，对节点 2 施加影响将会"解锁"级联过程。事实上，产品或观点的成功通常取决于确定需要说服购买或认同它的关键人物。这类问题是病毒式营销的核心，即如何通过社交网络来推广产品。附录 B.6 展示了占比阈值模型。

7.1.2　独立级联模型

阈值模型建立在*同伴压力*（*peer pressure*）概念的基础上：我们的联系人分享一个观点或拥有一个产品的次数越多，我们自己采用它的可能性就越大。就好像我们活跃的社会邻居在一起努力说服我们。但是，社会影响往往是一对一的：如果一个朋友热情地谈论某个产品或看法，除非我们已经这样做了或采纳了这个产品或想法，否则我们的每个联系人都会施加自己的影响。*独立级联模型*（*independent cascade models*）专注于这种节点与节点的互动。

独立级联模型的设置与阈值模型相同——选择或构建一个网络，并且激活一些节点。一旦一个节点变得活跃，它就有一次机会"说服"其每一个不活跃的邻居，然后每个邻居都以一定的*影响概率*（*influence probability*）被激活。如果一个节点未能激活其好友，它也丧失了再试一次的机会。但是，好友仍然可以被另一个活跃的邻居说服。这个过程如图 7.4 所示，它会一直持续到没有更进一步的激活发生。

在最简单的独立级联模型中，活跃节点 i 具有说服其不活跃邻居 j 的概率 p_{ij}。这种概率通常仅取决于特定的影响者——邻居对，因此每次互动的结果不受其他节点对的影响。在实施异步更新时，如果 j 有多个活跃邻居，则它们对 j 的激活尝试应以任意顺序排序进行，以此避免产生偏差。影响概率 p_{ij} 和 p_{ji} 可能不同，因为通常每个节点都有自己的说服能力和被说服的易感性。也就是说，i 影响 j 可能很容易，但是反过来并非如此。概率 p_{ij} 可以解释为从 i 到 j 的链接权重。

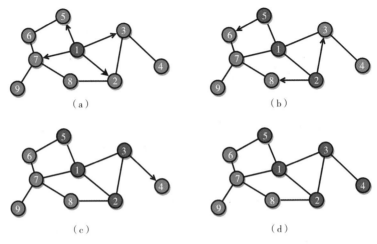

图 7.4 独立级联模型。所有节点对的影响概率被设置为 1/2，因此每次互动的成功与否取决于掷硬币的结果。箭头表示谁试图影响谁。（a）节点 1 被激活并试图影响其不活跃的邻居 2、3、5 和 7。（b）节点 2 和 5 变得活跃并对邻居 3、6 和 8 施加影响。（c）节点 3 被激活并试图说服邻居 4。（d）节点 4 变为活跃状态，级联过程停止。

　　显然，不活跃靶节点的活跃邻居数量越多，影响该节点的尝试次数就越多，它被激活的可能性就越大。阈值模型和独立级联模型是相关的，但存在重要差异：阈值模型以目标为中心，如果满足阈值条件则激活目标；独立级联模型以影响者为中心，影响者以给定的概率说服其不活跃的邻居。此外，阈值模型通常是*确定性的*（*deterministic*）：节点的激活取决于是否满足阈值条件，不存在任何运气成分；这也意味着，如果我们从相同的初始活跃节点集开始并同步激活节点，只能有一个结果。相反，独立级联模型是*概率性的*（*probabilistic*）：动力学的展开取决于运气。在图 7.4 的示例中，可以通过节点 1 的初始激活来触发不同的级联过程。在独立级联模型中，我们可以通过进一步激活（适当选择出来的）节点来"解锁"级联过程，正如我们在 7.1.1 节中所见的线性阈值模型那样。然而，由于模型的概率性特征，即使网络结构已知，也很难预测级联过程的未来进展。

　　我们介绍的这些非常简单的模型并不能重现真实的社交传染动力学，更加复杂的模型变体才能够捕捉许多现实世界现象的重要特征。

其中一个例子是阈值模型的概率版本，激活机会随着活跃邻居数量的增加而增大。这与独立级联模型类似，但与活跃邻居的联系并不是相互独立的。这种机制模拟了所谓的*复杂传染*（*complex contagion*）过程：每个让我们接触到某个产品或观点的新人，在促使我们购买这个产品或相信这个观点方面，比前人具有更大的影响力。

7.2 传染病传播

14 世纪中叶，人类遭受了历史上最大的灾难之一——黑死病，也被称为大瘟疫。黑死病据信是由鼠疫耶尔森氏菌（Yersinia pestis）引起的，这种细菌由经常随商船旅行的黑老鼠身上的跳蚤携带。黑死病可能起源于中亚，并在 1346—1353 年传播到整个欧洲（图 7.5）。据估计，黑死病曾经杀死了欧洲 30%~60% 的人口。

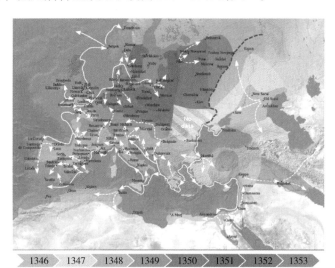

| 1346 | 1347 | 1348 | 1349 | 1350 | 1351 | 1352 | 1353 |

- ╲╮ 基辅公国和金帐汗国之间的大致边界   ⟨⟨⟨⟨ 陆路贸易路线
- —— 基督徒禁止通行   ⟨⟨ 海上贸易路线

黑死病影响的地区和可能的迁移路线。黑死病于 **1346** 年传播至欧洲，并在几年内蔓延到整个欧洲大陆。该地图显示了随着时间推移受到黑死病影响的地区，以及其可能的迁徙路线。图片来自 **Flappiefh**，在 **CC–BY–SA4.0** 下获得许可（commons.wikimedia.org/wiki/File:1346–1353_spread_ of_the_Black_Death_in_Europe_map.svg）。

图 7.5

在过去的一个世纪中，尽管人类的生活条件得到了巨大改善，医学和生物学也获得了长足的进步，传染病的潜在破坏性影响已经得到有效缓解，但是人类交通技术的进步大大加快了传染病的传播速度。在中世纪，最高效的旅行工具是陆地上的马和海上的轮船，到达一个遥远的目的地仍需耗费数月时间。如今，飞越大洲只需几个小时。在非洲感染埃博拉病毒的人可以很轻易地前往欧洲、亚洲或美洲，并在那里传播这种疾病，而其尚不自知。近年来，世界一再面临这种紧急情况（编者按：本书英文版发布之时，全球爆发了 COVID-19 疫情）。

技术也创造了新形式的传染病。计算机病毒和其他恶意软件通过互联网传播，危及数百万台设备的功能。手机病毒很容易通过蓝牙或多媒体信息服务（MMS）传播。在线社交媒体已成为传播谣言、恶作剧、假新闻、阴谋论和伪科学的沃土。归根结底，信息传播过程与传染病流行有许多相似之处。

传染病在*接触网络*（*contact networks*）上传播，如身体接触（图 7.6）、交通（图 0.7）、互联网（图 0.6）、电子邮件（图 0.4）、在线社交（图 0.1 和图 0.3）和手机通信等网络。许多此类网络的特点是存在中枢节点（我们在第 3 章中讨论过），它们在传播过程中发挥着核心作用。在本节的其余部分，我们将回顾传染病传播的经典模型，并指出它们在动力学方面的关键差异。

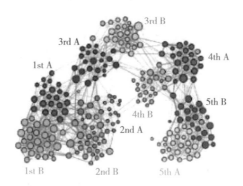

图 7.6　一所小学中的接触网络。这些链接表示一所法国学校的儿童和教师之间的面对面距离，数据信息是通过射频识别设备跟踪获得的。颜色标记同一班级和同一年级的学生，教师显示为灰色。度值越高的节点尺寸越大，接触的持续时间越长则链

接越粗。虽然每个学生最终都会在足够长的时间后与所有同学发生互动，但是其中一些学生也会与其他班级的学生互动。通过对这类网络的研究，我们可以提出旨在遏制或减轻学校传染病传播的干预措施。图片版权归 Stehle 等人（2011）所有，根据"知识共享许可协议 4.0"用于本书。

7.2.1　SIS 和 SIR 模型

根据疾病发展的不同阶段，经典的传染病模型将人群分为不同的状态。两个关键的状态是*易感态*（susceptible，*用 S 表示*）和*感染态*（infected，*用 I 表示*）。易感态个体可以感染疾病，感染态个体已经感染，并且可以将疾病传播给易感态人群。根据我们已知的疾病类型，可能还需要额外的状态。在*易感态 – 感染态 – 易感态*（susceptible-infected-susceptible，SIS）模型中，感染态个体在从疾病中恢复后再次变为易感态，因此他们可以再次感染该疾病（图 7.7）。该模型适用于不能提供永久免疫力的疾病，例如普通感冒。

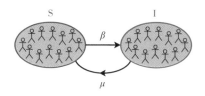

SIS 模型中的状态和转换。每个易感态个体在每次与感染态个体接触后都以概率 β 感染疾病。在每一时间步上，每个感染态个体都有从疾病中恢复并再次变为易感态的概率 μ。个体可以被多次感染。　　　　　　　　　　图 7.7

SIS 模型立足于一个真实世界的接触网络，它可以根据经验数据重建，或者通过某个模型生成人造网络（正如第 5 章中介绍的那些网络）。接下来，我们假设一些节点会根据某些准则被感染（譬如随机），而所有其他节点都是易感态的。在模拟动力学的过程中，易感态个体在每次遇到感染态个体时以一定的概率感染疾病，即所谓的*感染率*（infection rate）。受感染的人从疾病中恢复后转为易感态，在每一时间步上发生该事件的概率被称为*恢复率*（recovery rate）。

> 　　在 SIS 动力学的每次迭代中，我们访问了所有节点。对于每个节点 i 有：
>
> 　　1. 如果 i 处于易感态，则遍历其邻居。对于每个感染态的邻居来说，i 变为感染态的概率为 β。
>
> 　　2. 如果 i 处于感染态，则 i 会以概率 μ 变为易感态。
>
> 　　与其他传播模型一样，节点既可以按随机顺序异步访问，也可以同步访问。感染率 β 和恢复率 μ 是模型的关键参数。

　　动力学产生了许多从 S 到 I 以及从 I 到 S 的转变，这些转变可以在适当的条件下无限地持续下去。

　　另一个经典模型是*易感态 – 感染态 – 恢复态 / 移除态（susceptible–infected–recovered/remove，SIR）模型*。当感染态个体从疾病中恢复时，他们会转移到第三种状态，即*恢复态 / 移除态（recover/remove，R）*，意味着他们不会再被感染（译者注：这类人群恢复后不再参与该传染病的传播过程，相当于从系统中被移除，参见图 7.8）。该模型适用于具有永久免疫力的疾病，如麻疹、腮腺炎、风疹等。需要注意的是，死亡是致命疾病"恢复 / 移除"状态的特例，因为（我们假设）死者不会传染他人。感染和恢复的动力学与上述 SIS 模型密切相关，具有相同的感染率和恢复率参数。唯一的区别是，当感染态个体恢复时，它会转移到 R 状态而不是回到 I 状态，即它不再扮演任何动力学中的角色。最终，当不再有易感态个体时，SIR 模型的传播停止。

图 7.8　SIR 模型中的状态和转换。每个易感态个体在每次与感染态个体接触后都以 β 的概率感染疾病。每个感染态个体在每一时间步上都有从疾病中恢复（或死亡）的概率 μ。

　　图 7.9 绘制了染疾病的人口所占比例作为时间的函数，让我们看到了 SIS 和 SIR 模型的特征演化：最初只有少数人被感染，疫情传播

不规律且缓慢；随后是指数级增长的加速阶段，这会迅速影响大量人群；最后该过程达到一个稳态，在这种状态下疾病要么成为*地方病*（*endemic*），即它会随着时间的推移影响固定比例的一部分人口，要么被根除。

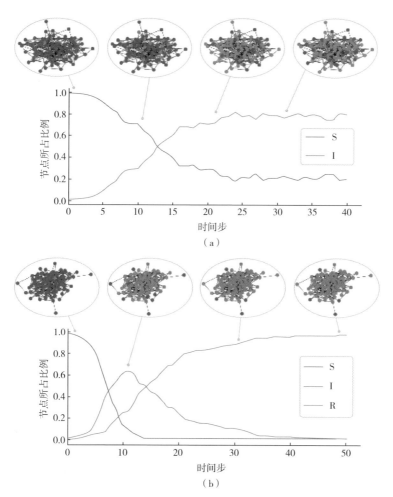

（a）SIS 模型（b）SIR 模型动力学演化示意图。在传染病暴发后，随时间绘制感染态个体的比例。在以低感染人群比例为特征的初始阶段之后，传染病迅速增长，直到一定比例的人口受到疾病打击。最后阶段如何演化则取决于模型：对于 SIS 模型来说，感染者稳定在一个恒定比例附近（也可以非常小，甚至为零），表明其处于地方病状态；对于 SIR 模型来说，随着个体恢复，感染者比例总是会下降到 0。

图 7.9

经典的传染病学模型可由*同构混合近似*（*homogeneous mixing approximation*）来简化。它假设每个人都可以与其他任何人接触，处于同一状态的所有个体都具有相同的行为，只有相对比例的处于不同状态的人对模型动力学发挥作用——这相当于假设个体是完全图的节点，其中每个人都与其他人有联系。该假设可能适用于一小部分人口，例如一个小村庄的居民，所有人都会接触到彼此；但在真实的、大规模的传染病案例中，个体只能被他们接触到的人感染。因此，尽可能重构真实的接触网络至关重要。

在模型的每次迭代中都会出现新感染的个体 [又被称为*继发感染*（*secondary infections*）] 以及从疾病中恢复的病人。传染病如要蔓延，继发感染者肯定要多于康复者，因为只有这样感染者的数量才能增长。在*同构网络*（*homogeneous network*）中，所有节点都具有相似的度值，即每个人都与大致相同数量的人接触，这种情况会导致*阈值效应*（*threshold effect*）。我们可以将*基本再生数*（*basic reproduction number*）定义为感染态个体在其感染期间产生新感染者的平均值，它的大小取决于感染率、恢复率和平均度。如果它大于阈值，那么传染病可能会影响到很大一部分人口；否则，它会很快被消减且不会产生重大影响。

> 假设有一个同构接触网络，其所有节点的度值大约等于平均值 $\langle k \rangle$。根据 SIS 和 SIR 模型的动力学，每个病人感染一个易感态邻居的概率为 β。在传染病的早期阶段，只有少数人被感染，因此我们可以假设他们中的每个人都与最易感染的个体接触过。每个感染者可以在每次迭代中将疾病传播给大约 $\langle k \rangle$ 个个体。因此，在传播过程的早期阶段，单个人在一次迭代后引起的平均感染数为 $\beta \langle k \rangle$。与此同时，在每次迭代中每个病人的恢复率为 μ。如果一开始有 I 个感染态个体，在一次迭代后平均会出现 $I_{sec} = \beta \langle k \rangle I$ 个继发感染，而 $I_{rec} = \mu I$ 个人预计会恢复。如让传染病传播下去，必须有 $I_{sec} > I_{rec}$，由此得出传染病阈值（*epidemic threshold*）条件：

$$\beta\langle k\rangle I > \mu I \Rightarrow R_0 = \frac{\beta}{\mu}\langle k\rangle > 1 \qquad (7.5)$$

变量 $R_0 = \beta\langle k\rangle/\mu$ 为基本再生数。公式（7.5）表明：如果 $R_0 < 1$，则最初的爆发会在短时间内消失，仅影响少数个体；如果 $R_0 > 1$，则传染病会继续蔓延。

为了使传染病影响很大一部分人口，每个感染者都必须将疾病传播给一个以上的个体。该条件是必要但不充分的：在某些情况下，即使基本再生数在 1 以上，疫情也可能不会产生严重后果；隔离政策或网络社团结构等因素可能会阻止传染病传播。一般来说，基本再生数越高，疾病的传染性就越强。例如，麻疹的基本再生数超过 10 人，埃博拉病毒约为 2 人。

附录 B.5 展示了同构网络上的 SIS 和 SIR 模型。正如我们所见，真正的接触网络并不是同构的，因为中枢节点的存在让情况变得不同。如果存在度值非常大的节点，则效率方面并不存在阈值：感染率低和/或恢复率高的疾病也可能最终影响相当多的人口！事实上，即使感染这种疾病的可能性很低，感染一个或多个中枢节点还是很容易的，因为它们接触人数众多所以非常容易暴露。一旦被感染，这些中枢节点就会成为其众多易感接触者之间的危险传播者，而这些接触者会将感染进一步传播给他们的接触者。

正是由于中枢节点的这种作用，当面临真正的传染病紧急情况时，有效的遏制策略应旨在为有很多接触者的人接种疫苗，或将其隔离（编者按：这类措施在疫情期间显得尤为重要）。例如，性工作者是性传播感染疫苗接种运动的主要目标。然而，在许多情况下，我们难以精确地识别出接触网络的中枢节点。3.3 节给出了一种方法：通过跟踪网络的链接，我们增加了碰到中枢节点的机会。也就是说，与其给随机抽样的人口接种疫苗，不如给他们的朋友接种！

7.2.2　谣言传播

社交传染自然也可用传染病传播来类比。事实上，我们所研究的社交传染模型与 SIS 和 SIR 模型有很多相似之处，尤其是 7.1.2 节的独立级联模型。

SIR 模型的一个变体可用于描述谣言在社团中的传播。与 SIR 模型类似，这个*谣言传播模型*（*rumor spreading model*）具有三个部分：无知者（S）、传播者（I）和扼杀者（R）。最后一个（R）是知道谣言但不参与传播的人。模型的基本观点是：人们只要找到不知情的人就会传播谣言，否则就会因失去兴趣而停止。

研究谣言传播模型要从一个接触网络开始，它可以是一个真实的网络，也可以是通过某个模型生成的人造网络（正如第 5 章中介绍的那些网络）。基于某种原则（可以是随机选择），除了一些节点转变为谣言的传播者，所有节点都是无知者。在模型的动力学过程中，当传播者接近无知者时，谣言被告知，无知者以一个*传输概率*（*transmission probability*）变为一个传播者。当传播者遇到扼杀者时，传播者以一个*停止概率*（*stop probability*）变为一个扼杀者。当两个传播者相遇时，他们都以同样的停止概率变为扼杀者（图 7.10 描述了这些转变）。如果一个无知者遇到一个扼杀者，那么什么都不会发生。

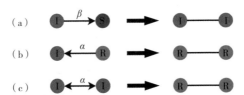

图 7.10　谣言传播模型。（a）谣言只有在传播者（I）遇到无知者（S）时才会流传。在这种情况下，无知者变为传播者的概率为 β。（b）如果传播者遇到扼杀者（R），则以概率 α 变为扼杀者。（c）如果两个传播者相遇，它们都以概率 α 变为扼杀者。

在谣言传播模型动力学的每次迭代中，所有节点都以随机顺序被同步或异步访问。对于每个节点 i：

> 1. 如果 i 是无知者,则遍历它的邻居。对于每个传播者邻居来说, i 以概率 β 变为一个传播者。
>
> 2. 如果 i 是一个传播者,则遍历其邻居。
>
> （i）对于每个扼杀者邻居来说, i 以概率 α 变为一个扼杀者。
>
> （ii）对于每个传播者邻居来说, i 和邻居都以概率 α 变为扼杀者。
>
> 传输概率 β 和停止概率 α 是模型的两个关键参数。

谣言传播模型与 SIR 模型的一个重要区别是：从传播者到扼杀者的转变不是自发发生的（像病人从疾病中恢复那样），而是取决于个体之间的相互作用。谣言传播模型与 SIR 模型的相似之处在于：它从几个传播者开始，最终所有个体要么是无知者，要么是扼杀者，因为只有在这种情况下动力学才不再产生任何变化。最终状态下的扼杀者人数也就是弄清有关谣言真相的人数。

在同构网络上，谣言传播模型没有阈值效应。谣言可以传播给很多人，即便它的传输概率很低。在异构网络上，它仍然没有阈值，最终知晓谣言的人数低于具有相同数量节点和链接的同构网络。发生这种情况是因为谣言在该过程的早期阶段就到达了中枢节点，并且由于他们与其他人的多次互动而迅速成为扼杀者，这些人中的一部分可能意识到这是谣言。一旦中枢节点变为扼杀者，扩散过程就会减缓。

7.3 意见动力学

我们对每个人和每件事都有自己的意见，这些意见会驱动我们的行为，改变我们的选择，影响我们的计划。意见动力学是决定意见如何在社会中形成和传播的过程，社会上公众意见的总和则称为舆论。世界各国政府实施的政策取决于贸易、冲突、移民、传染病、环境等方面的舆论。随着互联网和社交媒体的出现，人类赋予了自己极其强大的意见流传甚至操纵工具。因此，网络模型可以帮助我们理解意见是如何传播的。

意见动力学模型与上一节中的影响传播模型类似，但是它们各具特色。我们可以将意见表示为一个数字或一组数字，模型通常根据意见（数字）是*离散的*（整数）还是*连续的*（实值）而划分为两类。接下来，我们将介绍这两种划分下的一些简单模型，此外还会讨论网络结构和动力学之间的相互作用。在一些现实场景中，网络结构会影响发生在其上的动力学，而动力学也可能反过来改变网络结构。

7.3.1　离散意见

人们有时会在特定问题上面临数量有限的立场，通常不得不做出二选一的抉择：向右转还是向左转、买 Android 系统的手机还是 iPhone、股票是该买入还是卖出，诸如此类。在这种情况下，意见由每个节点的整数属性或*状态*（*State*）表示。为简单起见，我们只考虑二元意见的情况。

模型的特征在于一组规则，这些规则确定了一个节点的意见如何因其邻居的意见而变化。动力学通常遵循以下步骤：

1. 在初始配置中，意见在网络节点之间随机分配。这意味着一开始有大约相同数量的人持有其中一种意见（*异议*）。

2. 意见更新规则反复应用于所有节点。在所有节点上运行的循环构成了一次迭代。通常来说，节点会以随机顺序的异步更新来促进收敛。

3. 收敛后有两种可能的结果：

（i）系统达到稳态，不再有节点改变其意见。这种状态可以是一种*共识*（*consensus*），即所有节点都具有相同的意见；也可以是*两极分化*（*polarization*），一些节点持有一种意见，其余的则持有另一种意见。

（ii）系统没有达到稳态，因为一些节点（或所有节点）在每次迭代中不断改变它们的意见。尽管如此，意见构成的某些特征可能会在长期内稳定下来，例如某些变量的平均值。

在这些模型中，我们可以计算和监控一些标准变量：

● *平均意见*（*average opinion*）是跨节点意见的算术平均值。如果我们从由 0 和 1 表示的两种意见的随机分布开始，则平均值约为 0.5，因为一半的节点意见为 0，而另一半的意见为 1。平均意见通常在动力学过程中发生变化，我们可以在每次迭代后追踪它的数值。如果系统达到稳态，则平均值会收敛到一个精确值。如果稳态是共识，那么它等于 0 或 1，结果取决于哪个意见占主导地位。

● *退出概率*（*exit probability*）用于估计网络对意见达成共识的可能性，并作为初始配置中持有意见 1 的节点占比函数。下面用一个例子来说明。假设我们从 100 个不同的随机配置开始，运行模型动力学 100 次。在每个初始配置中，我们以 0.4 的概率为每个节点分配意见 1，那么大约 40% 的节点会持有意见 1。想象一下，所有运行都会导致共识出现，其中 30 次会导致共识为意见 1。初始概率为 0.4 的意见 1，其退出概率值为 30 / 100 = 0.3。

我们从统计物理学中借鉴了两个简单的离散意见动力学模型：*多数模型*（*majority model*）和*选民模型*（*voter model*）。在前者中，动力学建立在多数规则之上，每个节点都接受其大多数邻居的意见，如图 7.11 所示。如果邻居的数量是偶数并且他们持有一种意见的数量相等，那么我们就用掷硬币来决定节点将采取哪种意见。这基本上等同于 7.1.1 节中提出的阈值为 1/2 的占比阈值模型，而不同之处在于一种解释：我们是在竞争中权衡两种意见，而不是在传播一种想法。

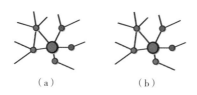

（a）　　　　　（b）

意见动力学的多数模型。（a）要更新的节点（大圆圈）持有意见 1（红色）。该节点有 5 个邻居：3 个节点持有意见 1，另外两个持有意见 0（蓝色）。（b）节点接受多数人的意见，所以它保持红色。　　图 7.11

共识是所有节点意见一致且无法改变的稳态，但是还有其他稳态存在。如果一个节点持有其大多数邻居所持的意见（如图 7.11 所示），那么它的意见不会发生改变。网络中的所有节点通常都会达到这种局部多数条件，从而产生两种意见共存的稳定配置。在本书的大多数网络中（就像第 5 章的所有模型网络一样），多数动力学过程从未达成共识，网络陷入意见共存的状态。共识只有在一维和二维网格上才能达成。事实上，在二维方形网格上，大约三分之二的运行会达成共识。如果我们计算导致共识的运行退出概率，就会获得图 7.12（a）所示的独特的阶梯状轮廓：为了就任何意见达成共识，该意见必须在初始配置中占据多数。

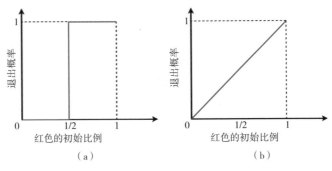

（a）   （b）

图 7.12 退出概率。（a）网格网络上的多数模型。阶梯函数表明任一意见的初始比例将决定系统是否会就该意见达成共识：如果动力学导致共识，并且超过一半的节点在初始配置中持有意见 1（0），则共识就意见 1（0）达成。该图只能为一维或二维网格绘制，否则动力学永远不会导致共识。（b）选民模型。对角函数表示意见 1 的初始比例也是意见 1 达成共识的概率。与多数模型动力学相比，在投票者模型中，即使最初只有不到一半的节点持有某种意见，也有可能就该意见达成共识。

在图 7.13 所示的选民者模型中，每个节点都接受随机选择的邻居的意见，无论它是什么。附录 B.6 给出了多数模型和选民者模型的演示。共识是选民模型动力学的唯一稳态，因此它是系统在任何连接的网络上必然的最终配置。事实上，只要不同意见共存，意见不同的邻居总能相互影响。选民模型的退出概率与持有意见 1 的初始节点占比一致，它可表示为图 7.12（b）中的对角函数。与多数模型不同，这里的动力学结果是不确定的。例如，假设 30% 的节点在初始配置中持有意见 1，然后我们预计在 30% 的运行中所有节点最终都会持有意见 1，但是我们无法提前判断具体的运行是否会导致意见 1 或意见 0 的共识。

（a）　　　　　　　　（b）

选民模型。要更新的节点（大圆圈）领域与图 7.11 相同。（a）选择一个随机邻居（用粗链接连接的蓝色节点）。（b）中心节点接受其邻居的意见。　**图 7.13**

选民模型有许多变体，常见的有：

● 存在*狂热者*（*zealots*），即从不改变意见的节点。如果他们持有相同的意见，他们会赞成围绕该意见达成共识，否则将永远无法达成共识。

● 考虑两个以上的意见状态。在这种情况下，互动可能会被限制在意见足够接近的节点之间才能发生。例如，模型中可能有三个意见（意见 1、2 和 3），而只有相邻的意见可以交互（意见 1 和 2、2 和 3 可以交互，但意见 1 和 3 不能交互）。我们将在 7.3.2 节详细讨论这个原则。在任何网络中，具有非交互意见的非共识配置都是稳定的。

● 节点自发改变意见的可能性。例如，在选民模型动力学的基础之上，允许每次迭代中节点都有一定的转变其意见的可能性。

类似的修正也可以应用于其他离散意见的动力学模型。

7.3.2　连续意见

在某些情况下，个体意见可以从一系列可能选择中的一个极端平稳地变化到另一个极端。例如，个体意见可能表达的是对一件艺术品的欣赏程度，这个意见会从不喜欢（0）到热爱（10）连续变化。或者，我们可能希望在非常激进（−1）到非常保守（+1）这个范围内模拟政治结盟。此时，意见最好用连续的实数来表示。

与离散意见模型一样，随机意见模型通常在初始配置中被分配给网络节点。这可以通过生成所需范围内的随机数来实现。然后，意见值会随着一次又一次的更新而改变。如果在某一时刻任何意见的最大变化小于预定义的阈值，我们可以停止模拟，因为系统最终将达到稳态。典型的稳定状态包括*共识*（*consensus*）、*两极分化*（*polarization*）或*碎片化*（*fragmentation*），这取决于意见是否分别集中在一个、两个或多个值周围。在无限模拟时间的限制下，每个节点都持有少数幸存的意见之一。

想象一下，就一个话题进行建设性辩论的人们，有机会影响彼此的意见，尤其是当他们的立场彼此足够接近时。如果另一个人持有相反的观点，那么一个人就很难说服另一个人。这个简单的观察启发了*有界置信原则*（*principle of bounded confidence*）：两个意见只有在它们的差异小于给定量时，才能相互影响，这个量被称为*置信界限*（*confidence bound*）或*容差*（*tolerance*）。

最基本的*有界置信模型*有一个更新规则，它涉及选定的一个节点及其一个邻居。如果它们的意见差异小于置信界限，那么它们都会向对方"移动"，移动量由收敛参数确定。否则，各自的意见不会改变。

在有界置信模型中，迭代 t 次时每个节点都持有意见 $o_i(t)$，它是介于 0 和 1 之间的实数。一次迭代以同步或随机顺序扫描网络中的所有节点。迭代 $t+1$ 次时到达节点 i，我们随机选择它的一个邻居 j，如果满足下式：

$$\left|o_i(t) - o_j(t)\right| < \epsilon \tag{7.6}$$

式中，ϵ 为置信界限，则意见值更新为：

$$o_i(t+1) = o_i(t) + \mu\left[o_j(t) - o_i(t)\right] \tag{7.7}$$

$$o_j(t+1) = o_j(t) + \mu\left[o_i(t) - o_j(t)\right] \tag{7.8}$$

式中，$\mu > 0$ 为收敛参数。如果 $\mu = 1/2$，则意见收敛到它们的平均值，即意味着两个个体都采取了共同的中间立场。如果 $\mu = 1$，则发生意见切换，即 i 采用了 j 的意见，而 j 也采用了 i 的意见。μ 通常在 $(0, 1/2]$ 的范围内变动。

> 如果我们将公式（7.7）和（7.8）并排相加并除以 2，就会看到右侧的第二项相互抵消。我们会得出 i 和 j 的平均意见在更新前后相同的结论：系统的平均意见在有界置信动力学中是受到保护的！如果初始意见是从 $[0,1]$ 的范围内随机获取的，则它们的平均值为 1/2（可能存在小的偏差）。因此，如果系统最终达成共识，所有节点的意见都会聚集在 1/2 左右。

从随机的初始意见配置开始，任何网络上的动力学总会通向一个稳态。收敛参数仅影响实现收敛所需的迭代次数。处于稳态的意见簇数量取决于置信界限和网络结构——置信界限越低，最终的意见簇数量就越大。

> 当 $\epsilon > 1/2$ 时，系统总是会在任何网络上达成共识，意见以 1/2 为中心。

有界置信模型有许多变体，常见的有：

● 使用置信界限的个体值来解释这样一个事实：并非每个人都可以像其他人一样容易被说服。在某些扩展中，一个节点的置信界限与个体的意见耦合。如果该意见接近范围的极端，则置信界限很小，因为极端分子比大多数人都更难以说服。

● 个体自发改变意见的可能性。就像在选民和其他模型中一样，可以通过允许节点在每次迭代中以一定的概率改变它们的意见来实现。

7.3.3　网络和动力学的协同演化

在 2.1 节中，我们已经了解到许多真实图具有同配性。社交网络尤其如此，网络中的节点都与它们的邻居相似。我们还讨论了两种可能造成这种情况的机制，即*社会影响*（*social influence*）与*选择趋同性*（*selection homophily*），前者解释了邻居会变得越来越相似，后者则说明相似的节点会成为邻居。这两种机制都能够合理地解释我们观察到的同配性。如果我们一直跟一位熟人争论某个问题，最终可能会尝试寻求妥协；如果我们与观点相同的其他人有一搭没一搭地闲聊，那么可能很快就会形成共鸣。这种情况在社交媒体上经常发生，人们因为"道不同，不相为谋"而"取消好友"或彼此"不再关注"。到目前为止，在我们讨论的意见动力学模型中，网络是固定的。我们不允许选择，因为具有非常相似意见的节点无法选择成为邻居，除非它们已经是邻居。与之类似，意见迥异的邻居也不能断绝关系。综上所述，节点只能影响彼此的意见。一个切合实际的模型应该同时允许影响和选择的相互作用，这导致了*协同演化模型*（*coevolution models*）的发展。在这类模型中，意见的改变可能会诱发网络结构的调整，而后者反过来又会影响意见。从根本上说，意见和网络会相互适应。

在协同演化模型中，意见是离散的，可以取两个或多个值。一开始，意见会被随机分配给节点。动力学包括交替选择和影响步骤，相对频率由参数来确定。通过选择机制，节点可以与其他具有相同意见的节点建立起链接；通过影响机制，节点接受了其邻居的意见。图 7.14 描述了这两个步骤。

协同演化模型的每次迭代都需要以同步或随机顺序扫描网络中的所有节点。当我们检查节点 i 时，随机选择一个与 i 意见相左的邻居 j：

1. 在概率为 p 的条件下，i 和 j 之间的链接从 i 出发，重新连接到随机选择的一个与 i 持有相同意见的非邻居节点上（选择机制）。

2. 否则，在概率为 $1-p$ 的条件下，i 接受 j 的意见（影响机制）。选择概率 p 为模型的独立参数。

由于选择机制和影响机制都倾向于降低持有不同意见的相邻节点对的数量，因此网络最终会达到一个所有邻居对都持有相同意见的状态。这意味着网络将被划分为一组分开的连通分支，每个连通分支的所有成员都持有相同的意见，而这些意见在连通分支之间可能并不相同。我们将观察到具有同质意见的社团之间出现对立，如图 7.15 所示。这种情况是一种稳态，意见或网络结构不再发生变化，动力学停止。

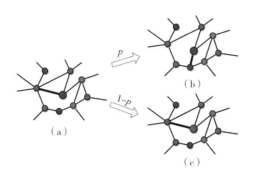

意见和网络的协同演化。意见由不同的颜色表示。（a）选择一个节点（中间的 **图7.14** 大蓝色圆圈），以及它的一个邻居（用粗链接连接的红色节点）。（b）在概率为 p 的条件下，节点用一个具有相同意见的节点替换它的邻居。（c）在概率为 $1-p$ 的条件下，该节点接受邻居的意见。

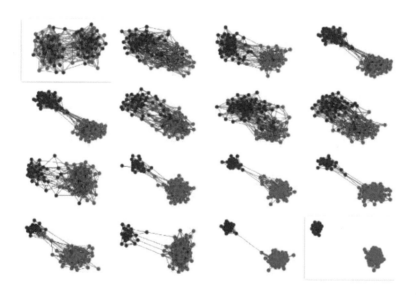

在一个具有两个社团的网络上的协同演化动力学模型。最初（左上），两种选择 **图7.15** 随机在节点之间进行分配。选择概率 $p=0.7$。最终（右下），网络被分隔成两个各自具有同质意见的不连接的连通分支。

　　当选择概率接近于 0 时，影响机制占主导地位，网络结构几乎没有变化。该系统将初始网络中连通分支的内部意见进行基本同质化。当选择概率接近于 1 时，选择机制占主导地位，意见几乎不会相互影响。此时，系统的最终连通分支是与初始配置具有相同意见的节点群组。

　　让我们看看当意见的数量很多时会发生什么情况。如果我们从一个平均度值大于 1 的随机网络开始，因为它有一个巨分支（5.1 节），所以从长远角度来看，对于接近 0 的选择概率来说，将会有一个持有多数意见的巨型社团出现和许多意见不一的小社团出现。相反，对于接近 1 的选择概率来说，链接动力学会将网络分解为许多小连通分支，它们每个都由最初分配其中一个不同意见的节点组成。事实证明，在具有一个汇聚大多数意见的大规模社团情景和具有许多规模相当的较小意见社区情景之间，存在一个发生在选择概率阈值处的突然转变。

　　持有相似观点的人倾向于聚集在一起，描述这个现象的模型可以帮助我们研究社交媒体中回声室的涌现，正如 4.5 节所述和图 6.2 所示的那样。

7.4　搜索

　　我们与网络互动时所最常做的活动之一是*搜索*（*search*），因为经常需要去寻找位于网络某个节点上的一些资源。它可以是一个包含感兴趣主题信息的网站，一部存储在对等网络中的电影，或是社交网络上的一位业务联系人——与米尔格拉姆的小世界实验（2.7 节）中的目标人不同。为了解决这些问题，我们需要制定策略来有效地探索网络，直到到达正确的节点。搜索一般从起源的节点出发，然后通过访问邻居以及邻居的邻居进行下去。策略越有效，就能越快达到目标。本节将介绍几种流行的搜索方法，特别强调如何利用现实世界网络的特殊属性来加快搜索过程。

7.4.1　局部搜索

　　第 2 章中介绍的广度优先搜索尝试通过访问每个节点来搜索整个网络，或者至少在一些已知种子节点的连通分支中进行。这类穷举*搜索*（*exhaustive search*）方法在某些情况下可以解决问题，特别是当网络较小时，或是当有大量计算和存储资源可用时（支持搜索引擎查询的万维网爬虫就证明了这一点）。执行网络的*局部搜索*（*local search*）——针对特定搜索查询执行集中爬取，只探索网络的一小部分——通常更有效，甚至是必要的。例如，你可能对搜索引擎索引中未列出的那些非常具体或新颖的万维网内容感兴趣。在这些情况下，搜索过程必须采用一些启发式方法，挑选出最有可能包含所需信息的网络节点。

当你希望从 *peer-to-peer*（或简称对等）网络（一组直接相互连接以共享文件的个人计算机）下载刚发布的歌曲时，另一种适合进行局部搜索的情景出现了。这样的系统缺少可以存储每个文件位置的中央服务器，好处是整个系统的功能不会因任何单个节点的故障（例如由于诉讼或拒绝服务攻击）而受到损害，但缺点是所需文件的位置未知。因此，每当用户查找文件时，查询都会发送到连接在对等网络中的其他用户的计算机上。如果一台计算机没有请求的文件，则查询将转发给一个或多个邻居。

原则上，广度优先搜索也可以用于局部搜索。从源头开始，我们可以访问第一层的所有节点，并检查其中是否有一个是靶节点。如果没有，他们每个人都会将查询转发给他们的所有邻居，直到到达正确的节点。已经从其他邻居收到的查询将被忽略。作为最早的对等网络之一，Gnutella 网络就使用了这种方法。但是，广度优先搜索并不是一种有效的策略，首要原因是它没有充分利用网络的结构。事实上，Gnutella 网络上的计算机被请求所淹没，并花费了所有带宽来管理这些流量。这就是为什么 Gnutella 最终被现代对等网络（如 BitTorrent）取代，因为后者采用了为高效搜索算法设计的特殊网络结构（参见小贴士 7.1）。

小贴士 7.1　对等网络中的搜索

对等网络用于文件共享，其结构旨在使共享文件的搜索变得高效。它的实现依赖于将文件绘制到对等计算机的*分布式哈希表*（*distributed hash table*）和连接这些对等节点的*重叠网络*（*overlay*

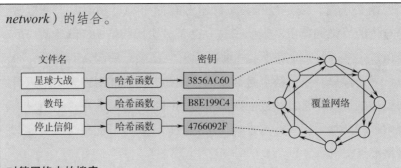

network）的结合。

图 7.16 **对等网络中的搜索。**

当需要存储一个文件时，会为该文件生成一个唯一的*密钥*。该过程通过*哈希函数*（*hash function*）完成，它是一种从任意数据中产生一个唯一签名的算法。密钥绘制到网络中的特定节点，以便文件可以路由到该对等节点。同样，在搜索文件时，密钥用于通过网络转发查询，直到到达具有该密钥的文件节点。每个节点保持一组到其邻居的链接——一个路由表——用于通过重叠网络转发消息。一个特定对等网络设计的分布式哈希表会对规则进行编码，以保持便于快速搜索的网络结构。特别是，对于任何密钥，每个节点要么知道拥有该密钥的靶节点，要么具有一条通向更接近靶节点的节点的链接。由于这个属性，我们可以用一个简单的贪婪路由算法来将消息转发到最接近目标的邻居。对等网络的另一个重要属性是，任何计算机都可以随时加入或离开。当一个对等节点离开或新的对等节点加入时，只需要对相邻的对等节点进行更新，网络的其余部分不受影响。

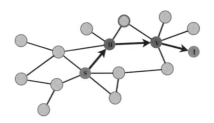

图 7.17 网络局部搜索模型。源节点是 **s**，靶节点是 **t**。源节点将查询传递给其具有最高度值的邻居（**u**），该邻居将其再次转发给其最高度值的邻居（**v**）。由于靶节点是 **v** 的邻居，因此搜索结束。

　　研究网络结构的一种有效途径是分析中枢节点的作用。基于这种思想的局部搜索算法，假设每个节点都知道其所有邻居的度值以及存储在其中的数据，那么所有可供节点使用的信息都存在于网络局部。当靶节点的邻居收到请求时会回复："我不是你要找的节点，但我的邻居是！"并发送靶节点的地址。每个被查询的节点，从源节点开始，将请求转发给其度值最大的邻居，除非它或它的任意邻居就是靶节点。重复该过程，直到靶节点的邻居接收到消息（图 7.17）。由于在该过程中可能会多次访问节点，因此需要对已通过请求的节点进行标记，并不再对它们进行多次查询。

　　我们已经在 3.3 节中了解到，通常情况下，随机选择的节点的邻居比节点本身更有可能成为中枢。特别是，通过探索具有较大度值的邻居，它们的任意邻居是主要中枢节点的机会更高。这么做的结果就是算法能很快到达度值最大的节点。检查位于顶部的中枢节点之后，我们将其标记以避免重复检查。下一个中枢节点很可能是度值第二大的节点，以此类推。基本上，在访问节点的度值逐渐变大的快速瞬变阶段之后，探索过程遵循网络度序列的倒序，从度值最大的节点向下展开。作为中枢节点邻居的那些节点，被查询的次数增长得非常快，并且只需少量步骤即可到达靶节点。

　　虽然中枢节点驱动的局部搜索增加了完成搜索所需的步数，但就一般情况而言，必须查询的节点数与使用广度优先搜索时大致相当。这是因为靶节点原则上可以在任意地方，因此在这两种情况下都需要进行很多检查。为了让局部搜索算法具有更少的步数，每一步需检查更多的邻居，因为在该过程中遍历的节点具有较大的度值。但是，如果每个节点都知道它邻居的信息内容，那么并不需要对其中任何一个进行查询，这就大大减少了节点之间的沟通成本。当然，这样一来就需要中枢节点存储大量数据，而这在非常大的网络中是不可行的。

7.4.2　可搜索性

我们已经了解了几种搜索网络的策略，可是所有网络都是"可搜索的"吗？我们可以搜索任何图并在足够短的时间内获得结果吗？答案是否定的，但我们接下来会讨论一些重要的例外情况。

探究网络*可搜索性*（*searchability*）的属性之前，回想一下米尔格拉姆在 2.7 节中提出的小世界实验，它教给我们两个经验。第一个是熟悉的观察。正如我们所看到的那样，社交网络中的大多数人都是通过熟人之间的短链条联系在一起的。第二个是人们特别擅长找出这些链条。但这并不那么直观：参与者只有在那时才知道联系人以及目标人的姓名和位置。他们必须相信自己的直觉，选择将信件转发给更可能接近目标的人。大多数参与者都试图将这封信寄到目标人居住的波士顿地区，这是在利用网络的趋同性（在 2.1 节中有讨论），特别是*地理趋同性*（*geographic homophily*）：如果两个人住得较近，他们更有可能认识对方。尽管如此，原则上这封信本会在波士顿逗留很长时间，在最终到达目标之前会经过许多人的传递。成功的参与者使用了一些关于网络结构的额外直觉，通过几个步骤就找到了目标。他们利用了基于职业的其他类别趋同性，例如，一位律师可能认识另一位律师。这类似于万维网上的主题相邻性（4.2.5 节）。

我们可以使用基于上述各类趋同性的启发式方法来分析网络必须满足的条件，以便能够搜索并连接到在地理上或主题上接近目标的节点。我们先关注*地理可搜索性*（*geographic searchability*）。事实证明，让网络在地理意义上可搜索的条件很苛刻。为了说明这一点，设想一个类似于模型生成的小世界网络的特殊结构（在 5.2 节中有讨论）。我们从一个方形网格开始，它的目的是将社交网络嵌入地理空间，就像把人放在地图上一样。每个节点都连接到离它最近的邻居，形成了一个网格网络。然后，我们在网格的节点对之间加入一些捷径（图 7.17）。在与小世界模型 [图 5.4（b）] 不一致时，捷径不会以相等的概率连接节点对；相反，链接概率随着网格中节点之间的地理距离的增大而降低。这么做是为了解释地理趋同性，经验观察告诉我们，在真实的社会网络中，大多数关系发生在地理上彼此接近的人们之间。

我们假设每个人都确切地知道他们的邻居以及目标的地理位置。因此，每个人都可以准确地找出哪个邻居在地理上最接近目标。为了简单起见，我们进一步假设源节点和靶节点是随机选择的，并且人们遵循米尔格拉姆实验启发的*贪婪搜索算法*（*greedy search algorithm*）：每个节点通过一个尽可能让信息更接近目标的链接转发信息。我们可以将*传递时间*（*delivery time*）定义为消息在节点之间传递直到到达目标的次数。事实证明，只有当捷径概率以节点之间地理距离函数的方式下降时，传递时间才会非常短。在图7.18所示的二维网格情况下，一条捷径的概率必然衰减为距离平方的倒数。例如，两个相距两步的节点之间出现捷径的概率，应该比连接两个相距两倍远的节点（4步）高4倍。

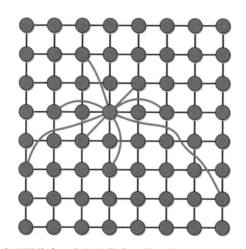

地理社交网络。方形网格表示人们（节点）居住的地理区域，每个节点都链接到它的4个最近的邻居。居住在彼此附近的个人之间更可能涌现出捷径。该图仅显示了红色节点的捷径。

图7.18

如果捷径的概率随着节点之间的距离增大而下降得更快，则说明网络中缺少足够的远程链接，因此在到达目标之前注定要遍历许多局部链接。如果捷径概率下降得更慢，则说明远程链接过多。此时的捷径数量虽多，却很难找到，就像大海捞针一样。在这两种情况下，搜索过程都不是很高效，并且贪婪搜索算法需要很长时间才能找到目标。

　　尽管这种情况下的网络地理可搜索性条件非常苛刻，但并非完全脱离实际。在万维网中，如果我们将地理趋同性的概念替换为主题相邻性，就可以根据经验测量两个页面相链接的概率，它是主题距离的一个函数。想象一下，图 7.18 所示的网格代表的是一个主题图景，附近的点代表的是相关网页。在实践中，我们可以通过查看两个页面的内容来衡量它们之间的相似性（参考小贴士 4.1）。小的相似性值可以绘制为远的距离，反之亦然。事实证明，附近（相似）的页面很可能有共同邻居或被链接起来，而对于遥远（相异）的页面，链接概率衰减与地理可搜索性的情况旗鼓相当。因此，万维网是可搜索网络的一个特例，这意味着我们可以通过点击链接找到有趣的信息。如果不是这样的话，Web1.0 时代的网上冲浪就无从谈起。

　　由于人们没有被定位和连接为网格中的节点，所以用于探索地理可搜索性的网络模型在许多方面都不切实际。更重要的是，地理信息只是被搜索网络中节点的许多可能属性之一。社交网络中的两个人可能拥有相同的工作、相同的爱好、相同的母校等。让我们将可搜索性的概念推广到*主题可搜索性*（*topical searchability*）层面，其中节点的任何属性都可以反映为网络趋同性，从而让搜索过程变得容易。例如，如前所述的米尔格拉姆实验中，靶节点的职业就是一条有用的信息。

　　我们可以基于主题属性并以分层的方式对一个网络中的节点进行分组：层次结构的顶部代表最一般的类别；沿着层次向下，主题类别被划分得更小、更具体，直至是我们能够识别的最小群组。生成的层次图被称为*主题距离树*（*topical distance tree*），如图 7.19 所示。一个主题距离树可用于组织维基百科中关于科学的文章：在顶部（根节点下面）将是形式科学、物理科学、生命科学、社会科学和应用科学；在下面的层次中，我们会找到数学、逻辑学、生物学、化学、物理学、心理学、经济学、社会学、工程学、计算机科学等学科；更具体的领域，如分子生物学、统计物理学、机器学习和网络科学，将被置于更低的层次。同样，我们可以使用主题树对社交网络中的人进行分类：

顶部是整个世界的人口；而较低的群组可以表示人口在地理上的细分，依次为大洲、国家、城市和社区；不同的社会属性（例如职业、爱好、学校、宗教）导致不同的划分和树。

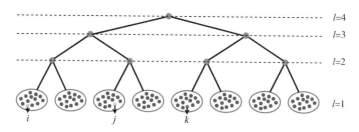

主题距离树。节点 i 和 j 之间的距离为 3，因为 i 和 j 所属的群组的最近共同祖先位于第三层（$l=3$ 虚线左侧的绿点）。同样，i 和 k 或 j 和 k 之间的主题距离为 $l=4$，因为最近的共同祖先是根节点。　　**图 7.19**

　　主题距离树是一种心理构念，它让我们能够估计节点之间的*主题距离*（*topical distance*）（图 7.19）。如果两个人属于同一个最小的可识别群组，则他们的主题距离为 1。比方说，在美国印第安纳大学布卢明顿分校同一个部门工作的两位教授就属于这种情况。否则，随着我们沿着层次树向上爬，它们的群组最终将合并。当我们在树中碰到它们*最近的祖先*（*nearest ancestor*）类别时，就会发生这种情况，这也反映了节点共享的最具体的属性。在这种情况下，主题距离由树中的层次数给出，即从底部到最近的共同祖先。例如，在图 7.1 的示意图中，个人 i 和 j 可能是在美国印第安纳州不同大学的不同部门工作的两位教授，因为在不相关的主题和不同的地点工作会两次增加他们之间的分离度，所以他们的主题距离是 3。

　　让我们回到社交网络的场景，并假设人们可以估计他们与任何人的主题距离。在地理模型中，个人知道彼此的确切位置，所以与其相比这是一个不那么严格的假设。我们进一步假设主题距离树能够捕获到社交网络中的趋同性，根据衰减函数，两个节点之间的链接概率随着主题距离的增加而减小。通过使用贪婪搜索算法（即让每个人将消息转发给与目标的主题距离最短的邻居），可以证明存在一个能够实现有效搜索的特定主题衰减函数。在这种情况下，搜索只需几步即可完成。

前面我们讨论了主题距离和链接概率之间的关系，可见将其作为网络主题可搜索性的必要条件是非常严格的。然而，它在社会学意义上是合理的，有助于我们理解使得米尔格拉姆实验获得成功的那些链条。此外，我们还可以分析页面在一个基于主题的万维网目录中是如何分类的，并据此测度两个网页链接的概率如何随着它们主题距离的增大而衰减。事实证明，万维网图也满足主题可搜索性条件，确保其可以通过冲浪来进行搜索。

7.5　本章小结

网络是传播观点、意见和影响的工具，它们同样也促进了有害传播，例如传播错误信息和谣言。揭示这些现象是如何展开的，可以帮助我们提高前者的效力并保护自己免受后者的影响。搜索网络对于检索信息至关重要，但当网络结构和节点存储的内容未知时，这个过程就困难得多。

1. 在影响扩散的阈值模型中，一个节点受到其所有邻居影响者的综合效应所支配：当这种效应超过阈值时，节点就会受到影响。在独立级联模型中，一个节点被每个邻居影响者以一定的概率被"说服"。最有效的影响者在网络中具有较大的度值并占据了中心位置。

2. 在传染病传播的易感态 – 感染态 – 易感态（SIS）模型中，感染态个体恢复后再次变为易感态，因此他们可以多次感染该疾病。在易感态 – 感染态 – 恢复态/移除态（SIR）模型中，感染态个体恢复后将不会再被感染，因此他们在动力学中不再发挥作用。

3. 如果接触网络中有中枢节点，即使感染的可能性很低，疾病传播也会根据 SIR 和 SIS 动力学影响到很大比重的人口，这是因为中枢节点很容易被感染并变成危险的传播者。

4. 谣言传播模型与 SIR 模型类似，但是"恢复"过程是知晓谣言真相的个体相遇之后（而不是每个个体自发）的结果，它对应的是不再传播谣言的决定。即使谣言的传输概率很低，它也可以到达任意网络中的绝大部分节点。

5. 在多数意见模型中，节点接受其大多数邻居的意见，不同意见共存于最终状态，动力学仅在一维和二维网格上才能达成共识。在这些情况下，共识意见是初始配置中的多数意见。

6. 在选民模型中，节点接受随机选择的邻居的意见。动力学会在任意网络上导致共识。就某一意见达成共识的概率与初始配置中持有该意见的节点比例匹配。

7. 在连续意见动力学的有界置信模型中，只有当两个意见的差异小于置信界限参数时，它们才能相互影响。最终的意见簇数量取决于置信界限值和网络结构。有了足够大的置信界限，动力学就能在任意网络上将随机的初始意见引导为共识。

8. 协同演化模型将选择和社会影响的过程结合在一起。我们提出了一个模型，让节点可以接受邻居的意见或选择具有相同意见的新邻居。在最终状态下，系统会被隔离成具有同质意见但彼此脱节的社区。

9. 网络穷举搜索（如万维网爬虫所执行的搜索）的标准方法是广度优先搜索，它与用于计算距离和查找节点之间最短路径的算法相同。这对于大型网络来说是不可行的，因此需要进行局部启发式搜索。一种局部搜索启发式方法是将查询转发到度值最大的邻居，以便快速到达那些最大的中枢节点，并利用它们的大量邻居来用很少的步数就找到目标。

10. 有些网络是可搜索的，因为可以找到将源节点连接到目标的短路径。这可能取决于节点之间链接的特殊地理分布，或者取决于节点根据其内容或属性形成的分层组织。通过估计层次结构中两个节点之间的距离，可以识别出最接近目标的邻居。

7.6 扩展阅读

一般来说，复杂网络的书籍都包括详细介绍动态过程的章节内容。Barrat 等人（2008）出版了关于动态过程的著作，涵盖了本章提到的许多模型，并且内容更加丰富。

与此同时，我们也注意到了关于误导信息传播的科学研究正在迅速发展（Lazer et al.，2018）。特别是信息传播网络（Shao et al.，2018a）的研究对于理解社交媒体如何受到操纵至关重要，例如社交机器人所扮演的角色（Shao et al.，2018b）。

阈值模型最早是由 Granovetter（1978）在一篇经典论文中提出的，而独立级联模型则相对较新（Goldenberg et al.，2001）。Watts（2002）建议对邻居的比例而不是它们的数量施加阈值。Kempe 等人（2003）解决了识别能够产生最大级联的影响者集合的问题。Kitsak 等人（2010）表明中枢节点未必是最有效的影响者。Centola 和 Macy（2007）探讨了复杂传染在集体行为传播中的作用。Weng 等人（2013b）表明社团影响着社交媒体中模因的病毒传播，并且可以根据参与扩散早期阶段的社区数量来预测级联大小。

Anderson 和 May（1992）的著作是经典传染病模型的文献出处，标志着传染病建模方面的研究也取得了重要进展。Pastor-Satorras 等人（2015）发表了关于网络传播过程的综述文章。Stehle 等人（2011）通过射频识别设备成功重建了学校中儿童和教师之间的面对面交互网络。Pastor–Satorras 和 Vespignani（2001）首次揭示了具有中枢的网络上不存在传染病阈值的问题。Cohen 等人（2003）提出了一种有效的免疫策略，即随机选择个体的熟人，特别是当联系网络具有重尾度分布时。Christakis 和 Fowler（2010）的研究表明监测随机选择个体的朋友可以早期检测传染病爆发。谣言传播模型最早由 Daley 和 Kendall（1964）提出，是研究谣言传播的重要基础。

社交动态模型的研究也受到了广泛关注。Castellano 等人（2009）从统计物理学的角度回顾了意见和其他社交动态模型，而大多数模型最初是在统计物理学的自旋模型中引入的（Glauber，1963）。此外，还有一种基于多数概念的模型，被称为多数规则模型（Galam，2002；Krapivsky and Redner，2003）。选民模型用来描述物种之间的领土竞争（Clifford and Sudbury，1973），继而 Mobilia 等人（2007）研究了选民模型中狂热者的作用。Vazquez 等人（2003b）则提出了约束选民模型，模型只有相似观点之间可以互动。有界信心原则最早可以追溯到 Festinger（1954）的社会比较理论，有界信心意见模型最初由 Deffuant 等人（2000）提出。关于网络动态和结构的共同进化，最早是由 Holme 和 Newman（2006）以及 Gil 和 Zanette（2006）提出的。

此外，关于网络中信息传播的研究也在不断深入。Adamic 等人（2001）提出了基于网络中枢节点的本地搜索策略。Kleinberg（2000）提出了地理网络和网络可搜索性的相对分析。Kleinberg（2002）、Watts 等人（2002）分别提出了基于主题层次结构和距离的搜索性分析。Menczer（2002）的研究表明，万维网图具备地理和主题的可搜索性，为信息检索提供了重要线索。

课后练习

1. 在图 7.20 的示例中，如果节点 1 的阈值为 4，那么根据线性阈值模型，它会被激活吗？如果是 5 呢？如果改变节点 1 与其不活跃邻居之间链接的权重，上述问题的答案会有变化吗？

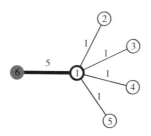

加权影响网络示意图。节点 1 只有一个活跃的邻居 6。 **图 7.20**

2. 现有一个激活部分节点的网络，该说法是否正确：无论使用哪种影响传播模型，都无法成功激活所有节点。请解释原因。

3. 将占比阈值模型应用于图 7.21 的网络，所有节点的阈值都是 1/2。为了获得最大级联应该激活哪个节点？解决方案是否唯一？至少需要激活多少个初始影响者才能激活整个网络？

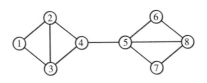

图 7.21 影响网络示意图。每个节点的阈值为 1/2。

4. 将独立级联模型应用于一个网络，两个活跃节点 s 和 t 的度分别为 4 和 10，它们可以以概率 1/2（s）和 1/5（t）说服其邻居。一般来说，哪个节点将影响更多的邻居？

5. 在图 7.22 的网络中，影响概率是对称的，即节点 1 说服节点 2 的概率，与节点 2 说服节点 1 的概率相等。通过初始激活节点 2，使用独立级联模型来预测最终有多少个节点是活跃的。

图 7.22 具有对称影响概率的网络示意图。概率值显示在链接一侧，节点 2 是活跃的。

6. 类似 SIS 和 SIR 这样的传染病模型源自传染病学，它们也可以很好地模拟网络上的其他传播过程。以下哪个过程最适合用 SIS 模型来描述？

    a. 有毒气体在一个地理区域上通过空气传播

    b. 石油泄漏在一片水域表面上的传播

    c. 发电站故障在电网中产生的影响

    d. 某款智能手机在一个社区的成员之间的使用率

7. Pandemic Ⅱ（pandemic2.org）这款游戏是基于 SIR 模型开发的。介绍该游戏是如何与 SIR 模型机制对应的。分析游戏中所做的关键简化假设的意义。

8. 根据 SIS 模型的动力学，假设人口中有 f 比例的个体从不生病，并且这些免疫个体随机分布在同构的接触网络中（所有节点具有相似的度）。与单纯的 SIS 模型（$f = 0$）相比，传染病传播的风险是更大还是更小？如果用 SIR 模型替代的话，答案是否会改变？〔提示：使用公式（7.5）的条件。〕

9. 某地爆发了一场传染病，快速验证后发现基本再生数为 $R_0 = 2.5$，因此其正在发展成为传染病传播（假设接触网络是同构的）。地方当局敦促人们限制与其他人的接触，降低到平均每个个体接触约为平时一半的水平。假设医生能够研制出可以显著增加恢复率 μ 的药物，那么 μ 增加多少才可以阻止这场传染病的传播？

10. 在具有 $N = 1{,}000$ 个节点和链接概率 $p = 0.01$ 的随机网络上，模拟 SIR 动力学。最初，随机选择的 10 个节点被感染，恢复率 $\mu = 0.5$。针对以下感染率取值运行模型：$\beta = 0.02$、0.05、0.1、0.2。在每次运行中，保存每次迭代后同时感染的人数，计算其最大值，并解释结果。需要多少次迭代才能达到最大值？是否观察到大规模暴发？

11. 社区中有三类人：悲观者（S），激进者（I）和平和者（R）。当一个悲观者遇到一个激进者时，他们均成为激进者的概率为 β；当一个激进者遇到一个平和者时，他们均成为平和者的概率为 α。当两个激进者相遇时开始争吵，一段时间后意识到争斗是徒劳的，最终他们均成为平和者的概率为 α。根据 SIR 模型，一个较小的 β 值可以防止激进行为的大规模传播吗？

12. 在图 7.23 所示的网络中，每个节点持有两种意见中的一种。连接不同意见节点的链接被称为活跃链接，因为理论上任何一个节点都有机会说服另一个节点采纳其意见，这具体取决于模型的特定规则。图中有多少条这种活跃链接？

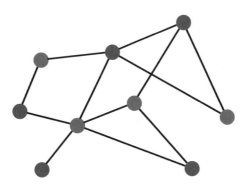

由红色或蓝色区分个体意见的网络示意图。

13. 在网络上模拟动力学过程时，可以通过几种异步顺序选择下一个要更新的节点。一般情况下，节点以随机顺序选择，而另一种策略是选择随机选择的链接的一个端点。上述两种方法会在模拟动力学过程时出现不同的结果吗？请解释原因。

14. 在一个规模为 $N = 20 \times 20 = 400$ 的正方形网格上，模拟多数意见动力学，初始分配两种意见中的每一种给一半随机选择的节点。对于每个不同的初始随机分配，执行 100 次，直到系统达到稳态。运行多少次可以达成共识？创建一个非共识稳态中意见 1 所占比例的直方图，以及一个在这些配置中活跃链接所占比例的直方图（练习题 12 定义了活跃链接。活跃链接比例为活跃链接数与网络中总链接数的比率）。[提示：为了保证模拟收敛到稳态，需要编写 state_transition() 函数，让节点以异步方式和随机顺序更新。此外，还要具体说明停止条件函数，让模拟在达到稳态时得以结束。]

15. 在一个规模为 $N = 20 \times 20 = 400$ 的正方形网格上，计算多数意见模型的退出概率。让持有意见 1 的节点的初始比例分别为 $p = 0.1$、0.2、0.3、0.4、0.5、0.6、0.7、0.8、0.9，每个 p 值执行 20 次模拟，每次使用不同的初始随机分配，直到系统达到稳态。只考虑那些达成共识的运行，然后针对每个 p，计算就意见 1 达成共识的那些运行的比例，即每个 p 值的退出概率。将结果绘制为 p 的函数。

16. 接上题，使用与练习题 15 中相同的参数，计算并绘制正方形网格中选民模型的退出概率。

17. 在完全网络上模拟意见动力学的有界置信模型。由于所有节点都彼此连接，如果足够接近，任何两个节点都可以影响彼此的意见。数学论证表明，如果初始意见随机分布在区间 [0,1] 中，那么在这种情况下最终意见簇的数量约等于 $\frac{1}{2\epsilon}$，其中 ϵ 为置信界限。请解释这一论证。

18. 在具有 1,000 个节点的完全网络上模拟意见动力学的有界置信模型，初始意见为 0 到 1 之间的随机数。选取三个不同的置信界限：$\epsilon = 0.125$、0.25、0.5。对每个 ϵ 分别设置不同的收敛参数 $\mu = 0.1$、0.3、0.5。运行每次模拟，直到每个意见在连续迭代之间的变化率不足 1%，并绘制最终意见的直方图。最终意见簇的数量是否取决于 ϵ？是否取决于 μ？请解释原因。

19. 在一个具有 $N = 1,000$ 个节点和链接概率 $p = 0.01$ 的随机网络中，模拟意见动力学的有界置信模型。给每个节点分配一个 0 到 1 之间的随机数，以此作为初始意见配置。设定收敛参数 $\mu = 1/2$，考察置信界限 ϵ 的不同数值。运行每次模拟，直到每个意见在连续迭代之间的变化率不足 1%。在最终配置中，任何 $\epsilon > \epsilon_c$ 将会得到一个单一意见簇（共识），此时的阈值 ϵ_c 是多少？在具有 $N = 1,000$ 个节点，$k = 4$，重连概率 $p = 0.01$ 的小世界网络上模拟该模型，此时的阈值 ϵ_c 是多少？

20. 在只有两种意见的协同演化模型中，意见最初随机分布在节点之间。当选择机制占据主导时（p 值接近 1），将形成多少个意见社区？它们的规模大约是多大？（提示：假设网络并不稀疏。）

21. 协同演化模型遵循选民模型的规则，即节点采用一个随机邻居的意见。如果切换为多数模型会发生什么？新模型的运行原理如下：对于一个给定的节点，将它的一条链接以概率 p 重连到具有相同意见的非邻居节点上，然后它以概率 $1-p$ 采用其邻域的多数意见。描述在 p 接近 0 或 1 的极端情况下，系统达到稳态时所观察到的最终配置。

22. 构建具有 $N = 1,000$ 个节点、$k = 4$、重连概率 $p = 0.001$、0.01、0.1、1 的小世界网络。随机选择一个源节点 s 和一个靶节点 t，使用贪婪搜索算法（信息传递给环上最接近目标的邻居），计算在每个 p 值下从 s 到 t 传递消息所需的步数，并解释结果。（提示：对于每个 p 值，在不同的随机节点对上运行多次后取其平均值。）

23. 图 7.19 中的主题距离树非常程式化且不切实际。实际的主题距离树通常是非对称的，如图 7.24 所示。两个标记的节点之间的主题距离是多少？

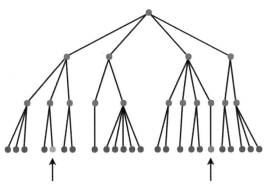

图 7.24 实际的主题距离树。

Python 教程　　附录 A

为了让读者更好地理解本书中的示例和教程，附录介绍了相关 Python 编程语言和 Jupyter Notebook 的特点，特别关注数据分析过程中常用的重要数据类型以及案例中的常规用法和模式。附录对那些使用非 Python 编程语言的读者尤为有用。

每章教程涉及的 Jupyter Notebook 均已上传至本书的 GitHub 存储库。

A.1　Jupyter Notebook

Jupyter Notebook 是一款开源万维网应用，可通过云端使用免费完整的 Jupyter 运行环境，无须本地安装，如谷歌的 Colaboratory[1]。此外，也可使用 Anaconda[2] 安装 Jupyter Notebook。Anaconda 是一个免费的发行版，包括 Python、Jupyter、NetworkX 和其他常用于科学计算和数据科学的安装包。

Jupyter Notebook 的核心思想是混合文本和代码。代码在"单元格"（cell）中执行，点击单元格并按住 Shift + Enter，可以执行本单元格并移动到下一个单元格；按住 Ctrl + Enter 执行本单元格但不移动到下一个单元格；一次运行多个单元格等命令可以查询 Jupyter 的"单元格"菜单选项。

附录中的代码片段以 Jupyter Notebook 单元格方式呈现，执行该段单元格代码的输出结果会打印在红色分隔符下方，如下方示例：

1　colab.research.google.com

2　www.anaconda.com

```
print('Hello from Jupyter')
```
```
Hello from Jupyter
```

Jupyter Notebook 提供了两种检查变量的方法，其中 print() 函数是最常见的方式：

```
my_str ='Hello'
my_int = 16

print(my_str)
print(my_int)
```
```
Hello
16
```

我们也可直接执行带有变量名的单元格：

```
my_str
```
```
'Hello'
```

这两种方法的区别在于，print () 语句可以在每个单元格中输出多个项目，而后者只显示最后命名的变量，比如：

```
my_str
my_int
```
```
16
```

与使用 print () 输出结果不同，本示例只输出最后一个值。

A.2　条件

"条件"（conditionals）是 if 语句的另一种说法。if-then-else 的结构如下：

```
number_of_apples = 5
if number_of_apples < 1:
  print('You have no apples')
elif number_of_apples == 1:
  print('You have one apple')
elif nuniber_of_apples < 4:
  print('You have a few apples')
else:
  print('You have many apples!')
```

```
You have many apples!
```

可以更改 `number_of_apples` 的赋值，然后重新运行之前的单元格以获得其他输出结果。

A.3　列表

"列表"（list）是由非唯一项组成的有序的（ordered）、可变的（mutable）集合类型（collection），是 Python 中常用的数据类型之一。

"有序"是指项是通过其在集合类型中的索引（index）来寻址的：

```
student_names=['Alice','Bob','Carol','Dave']
student_names[1]
```

```
'Bob'
```

Python 中的索引从 0 开始，因此列表的第一项的索引为 0：

```
student_names[0]
```

```
'Alice'
```

使用负索引获取列表中的最后一项：

```
student_names[-1]
```
```
'Dave'
```

列表也可以被切分（*sliced*），以获取列表项的子集：

```
student_names[0:2]
```
```
['Alice','Bob']
```

```
student_names[1:3]
```
```
['Bob','Carol']
```

从列表开头或结尾切分时，可以省略索引：

```
student_names[:2]
```
```
['Alice','Bob']
```

```
student_names[2:]
```
```
['Carol','Dave']
```

"可变"是指可以通过添加或删除项来更改列表。通常采用 .append () 函数将项添加到列表末尾：

```
student_names.append('Esther')
student_names
```
```
['Alice','Bob','Carol','Dave','Esther']
```

使用 .insert () 方法在任意索引处添加项：

```
student_names.insert(2,'Xavier')
student_names
```
```
['Alice','Bob','Xavier','Carol','Dave','Esther']
```

通过 del 关键字删除项：

```
del student_names[2]
student_names
```

```
['Alice','Bob','Carol','Dave','Esther']
```

列表项不要求唯一性（unique），即可以重复添加相同的名字：

```
student_names.append('Esther')
student_names
```

```
['Alice','Bob','Carol','Dave','Esther','Esther']
```

若想使用项唯一的集合类型，可采用字典（dictionary）或集合（set）。

集合类型是由多个值组成的数据类型。列表是集合的一种，其他集合类型包括元组（tuple）、集合和字典。

命名列表变量时最好使用复数名词，例如上例中的 student_names。相反，单个值应使用单数名词命名，如第一节中的 my_str。这有助于分辨集合类型和单项变量，也有助于编写循环语句。

A.4　循环

不同编程语言中的"循环"（loop）类型各有差异。在 Python 中，我们特别关注一种循环类型——for 循环。for 循环遍历一个项的集合类型，并对每个项执行代码：

```
student_names=['Alice','Bob','Carol','Dave']

for student_name in student_names:
  print('Hello'+ student_name + '!')
```

```
Hello Alice!
Hello Bob!
Hello Carol!
Hello Dave!
```

注意 for-in 结构中使用的命名规范：

```
for student_name in student_names:
```

使用复数名词 student_names 表示集合类型，我们自动为其中的每个单独项提供了一个好的名称：student_name。本书教程尽量使用这种命名约定，因为它清楚地向读者表示哪个变量是"循环变量"（loop variable），在循环主体的迭代之间更改其值。

在处理数据时，"过滤任务"（filtering task）比较常见。简单来说就是遍历一个集合类型，检查其中每项是否满足条件，然后将满足条件的项添加到另一个集合类型中。

在下面的示例中，我们将从 student_names 列表中创建一个仅包含"长"名称的列表，这些名称包含超过 4 个字符。

```
#Initialize an empty list and add to it the
#student names containing more than four characters
long_names=[]
for student_name in student_names:
#  This is our criterion
  if len(student_name) > 4:
    long_names.append(student_name)
long_names
```
```
['Alice','Carol']
```

循环语句可以相互"嵌套"（nested）。当我们要将一个集合类型中的项与同一个或另一个集合类型中的项进行匹配时，经常会出现这种情况。例如，创建一个包含所有可能配对学生的列表：

```
student_names=['Alice','Bob','Carol','Dave']

student_pairs=[]
for student_name_0 in student_names:
  for student_name_1 in student_names:
```

```
    student_pairs.append(
        (student_name_0,student_name_1)
)


student_pairs
```

```
[('Alice','Alice'),
('Alice','Bob'),
('Alice','Carol'),
('Alice','Dave'),
('Bob','Alice'),
('Bob','Bob'),
('Bob','Carol'),
('Bob','Dave'),
('Carol','Alice'),
('Carol','Bob'),
('Carol','Carol'),
('Carol','Dave'),
('Dave','Alice'),
('Dave','Bob'),
('Dave','Carol'),
('Dave','Dave')]
```

需要注意，在 student_pairs list 中添加的不是名字，而是元组（student_name_0、student_name_1）。也就是说，列表中的每个项目都是一个二元组：

```
student_pairs[0]
```

```
['Alice','Alice']
```

此外，列表中有两个相同学生的配对。如果要将这些数据排除在外，可以在第二个 for 循环中添加一个 if 语句来过滤重复项：

```
student_names=['Alice','Bob','Carol','Dave']

student_pairs=[]
for student_name_0 in student_names:
  for student_name_1 in student_names:
      #This is the criterion we added
      if student_name_0 ! = student_name_1:
      student_pairs.append(
        (student_name_0,student_name_1)
      )

student_pairs
```
[('Alice','Bob'),
('Alice','Carol'),
('Alice','Dave'),
('Bob','Alice'),
('Bob','Carol'),
('Bob','Dave'),
('Carol','Alice'),
('Carol','Bob'),
('Carol','Dave'),
('Dave','Alice'),
('Dave','Bob'),
('Dave','Carol')]

这样一来，列表中不再有重复项。

A.5　元组

即使是经验丰富的 Python 使用者，也会经常混淆元组和列表。两者表面上是相似的，因为它们是非唯一项的有序集合：

```
student_grade=('Alice','Spanish','A-')
student_grade
```
```
('Alice','Spanish','A-')
```

```
student_ grade [0]
```
```
'Alice'
```

然而，元组是*不可变的*（*immutable*），这是它与列表最大的区别。以下每个单元格都会引发异常：

```
student_grade.append('IU Bloomington')

Traceback (most recent call last):

  <ipython-input-24-782d93a0b0cf> in <module>()

  -----> 1 student\_grade.append('IU Bloomington')


  AttributeError:  'tuple'object has no attribute 'append'
```

```
del student_grade[2]

Traceback (most recent call last):

  <ipython-input-25-f8ded3bl86ff > in <module>()

  -----> 1 del student\_grade[2]


  TypeError:  'tuple'object doesn't support item deletion
```

```
student_grade[2] = 'C'
```

```
Traceback (most recent call last):
  <ipython-input-26-c9fd9c464431 > in <module>()
  -----> 1 student\_grade[2] = 'C'


  TypeError: 'tuple'object does not support item
assignment
```

　　这种不变性使元组在索引时发挥了关键作用。索引在语义上很重要，在本例中，索引 0 是学生名字，索引 1 是课程名称，索引 2 是学生在课程中的成绩。由于无法在元组中插入或追加项目，因此可以确定。例如，课程名称不会移动到不同的位置。

　　元组的不变性在解包（unpacking）时也非常有效。最简单的元组解包方法如下：

```
student_grade=('Alice','Spanish','A-')
student_name,subject,grade = student_grade


print(student_name)
print(subject)
print(grade)
```

```
Alice
Spanish
A-
```

　　元组解包与循环一起使用时会发挥最大效用。下面是一段祝贺学生取得好成绩的代码：

```
student_grades = [
  ('Alice','Spanish','A'),
  ('Bob','French','C'),
```

```
  ('Carol','Italian','B+'),

  ('Dave','Italian','A-'),

]


for student_name,subject,grade in student_grades:

  if grade.startswith('A'):

   print('Congratulations',student_name,

       'on getting an',grade,

       'in',subject)
```

```
Congratulations Alice on getting an A in Spanish

Congratulations Dave on getting an A- in Italian
```

将其与使用索引的相同代码进行比较：

```
for student_grade in student_grades:

  if student_grade[2].startswith('A'):

   print('Congratulations',student_grade[0],

       'on getting an',student_grade[2],

       'in',student_grade[1])
```

```
Congratulations Alice on getting an A in Spanish

Congratulations Dave on getting an A- in Italian
```

元组解包可以通过语义名称来引用这些结构化数据，而不必保持索引的一致性。第二个示例虽然在功能上完全相同，但编写和阅读起来更困难。

A.6　字典

"字典"（dictionary）是一个无序的（*unordered*）、可变的 (*mutable*)、

包含*唯一*（*unique*）项的集合类型。在其他编程语言中，字典也被称为映射、哈希图或关联数组。

　　所谓无序，是指字典项不是通过其在集合类型中的位置或索引来表示的。相反，字典项都有*键*（*key*），每个键都与一个*值*（*value*）相关联。

```
foreign_languages = {
    'Alice': 'Spanish',
    'Bob': 'French',
    'Carol': 'Italian',
    'Dave': 'Italian',
}
```

　　这里的学生名字是键，语言是值。因此，要查看 Carol 关联的语言，需要使用的是键，也就是她的名字，而非索引：

```
foreign_languages['Carol']
```
```
'Italian'
```

　　获取字典中不存在的键值时，会出现键错误（KeyError）：

```
foreign_languages['Zeke']
```
```
Traceback (most recent call last):
  <ipython-input-32-1ff8fc89736a> in <module>()
----> 1 foreign\_languages['Zeke']

KeyError:'Zeke'
```

　　使用 in 关键字检查某个键是否在字典中：

```
'Zeke'in foreign_languages
```
```
False
```

```
'Alice'in foreign_languages
```

```
True
```

需要注意的是，键区分大小写：

```
'alice'in foreign_languages
```

```
False
```

添加、删除和更改字典中的条目：

```
# Add an entry that doesn't exist
foreign_languages['Esther'] = 'French'
foreign_languages
```

```
{'Alice': 'Spanish',
 'Bob': 'French',
 'Carol': 'Italian',
 'Dave': 'Italian',
 'Esther': 'French'}
```

```
# Delete an entry that exist
del foreign_languages['Bob']
foreign_languages
```

```
{'Alice': 'Spanish',
 'Carol': 'Italian',
 'Dave': 'Italian',
 'Esther': 'French'}
```

```
# Change an entry that does exist
foreign_languages['Esther'] = 'Italian'
£oreign_languages
```

```
{'Alice': 'Spanish',
```

```
'Carol': 'Italian',

'Dave': 'Italian',

'Esther': 'Italian'}
```

添加不存在的条目和更改现有条目的语法是一样的。为字典中的键赋值时，如果键不存在，则添加该键；如果键存在，则更新该键的值。因此，键必须是唯一的，即字典中不可能有多个同名的键。

我们可以遍历字典中的条目：

```
for student,language in foreign_languages.items():
  print(student,'is taking',language)

Alice is taking Spanish

Carol is taking Italian

Dave is taking Italian

Esther is taking Italian
```

在 foreign_languages 中，我们使用的是键值对——每个名称都与一个科目相关联。字典也常用来包含关于一个实体的多个不同数据。为了说明这种微妙的区别，让我们来看看 student_grades 中的一个项目。设定 student_grades 是学生的成绩：

```
student_grade = ('Alice', 'Spanish','A')
```

其中，每个元组中的项可以是名字、科目或年级：

```
student_name,subject,grade = student_grades[0]
print(student_name,
  'got a grade of',grade,
  'in',subject)

Alice got a grade of A in Spanish
```

我们可以用字典来表示上述内容。描述单个项信息的字典通常称为*记录*（*record*）：

```
record = {
  'name': 'Alice',
  'subject': 'Spanish',
  'grade': 'A',
}
print(record['name'],
  'got a grade of',record['grade'],
  'in',record['subject'])
```
```
Alice got a grade of A in Spanish
```

虽然代码稍长，但在匹配索引和每个值的含义时不会出现歧义。这在某些值是可选项的情况下依然适用。

A.7　组合数据类型

大多数简单示例中使用的是字符串和数字等简单值的集合类型，但数据分析通常会涉及复杂数据，每个相关项目都有多种数据类型。这种复杂数据通常表示为集合类型的集合类型，例如字典列表。

为特定问题选择合适的数据类型，有助于编写准确无误的代码，也可以让其他人更容易读懂代码。但是，最佳数据类型的设计需要借助经验。下面介绍几种常用的组合数据类型。

A.7.1　元组列表

在前面元组解包的示例中，student_grades 的数据如下：

```
student_grades =[
  ('Alice',  'Spanish','A'),
  ('Bob','French','C'),
```

```
  ('Carol', 'Italian', 'B+'),
  ('Dave','Italian', 'A-'),
]
```

下面是它的元组列表：

```
student_grades[1]

('Bob','French','C')
```

我们可以处理单个元组：

```
student_grades[1][2]

'C'
```

A.7.2　字典列表

接下来，我们把元组列表 student_grades 转换成一个记录列表 student_grade_records：

```
student_grade_records = []
for student_name,subject,grade in student_grades:
  record = {
    'name': student_name,
    'subject': subject,
    'grade': grade,
  }
  student_grade_records.append(record)

student_grade_records

[{'name': 'Alice','subject': 'Spanish','grade': 'A'},
{'name': 'Bob','subject': 'French','grade': 'C'},
```

```
{'name': 'Carol','subject': 'Italian','grade': 'B+'},
{'name': 'Dave','subject': 'Italian','grade': 'A-'}]
```

列表中的每个项都是一个字典：

```
student_grade_records[1]
```

```
{'name': 'Bob','subject': 'French','grade': 'C'}
```

然后就可以处理单个记录：

```
student_grade_records[1] ['grade']
```

```
'C'
```

字典列表通常用来表示数据库或 API 中的数据。如同解包元组那样，用这些数据来编写祝贺学生取得好成绩的代码：

```
for record in student_grade_records:
  if record['grade'].startswith('A'):
   print('Congratulations',record['name'],
     'on getting an',record['grade'],
     'in',record['subject'])
```

```
Congratulations Alice on getting an A in Spanish
Congratulations Dave on getting an A- in Italian
```

A.7.3 字典的字典

字典列表对于处理非唯一数据非常有效，在前面的例子中，每个学生有来自不同班级的多个成绩。若希望通过特定名称或键来引用数据，可以使用其值为记录的字典（即其他字典）。

同样使用 student_grades 的数据，假设只需要语言成绩，可以使用学生的名字作为键：

```
foreign_language_grades = {}
for student_name,subject,grade in student_grades:
  record = {
    'subject': subject,
    'grade': grade,
  }
  foreign_language_grades[student_name] = record


foreign_language_grades
```
```
{ 'Alice': {'subject': 'Spanish','grade': 'A'},
'Bob': {'subject': 'French','grade': 'C'},
'Carol': { 'subject': 'Italian','grade': 'B+'},
'Dave': {'subject': 'Italian','grade': 'A-'}}
```

我们可以通过学生名字来查阅这些数据：

```
foreign_language_grades['Alice']
```
```
{'subject': 'Spanish','grade': 'A'}
```

这样就能获得指定的个人数据了：

```
foreign_language_grades['Alice'] ['grade']
```
```
'A'
```

A.7.4　具有元组键的字典

将字典键关联到多个数据也很有效。字典可以使用任何不可变对象作为键，包括元组。我们继续以学生成绩为例，键是学生的名字和科目：

```
course_grades = {  }
for student_name,subject,grade in student_grades:
```

```
    course_grades[student-name,subject] = grade
course_grades
```

```
{('Alice','Spanish') : 'A',
('Bob','French') : 'C',
('Carol','Italian'): 'B+',
('Dave','Italian'): 'A-'}
```

一个学生的所有成绩可表示为:

```
course_grades[ 'Alice','Math'] = 'A'
course_grades[ 'Alice','History'] = 'B'
course_grades
```

```
{('Alice','Spanish') : 'A',
('Bob','French'): 'C',
('Carol','Italian') : 'B+',
('Dave','Italian'): 'A-',
('Alice','Math'): 'A',
('Alice','History'): 'B'}
```

A.7.5 其他字典的字典

如果想要获得某个给定学生的成绩单(科目—成绩对),我们可以创建一个键为学生名字、值为科目—成绩对的字典。首先需要做一些检查:

```
report_cards = { }
for student_name,subject,grade in student_grades:
    # If there is no report card for a student,
    # we need to create a blank one
  if student_name not in report_cards:
```

```
    report_cards[student_name] = { }
  report_cards[student_name][subject] = grade
report_cards
```

```
{'Alice': {'Spanish': 'A'},
'Bob': {'French': 'C'},
'Carol': {'Italian': 'B+'},
'Dave': {'Italian': 'A-'}}
```

这样做的好处是可以更便捷地为每个学生创建多个成绩：

```
report_cards['Alice'] ['Math'] = 'A'
report_cards['Alice'] ['History'] = 'B'
report_cards
```

```
{'Alice': {'Spanish': 'A','Math': 'A','History': 'B'},
  'Bob': {'French': 'C'},
  'Carol': {'Italian': 'B+'},
  'Dave': {'Italian':'A-'}}
```

我们还可以获取学生的"成绩单"：

```
report_cards['Alice']
```

```
{'Spanish': 'A','Math': 'A','History': 'B'}
```

Netlogo 模型

NetLogo 是一个多智能体可编程建模环境，由美国西北大学的联结学习（CCL）与基于计算机的建模研究中心开发和维护（Wilensky，1999），可以免费下载为桌面应用程序 [1] 或在万维网上运行 [2]。

NetLogo 附带了一个大型的示例模型库并包括了几个网络模型。这些预先编写的模型可以直接进行实验，无须编写整个模型。通过设置不同的初始配置和参数，可以观察它们如何影响模型的动力学和结果，以便读者更深入地理解潜在的规则和涌现的网络现象。

从库中加载模型后（使用应用程序中的"文件"菜单或万维网版本上的"搜索"框），读者会看到三个面板，即界面、信息和代码的选项卡。其中，信息选项卡介绍模型，解释如何使用它并建议要探索的内容。

我们简要概述一下 NetLogo 模型的关键界面元素——按钮、开关、滑块和监视器。这些元素可以与模型进行交互：按钮用于设置、启动和停止模型；滑块和开关用于更改模型设置；监视器和图形用于显示数据。要启动模型，首先需要通过"setup"按钮进行设置。然后，可以逐步运行模型，也可以使用"go"按钮执行循环迭代。滑块可控制执行速度，开关和滑块配合则可访问模型的设置和参数，以便模拟不同的情景或假设。视图可查看正在建模的网络发生了什么变化，因此图形和监视器显示了关键模型统计数据随时间的变化。图形通过图例解释了图表的具体含义，读者还可以将图形数据导出到电子表格中。

虽然可以通过"代码"选项卡访问和修改模型的源代码（NetLogo 的编程语言），甚至编写自己的模型，但这里关注的是如何运行与本书素材相关的库模型。

1　ccl.northwestern.edu/netlogo/

2　www.netlogoweb.org

B.1　PageRank

图 B.1 展示了 PageRank 模型（Stonedahl and Wilensky，2009），我们在 4.3 节有详细的介绍。该模型展示了基于主体的随机游走（随机冲浪者）模型和计算 PageRank 值的幂（扩散）法。实现随机游走需要设定一个参数，即明确网民的数量。可以看到这些主体是如何在页面之间移动或跳转的，注意这两种方法的速度差异。

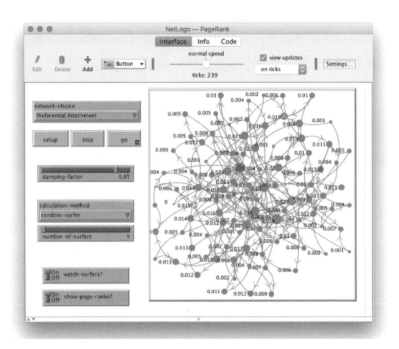

图 B.1　**NetLogo PageRank 模型的屏幕截图。该模型根据 CC BY–NC–SA 3.0 获得许可并授权使用。**

　　该模型展示了每次迭代时如何更新每个节点的 PageRank 值。节点的大小与其 PageRank 值成正比。可选网络包括两个简单的示例网络，以及一个根据择优连接机制生成的较大的、具有较广入度分布的网络。在其中一个示例网络中，一些节点没有传入链接，但它们最终具有非 0

的 PageRank 值。尝试调整阻尼因子，观察它是如何影响这些值的。探讨当阻尼因子接近 0 或 1 时会发生什么。

B.2　巨分支

图 B.2 展示了巨分支模型（Wilensky，2005a），该模型演示了在随机网络中，平均度增加时巨分支是如何迅速出现的，正如 5.1 节所介绍的那样。最初，链接概率、平均度和密度都为 0，网络中没有链接只有单例节点。在随后的每一步中，会在两个尚未连通的随机节点之间添加一条链接。随着模型的运行，单例节点最终形成了连通分支。它一开始很小，然后逐渐变大，原因是新链接加入使得不同的连通分支开始合并。巨分支以红色突出显示。

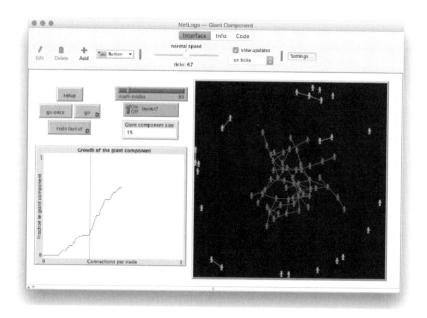

NetLogo 巨分支模型的屏幕截图。该模型根据 CC BY–NC–SA 3.0 获得许可并授权使用。　　图 B.2

该模型的唯一参数是网络规模。图 B.2 显示了巨分支作为平均度的函数随时间增长的情况，图中的垂直线表示平均度等于 1 的位置。观察在这个临界点之后，巨分支的增长速度如何增加：网络从一个具有许多小连通分支的分散相，转变为一个大部分连通的相，其中包含一个巨分支和一些剩余的小连通分支。最后，以相同网络规模和不同网络规模多次运行并比较结果。

B.3　小世界

图 B.3 展示了 5.2 节讨论的小世界模型（Wilensky，2005c），即如何生成具有较短平均路径长度和较高聚类系数的网络。一个参数

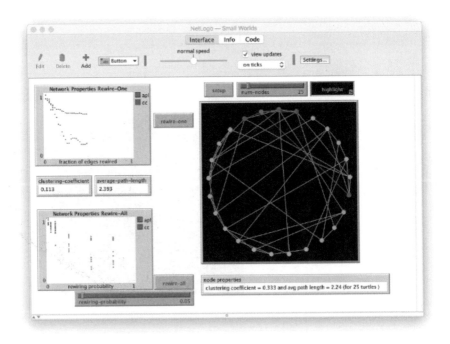

图 B.3　NetLogo 小世界模型的屏幕截图。该模型根据 CC BY–NC–SA 3.0 获得许可并授权使用。

定义了节点的数量。在初始化网格网络的设置之后，我们可以一次重新连接一条链接，然后观察平均路径长度和聚类系数作为重连链接比例的函数是如何下降的（顶部的图形）。第二种模式是设置重连概率参数，然后以这个概率一次性重新连接所有的链接，并绘制最终的平均路径长度和聚类系数与重连概率之间的关系（底部的图形）。

尝试不同的重连概率并观察平均路径长度和聚类系数的变化趋势。需要注意的是，在重连概率的某些范围内，平均路径长度下降得比聚类系数要快。事实上，存在一系列值使得（标准化的）平均路径长度比（标准化的）聚类系数要小得多，在这个范围内的网络被认为是小世界网络。应先确定大致范围，尝试通过一次重连一条链接来获得一个小世界网络，并探讨这个变化趋势是否取决于网络中的节点数量。

B.4　择优连接

图 B.4 展示了择优连接模型（Wilensky，2005b），它演示了 5.4 节所讲的内容，即中枢节点是如何通过择优连接而涌现的。该模型从一条链接连通的两个节点开始，每一步都会添加一个新节点，并将其连接到一个现有节点。后者是随机选择的，但有一些偏差——选择概率与节点度成正比。需要注意的是，由于每个新节点只添加一条链接，因此该模型会生成树（参见 2.4 节）。

通过 resize nodes 按钮可以使节点大小与其度值成正比，这样就可以观察中枢节点是如何出现的。需要注意检查是较老的节点还是较新的节点更容易成为主要的中枢节点。还可以通过图表来研究网络的度分布，顶部的图形是节点度值的直方图，底部的图形中显示了相同的分布，但两个轴都是对数刻度。让模型运行一段时间，然后描述对数—对数坐标中的度分布形状，并将其与图 5.8（c）中的分布进行比较。加快模型的运行速度（可以关闭 layout 开关并取消选中的

"view updates"框），以便生成大型网络。随着网络规模的增长，检查度分布是否变得更宽，并解释原因。

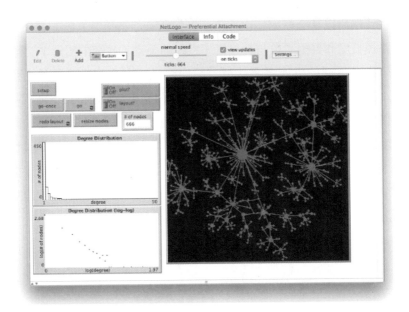

图 B.4　NetLogo 择优连接模型的屏幕截图。该模型根据 CC BY–NC–SA 3.0 获得许可并授权使用。

B.5　网络上的病毒

网络上的病毒模型（Stonedahl and Wilensky, 2008）结合了 7.2.1 节讨论过的 SIS 和 SIR 传染病传播模型。参数 gain-resistance-chance 决定了具体是哪个模型：当它为 0 时，模型对应 SIS（图 B.5）；当它为 1 时，模型对应 SIR。一旦病毒完全消失，模型就停止运行。图形显示了随时间变化的三种状态（S、I、R）中的节点数量。抗性节点与其邻居之间的链接会变暗，因为它们不能再传播病毒。网络具有同质的度和地理趋同性：只有彼此靠近的节点（基于欧几里得距

离）才有可能相互连接。模型的其他参数包括网络的平均度、感染率
（virus-spread-chance）和恢复率（recovery-chance）。

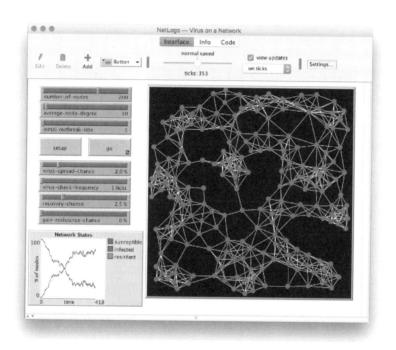

NetLogo 网络上的病毒模型的屏幕截图。该模型根据 CC BY–NC–SA 3.0 获得许 **图 B.5**
可并授权使用。

　　使用 gain-resistance-chance 的极端值运行模型，可以重
现 SIS 和 SIR 的动力学。在 SIS 中，观察感染率和恢复率如何影响 S
人口和 I 人口之间的平衡。在 SIR 中，探讨感染率、恢复率和平均度
对感染节点最大数量的影响。首先，在保持其他参数不变的情况下改
变每个参数，并记录发生的情况。然后，尝试这三个参数的不同组合，
重现由公式（7.5）中传染病阈值所解释的行为。解释哪些条件使得传
染病传播到网络的大部分区域。当病毒在没有感染全部人口的情况下
消失时，检查幸免的那些节点。即使在传染病阈值之上，一些节点簇
也可能永远不会被感染。描述那些有利于或阻碍传染病传播的节点、
链接和社团的关键结构特征。

B.6 语言变化

语言变化模型（Troutman and Wilensky，2007）结合了意见动力学的选民模型和多数模型（节 7.3.1），以及社交传播的占比阈值模型（7.1.1 节）。参数 update-algorithm 决定了具体是哪个模型：individual 算法对应于选民模型，如图 B.6 所示；threshold 算法对应于占比阈值模型，这种情况下可以设置阈值（threshold-val）参数；当这个阈值为 0.5 时，该模型等同多数模型。模型在一个小的择优连接树上运行（最多 100 个节点），状态或意见被称为"grammars"，由 0（黑色）和 1（白色）表示。另一个关键参数是状态 1 中节点的初始比例（percent-grammar-1）。确保关闭

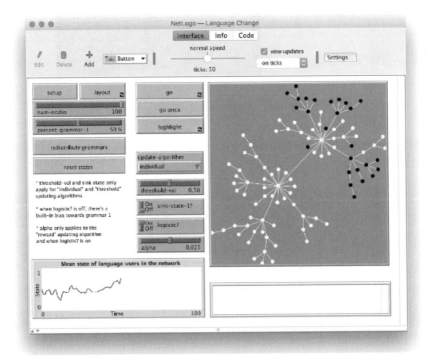

图 B.6　NetLogo 语言变化模型的屏幕截图。该模型根据 CC BY–NC–SA 3.0 获得许可并授权使用。

sink-state-1，否则节点一旦采用状态 1 就无法回到状态 0。

　　在阈值模型中，观察中枢节点作为影响者的作用。然后，将阈值设置为 0.5，并比较网络在选民模型和多数模型中如何收敛到稳态。需要注意的是，稳态在何时达成了共识中的一种意见，在何时处于意见共存状态的两极分化。报告哪个模型更常达成共识。探讨其他条件，如节点数和初始配置是否影响结果。研究白色状态共识作为白色节点初始比例函数的达成概率。讨论对两个模型来说，这个退出概率是否与图 7.12 中的行为匹配。

参考文献

Achlioptas, D., Clauset, A., Kempe, D., and Moore, C. 2009. On the bias of traceroute sampling: Or, power–law degree distributions in regular graphs. Journal of the ACM, 56（4）, 21.

Adamic, L. A., Lukose, R. M., Puniyani, A. R., and Huberman, B. A. 2001. Search in power–law networks. Physical Review E, 64（4）, 046135.

Ahn, Y.-Y., Ahnert, S. E., Bagrow, J.P., and Barabási, A.-L. 2011. Flavor network and the principles of food pairing. Scientific Reports, 1, 196.

Aiello, L., Barrat, A., Schifanella, R., Cattuto, C., Markines, B., and Menczer, F. 2012. Friendship prediction and homophily in social media. ACM Transactions on the Web, 6（2）, 9.

Albert, R., Jeong, H., and Barabási, A.-L. 1999. Internet: Diameter of the world–wide web. Nature, 401（6749）, 130.

Albert, R., Jeong, H., and Barabási, A.-L. 2000. Error and attack tolerance of complex networks. Nature, 406（6794）, 378–382.

Anderson, R. M., and May, R. M. 1992. Infectious Diseases of Humans: Dynamics and Control. Oxford University Press: Oxford.

Arenas, A., Duch, J., Fern á ndez, A., and Gómez, S. 2007. Size reduction of complex networks preserving modularity. New Journal of Physics, 9（6）, 176.

Arenas, A., Fernández, A., and Gómez, S. 2008. Analysis of the structure of complex networks at different resolution levels. New Journal of Physics, 10（5）, 053039.

Backstrom, L., Boldi, P., Rosa, M., Ugander, J., and Vigna, S. 2012. Four degrees of separation. In Proceedings of the 4th Annual ACM Web Science Conference（WebSci'12）, pp. 33–42.

Baeza-Yates, R., and Ribeiro-Neto, B. 2011. Modern Infonnation Retrieval: The Concepts and Technology Behind Search, 2nd edn. ACM Press Books Addison-Wesley: New York.

Barabási, A.-L. 2003. Linked: How Everything is Connected to Everything Else and What it Means for Business, Science, and Everyday Life. Basic Books: New York.

Barabási, A.-L. 2016. Network Science. Cambridge University Press: Cambridge.

Barabási, A.-L., and Albert, R. 1999. Emergence of scaling in random networks. Science, 286（5439）, 509–512.

Barrat, A., Barthelemy, M., and Vespignani, A. 2008. Dynamical Processes on Complex Networks. Cambridge University Press: Cambridge.

Bastian, M., Heymann, S., Jacomy, M., et al. 2009. Gephi: An open source software for exploring and manipulating networks. In Proceedings of the Third AAA/ International Conference on Web and Social Media （ICWSM）, pp. 361–362.

Batagelj, V., Mrvar, A., and Zaversnik, M. 1999. Partitioning approach to visualization of large graphs. In International Symposium on Graph Drawing, pp. 90–97.

Baur, M., Brandes, U., Gaertler, M., and Wagner, D. 2004. Drawing the AS graph in 2.5 dimensions. In International Symposium on Graph Drawing, pp. 43–48.

Bavelas, A. 1950. Communication patterns in task-oriented groups. Journal of the Acoustical Society of America, 22（6）, 725–730.

Beiró, M. G., Alvarez-Hamelin, J. I., and Busch, J. R. 2008. A low complexity visualization tool that helps to perform complex systems analysis. New Journal of Physics, 10（12）, 125003.

Bellman, R. 1958. On a routing problem. Quarterly of Applied Mathematics, 16, 87–90.

Berners–Lee, T., and Fischetti, M. 2000. Weaving the Web: The Original Design and Ultimate Destiny of the World Wide Web by its Inventor. Harper Collins: New York.

Bhan, A., Galas, D. J., and Dewey, T. G. 2002. A duplication growth model of gene expression networks. Bioinfonnatics, 18（11）, 1486–1493.

Bianconi, G., and Barabási, A.-L. 2001. Bose–Einstein condensation in complex networks. Physical Review Letters, 86（24）, 5632–5635.

Bichot, C.-E., and Siarry, P. 2013. Graph Partitioning. Wiley: Hoboken, NJ.

Blondel, V. D., Guillaume, J.-L., Lambiotte, R., and Lefebvre, E. 2008. Fast unfolding of communities in large networks. Journal of Statistical Mechanics, P10008.

Boccaletti, S., Bianconi, G., Criado, R., Del Genio, C. I., Gómez–Gardenes, J., Romance, M., et al. 2014. The structure and dynamics of multilayer networks. Physics Reports, 544（1）, 1–122.

Bollobás, B. 2012. Graph Theory: An Introductory Course. Springer: New York.

Brandes, U. 2001. A faster algorithm for betweenness centrality. Journal of Mathematical Sociology, 25（2）, 163–177.

Brin, S., and Page, L. 1998. The anatomy of a large–scale hypertextual web search engine. Computer Networks and ISDN Systems, 30（1–7）, 107–117.

Broder, A., Kumar, R., Maghoul, F., Raghavan, P., Rajagopalan, S., Stata, R., et al. 2000. Graph structure in the web. Computer Networks, 33（1–6）, 309–320.

Caldarelli, G. 2007. Scale–Free Networks. Oxford University Press: Oxford.

Caldarelli, G., and Chessa, A. 2016. Data Science and Complex Networks: Real Case Studies with Python. Oxford University Press: Oxford.

Castellano, C., Fortunato, S., and Loreto, V. 2009. Statistical physics of social dynamics. Reviews of Modern Physics, 81（2）, 591–646.

Centola, D., and Macy, M. 2007. Complex contagions and the weakness of long ties. American Journal of Sociology, 113（3）, 702–734.

Cha, M., Haddadi, H., Benevenuto, F., and Gummadi, K. P. 2010. Measuring user influence in Twitter: The million follower fallacy. In Proceedings of the 4th International AAA/Conference on Weblogs and Social Media （ICWSM）, pp. 10–17.

Christakis, N. A., and Fowler, J. H. 2010. Social network sensors for early detection of contagious outbreaks. PloS ONE, 5（9）, e12948.

Clauset, A., Newman, M. E. J., and Moore, C. 2004. Finding community structure in very large networks. Physical Review E, 70（6）, 066111.

Clifford, P., and Sudbury, A. 1973. A model for spatial conflict. Biometrika, 60（3）, 581–588.

Cohen, R., and Havlin, S. 2003. Scale–free networks are ultrasmall. Physical Review Letters, 90（5）, 058701.

Cohen, R., and Havlin, S. 2010. Complex Networks: Structure, Robustness and Function. Cambridge University Press: Cambridge.

Cohen, R., Brez, K., Ben–Avraham, D., and Havlin, S. 2000. Resilience of the Internet to random breakdowns. Physical Review Letters, 85（21）, 4626–4628.

Cohen, R., Brez, K., Ben–Avraham, D., and Havlin, S. 2001. Breakdown of the Internet under intentional attack. Physical Review Letters, 86（16）, 3682–3685.

Cohen, R., Havlin, S., and Ben–Avraham, D. 2002. Structural properties of scale–free networks. Handbook of Graphs and Networks: From the Genome to the Internet. Wiley: Weinheim.

Cohen, R., Havlin, S., and Ben–Avraham, D. 2003. Efficient immunization strategies for computer networks and populations. Physical Review Letters, 91（24）, 247901.

Condon, A., and Karp, R. M. 2001. Algorithms for graph partitioning on the planted partition model. Random Structures and Algorithms, 18, 116–140.

Conover, M., Goncalves, B., Ratkiewicz, J., Flarnmini, A., and Menczer, F. 201 la. Predicting the political alignment of Twitter users. In Proceedings of the 3rd IEEE Conference on Social Computing（SocialCom）, pp. 192–199.

Conover, M., Ratkiewicz, J., Francisco, M., Goncalves, B., Flammini, A., and Menczer, F. 2011b. Political polarization on Twitter. In Proceedings of the 5th International AAA/ Conference on Weblogs and Social Media（ICWSM）, pp. 89–96.

Daley, D. J., and Kendall, D. G. 1964. Epidemics and rumours. Nature, 204（4963）, 1118.

Davison, B. D. 2000. Topical locality in the web. In Proceedings of the 23rd Annual International ACM Conference on Research and Development in Information Retrieval（SIGIR）, pp. 272–279.

Dawkins, R. 2016. The Selfish Gene: 40th Anniversary Edition, 4th edn. Oxford University Press: Oxford.

Deffuant, G., Neau, D., Amblard, F., and Weisbuch, G. 2000. Mixing beliefs among interacting agents. Advances in Complex Systems, 3, 87–98.

Di Battista, G., Eades, P., Tamassia, R., and Tollis, I. G. 1998. Graph Drawing: Algorithms for the Visualization of Graphs. Prentice Hall: Upper Saddle River, NJ.

Dijkstra, E. W. 1959. A note on two problems in connexion with graphs. Numerische Mathematik, 1（1）, 269–271.

Dodds, P. S., Muhamad, R., and Watts, D. J. 2003. An experimental study of search in global social networks. Science, 301（5634）, 827–829.

Dorogovtsev, S. N., and Mendes, J. F. F. 2013. Evolution of Networks: From Biological Nets to the Internet and WWW. Oxford University Press: Oxford.

Dorogovtsev, S. N., Mendes, J. F. F., and Samukhin, A. N. 2000. Structure of growing networks with preferential linking. Physical Review Letters, 85（21）, 4633–4636.

Dunbar, R. I. M. 1992. Neocortex size as a constraint on group size in primates. Journal of Human Evolution, 22（6）, 469–493.

Dunne, J. A., Williams, R. J., and Martinez, N. D. 2002. Food–web structure and network theory: The role of connectance and size. Proceedings of the National Academy of Sciences of the USA, 99（20）, 12917–12922.

Eades, P. 1984. A heuristic for graph drawing. Congressus Numerantium, 42, 149–160.

Easley, D., and Kleinberg, J. 2010. Networks, Crowds, and Markets: Reasoning About a Highly Connected World. Cambridge University Press: Cambridge.

Erdös, P., and Rényi, A. 1959. On random graphs. I. Publicationes Mathematical Debrecen, 6, 290–297.

Feld, S. L. 1991. Why your friends have more friends than you do. American Journal of Sociology, 96（6）, 1464–1477.

Ferrara, E., Varol, 0., Davis, C., Menczer, F., and Flammini, A. 2016. The rise of social bots. Communications of the ACM, 59（7）, 96–104.

Festinger, L. 1954. A theory of social comparison processes. Human Relations, 7（2）, 117–140.

Fienberg, S. E., and Wasserman, S. 1981. Categorical data analysis of single sociometric relations. Sociological Methodology, 12, 156–192.

Ford Jr., L. R. 1956. Network Flow Theory. Technical Report Paper P–923. RAND Corporation.

Fortunato, S. 2010. Community detection in graphs. Physics Reports, 486（3–5）, 75–174.

Fortunato, S., and Barthelemy, M. 2007. Resolution limit in community detection. Proceedings of the National Academy of Sciences of the USA, 104（1）, 36–41.

Fortunato, S., and Hric, D. 2016. Community detection in networks: A user guide. Physics Reports, 659, 1–44.

Fortunato, S., Flarnmini, A., and Menczer, F. 2006. Scale–free network growth by ranking. Physical Review Letters, 96（21）, 218701.

Fortunato, S., Boguñá, M., Flarnmini, A., and Menczer, F. 2007. On local estimations of PageRank: A mean field approach. Internet Mathematics, 4（2–3）, 245–266.

Fred, A. L. N., and Jain, A. K. 2003. Robust data clustering. In Proceedings of the 2003 IEEE Computer Society Conference on Computer Vision and Pattern Recognition, pp. 128–136.

Freedman, D., Pisani, R., and Purves, R. 2007. Statistics. W.W. Norton & Co.: New York.

Freeman, L. C. 1977. A set of measures of centrality based on betweenness. Sociometry, 40（1）, 35–41.

Fruchterman, T. M. J., and Reingold, E. M. 1991. Graph drawing by force–directed placement. Software: Practice and Experience, 21（11）, 1129–1164.

Galam, S. 2002. Minority opinion spreading in random geometry. The European Physical Journal B: Condensed Matter and Complex Systems, 25（4）, 403–406.

Gao, J., Buldyrev, S. V., Stanley, H. E., and Havlin, S. 2012. Networks formed from interdependent networks. Nature Physics, 8（1）, 40–48.

Gil, S., and Zanette, D. H. 2006. Coevolution of agents and networks: Opinion spreading and community disconnection. Physics Letters A, 356（2）, 89–94.

Gilbert, E. N. 1959. Random graphs. Annals of Mathematical Statistics, 30（4）, 1141–1144.

Girvan, M., and Newman, M. E. J. 2002. Community structure in social and biological networks. Proceedings of the National Academy of Sciences of the USA, 99（12）, 7821–7826.

Glauber, R. J. 1963. Time–dependent statistics of the Ising model. Journal of Mathematical Physics, 4（2）, 294–307.

Gleich, D. F. 2015. PageRank beyond the Web. SIAM Review, 57（3），321–363.

Goel, S., Anderson, A., Hofman, J., and Watts, D. J. 2015. The structural virality of online diffusion. Management Science, 62（1），180–196.

Goldenberg, J., Libai, B., and Muller, E. 2001. Talk of the network: A complex systems look at the underlying process of word–of–mouth. Marketing Letters, 12（3），211–223.

Granovetter, M. 1973. The strength of weak ties. American Journal of Sociology, 78（6），1360–1380.

Granovetter, M. 1978. Threshold models of collective behavior. American Journal of Sociology, 83（6），1420–1443.

Guimerà, R., Sales–Pardo, M., and Amaral, L. A. 2004. Modularity from fluctuations in random graphs and complex networks. Physical Review E, 70（2），025101（R）.

Holland, P. W., and Leinhardt, S. 1971. Transitivity in structural models of small groups. Comparative Group Studies, 2（2），107–124.

Holland, P. W., and Leinhardt, S. 1981. An exponential family of probability distributions for directed graphs. Journal of the American Statistical Association, 76（373），33–50.

Holland, P., Laskey, K. B., and Leinhardt, S. 1983. Stochastic blockmodels: First steps. Social Networks, 5（2），109–137.

Holme, P., and Newman, M. E. J. 2006. Nonequilibrium phase transition in the coevolution of networks and opinions. Physical Review E, 74（5），056108.

Holme, P., and Saramäki, J. 2012. Temporal networks. Physics Reports, 519（3），97–125.

Hric, D., Darst, R. K., and Fortunato, S. 2014. Community detection in networks: Structural communities versus ground truth. Physical Review E, 90（6），062805.

Hu, Y., Chen, H., Zhang, P., Li, M., Di, Z., and Fan, Y. 2008. Comparative definition of community and corresponding identifying algorithm. Physical Review E, 78（2）, 026121.

Jacomy, M., Venturini, T., Heymann, S., and Bastian, M. 2014. ForceAtlas2, a continuous graph layout algorithm for handy network visualization designed for the Gephi software. PloS ONE, 9（6）, e98679.

Jagatic, T. N., Johnson, N. A., Jakobsson, M., and Menczer, F. 2007. Social phishing. Communications of the ACM, 50（10）, 94–100.

Jain, A. K., Murty, M. N., and Flynn, P. J. 1999. Data clustering: A review. ACM Computing Surveys, 31（3）, 264–323.

Jeong, H., Mason, S. P., Barab á si, A.–L., and Oltvai, Z. N. 2001. Lethality and centrality in protein networks. Nature, 411（6833）, 41–42.

Jernigan, C., and Mistree, B. F. T. 2009. Gaydar: Facebook friendships expose sexual orientation. First Monday, 14（10）.

Kamada, T., and Kawai, S. 1989. An algorithm for drawing general undirected graphs. Information Processing Letters, 31（1）, 7–15.

Karrer, B., and Newman, M. E. J. 2011. Stochastic blockmodels and community structure in networks. Physical Review E, 83（1）, 016107.

Kempe, D., Kleinberg, J., and Tardos, É. 2003. Maximizing the spread of influence through a social network. In Proceedings of the Ninth ACM SIGKDD International Conference on Knowledge Discovery and Data Mining, pp. 137–146.

Kernighan, B. W., and Lin, S. 1970. An efficient heuristic procedure for partitioning graphs. Bell System Technical Journal, 49（2）, 291–307.

Kitsak, M., Gallos, L. K., Havlin, S., Liljeros, F., Muchnik, L., Stanley, H. E., and Makse, H. A. 2010. Identification of influential spreaders in complex networks. Nature Physics, 6（11）, 888–893.

Kivelä, M., Arenas, A., Barthelemy, M., Gleeson, J.P., Moreno, Y., and Porter, M.A. 2014. Multilayer networks. Journal of Complex Networks, 2（3）, 203–271.

Kleinberg, J.M. 1999. Authoritative sources in a hyperlinked environment. Journal of the ACM, 46（5）, 604–632.

Kleinberg, J.M. 2000. Navigation in a small world. Nature, 406（6798）, 845.

Kleinberg, J. M. 2002. Small–world phenomena and the dynamics of information. In Advances in Neural Information Processing Systems: Proceedings of the First 12 Conferences, pp. 431–438.

Kleinberg, J. M, Kumar, R., Raghavan, P., Rajagopalan, S., and Tomkins, A. S. 1999. The web as a graph: Measurements, models, and methods. In Computing and Combinatorics: Proceedings of the 5th Annual International Conference, pp. 1–17.

Krapivsky, P. L., and Redner, S. 2001. Organization of growing random networks. Physical Review E, 63（6）, 066123.

Krapivsky, P. L., and Redner, S. 2003. Dynamics of majority rule in two–state interacting spin systems. Physical Review Letters, 90（23）, 238701.

Krapivsky, P. L., Redner, S., and Leyvraz, F. 2000. Connectivity of growing random networks. Physical Review Letters, 85（21）, 4629–4632.

Lancichinetti, A., and Fortunato, S. 2009. Community detection algorithms: A comparative analysis. Physical Review E, 80（5）, 056117.

Lancichinetti, A., Fortunato, S., and Radicchi, F. 2008. Benchmark graphs for testing community detection algorithms. Physical Review E, 78（4）, 046110.

Latora, V., Nicosia, V., and Russo, G. 2017. Complex Networks: Principles, Methods and Applications. Cambridge University Press: Cambridge.

Lazarsfeld, P. F., Merton, R. K., et al. 1954. Friendship as a social process: A substantive and methodological analysis. Freedom and Control in Modern Society, 18（1）, 18–66.

Lazer, D. M. J., Baum, M. A., Benkler, Y., Berinsky, A. J., Greenhill, K. M., Menczer, F., et al. 2018. The science of fake news. Science, 359（6380）, 1094–1096.

Liljeros, F., Edling, C.R., Amaral, L.A. N., Stanley, H. E., and Åberg, Y.

2001. The web of human sexual contacts. Nature, 411, 907–908.

Liu, B. 2011. Web Data Mining: Exploring Hyperlinks, Contents, and Usage Data, 2nd edn. Springer: New York.

Luccio, F., and Sarni, M. 1969. On the decomposition of networks into minimally interconnected networks. IEEE Transactions on Circuit Theory, 16（2）, 184–188.

Luce, R. D., and Perry, A. D. 1949. A method of matrix analysis of group structure. Psychometrika, 14（2）, 95–116.

Manning, C. D., Raghavan, P., and Schutze, H. 2008. Introduction to Information Retrieval. Cambridge University Press: Cambridge.

Marchiori, M. 1997. The quest for correct information on the web: Hyper search engines. Computer Networks and ISDN Systems, 29（8–13）, 1225–1235.

McPherson, M., Smith–Lovin, L., and Cook, J. M. 2001. Birds of a feather: Homophily in social networks. Annual Review of Sociology, 27（1）, 415–444.

Meilă, M. 2007. Comparing clusterings：an information based distance. Journal of Multivariate Analysis, 98（5）, 873–895.

Meiss, M., Menczer, F., Fortunato, S., Flammini, A., and Vespignani, A. 2008. Ranking web sites with real user traffic. In Proceedings of the 1st ACM International Conference on Web Search and Data Mining（WSDM）, pp. 65–75.

Meiss, M., Goncalves, B., Ramasco, J., Flammini, A., and Menczer, F. 2010. Modeling traffic on the web graph. In Proceedings of the 7th Workshop on Algorithms and Models for the Web Graph（WAW）, pp. 50–61.

Melián, C. J., and Bascompte, J. 2004. Food web cohesion. Ecology, 85（2）, 352–358.

Menczer, F. 2002. Growing and navigating the small world web by local content. Proceedings of the National Academy of Sciences of the USA, 99（22）, 14014–14019.

Menczer, F. 2004. Lexical and semantic clustering by web links. Journal of the American Society for Information Science and Technology, 55（14）, 1261–1269.

Meusel, R., Vigna, S., Lehmberg, 0., and Bizer, C. 2015. The graph structure in the web：analyzed on different aggregation levels. Journal of Web Science, 1（1）, 33–47.

Mobilia, M., Petersen, A., and Redner, S. 2007. On the role of zealotry in the voter model. Journal of Statistical Mechanics: Theory and Experiment, P08029.

Molloy, M., and Reed, B. 1995. A critical point for random graphs with a given degree sequence. Random Structures and Algorithms, 6（2–3）, 161–179.

Moore, E. F. 1959. The shortest path through a maze. In Proceedings of the International Symposium on Switching Theory 1957, Part II, pp. 285–292.

Moreno, J. L., and Jennings, H. H. 1934. Who Shall Survive? Nervous and Mental Disease Publishing Co.: New York.

Newman, M. E. J. 2001. The structure of scientific collaboration networks. Proceedings of the National Academy of Sciences of the USA, 98（2）, 404–409.

Newman, M. E. J. 2002. Assortative mixing in networks. Physical Review Letters, 89（20）, 208701.

Newman, M. E. J. 2004a. Fast algorithm for detecting community structure in networks. Physical Review E, 69（6）, 066133.

Newman, M. E. J. 2004b. Analysis of weighted networks. Physical Review E, 70（5）, 056131.

Newman, M. 2018. Networks, 2nd edn. Oxford University Press: Oxford.

Newman, M. E. J., and Girvan, M. 2004. Finding and evaluating community structure in networks. Physical Review E, 69（2）, 026113.

Pariser, E. 2011. The Filter Bubble: What the Internet is Hiding from You.

Penguin: Harmondsworth.

Pastor–Satorras, R., and Vespignani, A. 2001. Epidemic spreading in scale–free networks. Physical Review Letters, 86（14）, 3200–3203.

Pastor–Satorras, R., and Vespignani, A. 2007. Evolution and Structure of the Internet: A Statistical Physics Approach. Cambridge University Press: Cambridge.

Pastor–Satorras, R., Vázquez, A., and Vespignani, A. 2001. Dynamical and correlation properties of the Internet. Physical Review Letters, 87（25）, 258701.

Pastor–Satorras, R., Castellano, C., Van Mieghem, P., and Vespignani, A. 2015. Epidemic processes in complex networks. Reviews of Modem Physics, 87（3）, 925–979.

Peixoto, T. P. 2012. Entropy of stochastic blockmodel ensembles. Physical Review E, 85（5）, 056122.

Peixoto, T. P. 2014. Hierarchical block structures and high–resolution model selection in large networks. Physical Review X, 4（1）, 011047.

Porter, M. A., Onnela, J.–P., and Mucha, P. J. 2009. Communities in networks. Notices of the American Mathematical Society, 56（9）, 1082–1097.

Price, D. D. 1976. A general theory of bibliometric and other cumulative advantage processes. Journal of the American Society of Information Science, 27（5）, 292–306.

Radicchi, F. 2015. Percolation in real interdependent networks. Nature Physics, 11（7）, 597–602.

Radicchi, F., Castellano, C., Cecconi, F., Loreto, V., and Parisi, D. 2004. Defining and identifying communities in networks. Proceedings of the National Academy of Sciences of the USA, 101（9）, 2658–2663.

Raghavan, U. N., Albert, R., and Kumara, S. 2007. Near linear time algorithm to detect community structures in large–scale networks. Physical Review

E, 76（3）, 036106.

Ratkiewicz, J., Conover, M., Meiss, M., Gonc; alves, B., Flammini, A., and
Menczer, F. 2011. Detecting and tracking political abuse in social media.
In Proceedings of the 5th International AAA/ Conference on Weblogs and
Social Media（ICWSM）, pp. 297–304.

Reichardt, J., and Bornholdt, S. 2006. Statistical mechanics of community
detection. Physical Review E, 74（1）, 016110.

Reis, S. D. S., Hu, Y., Babino, A., Andrade Jr., J. S., Canals, S., Sigman,
M., and Makse, H. A. 2014. Avoiding catastrophic failure in correlated
networks of networks. Nature Physics, 10（10）, 762–767.

Rossi, R. A., and Ahmed, N. K. 2015. The network data repository with
interactive graph analytics and visualization. In Proceedings of the 29th
AAA/ Conference on Artificial Intelligence, pp. 4292–4293.

Rossi, R. A., Fahmy, S., and Talukder, N. 2013. A multi–level approach
for evaluating Internet topology generators. In Proceedings of the IFIP
Networking Conference, pp. 1–9.

Seeley, J. R. 1949. The net of reciprocal influence: A problem in treating
sociometric data. Canadian Journal of Experimental Psychology, 3（4）,
234–240.

Serrano, M, Maguitman, A., Boguñá, M., Fortunato, S., and Vespignani, A.
2007. Decoding the structure of the WWW: A comparative analysis of
Web crawls. ACM Transactions on the Web, 1（2）, 10.

Serrano, M.Á., Boguñá, M., and Vespignani, A. 2009. Extracting the
multiscale backbone of complex weighted networks. Proceedings of the
National Academy of Sciences of the USA, 106（16）, 6483–6488.

Shao, C., Hui, P.–M., Wang, L., Jiang, X., Flammini, A., Menczer, F., and
Ciampaglia, G. L. 2018a. Anatomy of an online misinformation network.
PLoS ONE, 13（4）, e0196087.

Shao, C., Ciampaglia, G. L., Varol, O., Yang, K., Flammini, A., and Menczer,

F. 2018b. The spread of low-credibility content by social bots. Nature Communications, 9, 4787.

Shimbel, A. 1955. Structure in communication nets. In Proceedings of the Symposium on Information Networks, pp. 199–203.

Solé, R. V., Pastor-Satorras, R., Smith, E., and Kepler, T. B. 2002. A model of large-scale proteome evolution. Advances in Complex Systems, 5(01), 43–54.

Solomonoff, R., and Rapoport, A. 1951. Connectivity of random nets. The Bulletin of Mathematical Biophysics, 13 (2), 107–117.

Spoms, O. 2012. Discovering the Human Connectome. MIT Press: Boston, MA.

Spring, N., Mahajan, R., and Wetherall, D. 2002. Measuring ISP topologies with Rocketfuel. In ACM SIGCOMM Computer Communication Review, pp. 133–145.

Stehlé, J., Voirin, N., Barrat, A., Cattuto, C., Isella, L., Pinton, J.–F., et al. 2011. High-resolution measurements of face-to-face contact patterns in a primary school. PLOS ONE, 6 (8), e23176.

Stonedahl, F., and Wilensky, U. 2008. Net Logo Virus on a Network Model. Center for Connected Learning and Computer-Based Modeling, Northwestern University, Evanston, IL. http://ccl.northwestem.edu/ netlogo/modelsNirusonaN etwork.

Stonedahl, F., and Wilensky, U. 2009. NetLogo PageRank Model. Center for Connected Learning and Computer-Based Modeling, Northwestern University, Evanston, IL. http://ccl.northwestem.edu/netlogo/models/ PageRank.

Sunstein, C. R. 2001. Echo Chambers: Bush v. Gore, Impeachment, and Beyond. Princeton University Press: Princeton, NJ.

Travers, J., and Milgram, S. 1969. An experimental study of the small world problem. Sociometry, 32 (4), 425–443.

Troutman, C., and Wilensky, U. 2007. NetLogo Language Change Model. Center for Connected Learning and Computer-Based Modeling, Northwestern University, Evanston, IL. http://ccl.northwestem.edu/netlogo/models/LanguageChange.

Ulanowicz, R. E., and DeAngelis, D. L. 1998. Network analysis of trophic dynamics in South Florida ecosystems. FY97: The Florida Bay Ecosystem, 20688-20038.

Vázquez, A. 2003. Growing network with local rules: Preferential attachment, clustering hierarchy, and degree correlations. Physical Review E, 67 (5), 056104.

Vázquez, A., Flammini, A., Maritan, A., and Vespignani, A. 2003a. Modeling of protein interaction networks. Complexus, 1 (1) , 38-44.

Vázquez, F., Krapivsky, P. L., and Redner, S. 2003b. Constrained opinion dynamics: Freezing and slow evolution. Journal of Physics A: Mathematical and General, 36 (3) , L61-L68.

Vosoughi, S., Roy, D., and Aral, S. 2018. The spread of true and false news online. Science, 359 (6380) , 1146-1151.

Wagner, A. 1994. Evolution of gene networks by gene duplications: A mathematical model and its implications on genome organization. Proceedings of the National Academy of Sciences of the USA, 91 (10) , 4387-4391.

Wasserman, S., and Faust, K. 1994. Social Network Analysis: Methods and Applications. Cambridge University Press: Cambridge.

Watts, D. J. 2002. A simple model of global cascades on random networks. Proceedings of the National Academy of Sciences of the USA, 99 (9) , 5766-5771.

Watts, D. J. 2004. Six Degrees: The Science of a Connected Age. W.W. Norton & Co.: New York.

Watts, D. J., and Strogatz, S. H. 1998. Collective dynamics of small-world networks. Nature, 393（6684）, 440–442.

Watts, D. J., Dodds, P. S., and Newman, M. E. J. 2002. Identity and search in social networks. Science, 296（5571）, 1302–1305.

Weng, L., Ratkiewicz, J., Perra, N., Goncalves, B., Castillo, C., Bonchi, F., et al. 2013a. The role of information diffusion in the evolution of social networks. In Proceedings of the 19th ACM SIGKDD Conference on Knowledge Discovery and Data Mining（KDD）, pp. 356–364.

Weng, L., Menczer, F., and Ahn, Y.-Y. 2013b. Virality prediction and community structure in social networks. Scientific Reports, 3, 2522.

White, J. G., Southgate, E., Thomson, J. N., and Brenner, S. 1986. The structure of the nervous system of the nematode Caenorhabditis elegans. Philosophical Transactions of the Royal Society of London Series B, Biological Science, 314（1165）, 1–340.

Wilensky, U. 1999. NetLogo. Center for Connected Learning and Computer–Based Modeling, Northwestern University, Evanston, IL. http://ccl. northwestem.edu/netlogo/.

Wilensky, U. 2005a. NetLogo Giant Component Model. Center for Connected Learning and Computer–Based Modeling, Northwestern University, Evanston, IL. http://ccl .northwestem.edu/netlogo/models/ GiantComponent.

Wilensky, U. 2005b. NetLogo Preferential Attachment Model. Center for Connected Learning and Computer–Based Modeling, Northwestern University, Evanston, IL. http://ccl.northwestem.edu/netlogo/models/ PreferentialAttachment.

Wilensky, U. 2005c. NetLogo Small Worlds Model. Center for Connected Learning and Computer–Based Modeling, Northwestern University, Evanston, IL. http://ccl.northwestem.edu/netlogo/models/SmallWorlds.

Xu, R, and Wunsch, D. 2008. Clustering. Wiley: Piscataway, NJ.

Yang, J., and Leskovec, J. 2012. Defining and evaluating network communities based on ground–truth. In Proceedings of the ACM SIGKDD Workshop on Mining Data Semantics （MDS' 12）, pp. 3:1–3:8.

Zachary, W.W. 1977. An information flow model for conflict and fission in small groups. Journal of Anthropological Research, 33（4）, 452–473.

词汇中英对照

邻接表（adjacency list）

邻接矩阵（adjacency matrix）

航空运输网络（air transportation etwork）

同配性（assortativity）

　度同配性（degree assortativity）

异步更新（asynchronous update）

吸引力模型（attractiveness model）

自治域（autonomous system）

Barabási–Albert 模型（Barabási–Albert
model）

基本再生数（basic reproduction number）

基准（benchmark）

　GN 基准（GN benchmark）

　LFR 基准（LFR benchmark）

　植入分区模型（planted partition model）

介数（betweenness）

　介数分布（betweenness distribution）

　链接介数（link betweenness）

　节点介数（node betweenness）

生物网络（biological network）

有界置信（bounded confidence）

　有界置信模型（bounded confidence
model）

蝴蝶结（bow–tie）

广度优先搜索（breadth–first search）

桥（bridge）

引文网络（citation network）

派系（clique）

聚类（clustering）

　平均连接（average linkage）

　完全连接（complete linkage）

　层次聚类（hierarchical clustering）

　分区聚类（partitional clustering）

　单一连接（single linkage）

聚类系数（clustering coefficient）

共同引用（co–citation）

共现网络（co–occurrence network）

共同参考（co–reference）

合著网络（coauthorship network）

协同演化模型（coevolution models）

社团（community）

　社团度（community degree）

　社团发现（community detection）

　重叠社团（overlap community）

　强社团（strong community）

　社团体积（community volume）

　弱社团（weak community）

复杂传染（complex contagion）

分支（component）

　连通分支（connected component）

　巨分支（giant component）

　强连通分支（strongly connected component）

　弱连通分支（weakly connected component）

配置模型（configuration model）

连通网络（connected network）

连通性（connectedness）

复制模型（copy model）

核心 – 边缘（core–periphery）

　核心（core）

k-核分解（k-core decomposition）

　壳（shell）

　核心 – 边缘结构（core–periphery structure）

覆盖（cover）

累积分布（cumulative distribution）

圈（cycle）

度（degree）

　度同配性（degree assortativity）

　度相关性（degree correlation）

　外部度（external degree）

　内部度（internal degree）

　度序列（degree sequence）

度的随机化（degree-preserving randomization）

系统树图（dendrogram）

密度（density）

　内部链接密度（internal link density）

直径（diameter）

有向链接（directed link）

有向网络（directed network）

非连通网络（disconnected network）

距离（distance）

邓巴数（Dunbar's number）

回音室（echo chamber）

生态网络（ecological network）

边列表（edge list）

电子邮件（email）

传染病阈值（epidemic threshold）

埃尔德什数（Erdős number）

Erdős–Rényi model 模型（Erdős–Rényi model）

退出概率（exit probability）

指数随机图（exponential random graphs）

适应度模型（fitness model）

大众分类法（folksonomy）

食物网（food web）

森林（forest）

友谊悖论（Friendship Paradox）

基因控制网络（gene regulatory network）

Girvan–Newman 算法（Girvan–Newman algorithm）

图对分（graph bisection）

贪婪搜索算法（greedy search algorithm）

完全网络（complete network）

连通网络（connected network）

有向网络（directed network）

非连通网络（disconnected network）

自我中心网络（ego network）

网络增长（network growth）

分层的（hierarchical）

多层网络（multilayer network）

多重网络（multiplex network）

网络的网络（network of networks）

网络规模（network size）

强连通网络（strongly connected network）

时序网络（temporal network）

无向网络（undirected network）

无权网络（unweighted network）

弱连通（weakly connected network）

加权网络（weighted network）

网络分区（network partitioning）

割集规模（cut size）

神经网络（neural network）

节点（node）

相邻的（adjacent）

归一化互信息（normalized mutual information）

外向分支（out-component）

出度（out-degree）

出度分布（out-degree distribution）

网页排序（PageRank）

幂法（power method）

随机游走（random walk）

瞬移（teleportation）

分区相似性（partition similarity）

路径（path）

平均路径长度（average path length）

路径长度（path length）

最短路径（shortest path）

简单路径（simple path）

对等网络（peer networks）

择优连接（preferential attachment）

择优连接模型（preferential attachment model）

非线性择优连接（non-linear preferential attachment）

蛋白质交互网络（protein interaction network）

随机网络（random network）

秩模型（rank model）

排序算法（ranking algorithms）

转推级联（retweet cascade）

道路网络（road network）

鲁棒性（robustness）

路由器网络（router network）

谣言传播模型（rumor-spreading model）

搜索（search）

穷举搜索（exhaustive search）

局部搜索（local search）